运筹与管理科学丛书 10

整数规划

孙小玲 李 端 著

科学出版社

北 京

内容简介

整数规划是运筹学与最优化理论的重要分支之一. 整数规划模型、理论和算法在管理科学、经济、金融工程、工业管理和其他领域有着广泛的应用. 本书主要介绍经典的线性整数规划理论和算法, 同时简单介绍近年发展起来的非线性整数规划理论. 主要内容包括: 线性和非线性整数规划问题和模型、线性规划基础、全单模矩阵、图论和网络流问题、算法复杂性理论、分枝定界算法、割平面方法、多面体和有效不等式理论、整数规划对偶理论、0-1 二次整数规划与 SDP 松弛、0-1 多项式整数规划等.

本书适合运筹学、管理科学、应用数学和工程类专业的高年级本科生和研究生作为整数规划的教材和参考书, 读者只需具有高等数学基础就可以阅读.

图书在版编目(CIP)数据

整数规划/孙小玲, 李端著. —北京: 科学出版社, 2010
(运筹与管理科学丛书; 10)
ISBN 978-7-03-029380-0

Ⅰ. ①整… Ⅱ. ①孙… ②李… Ⅲ. ①整数规划 Ⅳ. O221.4

中国版本图书馆 CIP 数据核字(2010)第 210382 号

责任编辑: 赵彦超 徐园园 / 责任校对: 陈玉凤
责任印制: 赵 博 / 封面设计: 王 浩

科学出版社出版
北京东黄城根北街 16 号
邮政编码: 100717
http://www.sciencep.com

天津市新科印刷有限公司印刷

科学出版社发行 各地新华书店经销

*

2010 年 11 月第 一 版 开本: 720×1000 1/16
2025 年 2 月第十次印刷 印张: 13 1/2
字数: 253 000

定价: 78.00 元

(如有印装质量问题, 我社负责调换)

中国科学院科学出版基金资助出版

《运筹与管理科学丛书》序

运筹学是运用数学方法来刻画、分析以及求解决策问题的科学. 运筹学的例子在我国古已有之, 春秋战国时期著名军事家孙膑为田忌赛马所设计的排序就是一个很好的代表. 运筹学的重要性同样在很早就被人们所认识, 汉高祖刘邦在称赞张良时就说道: "运筹帷幄之中, 决胜千里之外."

运筹学作为一门学科兴起于第二次世界大战期间, 源于对军事行动的研究. 运筹学的英文名字 Operational Research 诞生于 1937 年. 运筹学发展迅速, 目前已有众多的分支, 如线性规划、非线性规划、整数规划、网络规划、图论、组合优化、非光滑优化、锥优化、多目标规划、动态规划、随机规划、决策分析、排队论、对策论、物流、风险管理等.

我国的运筹学研究始于 20 世纪 50 年代, 经过半个世纪的发展, 运筹学研究队伍已具相当大的规模. 运筹学的理论和方法在国防、经济、金融、工程、管理等许多重要领域有着广泛应用, 运筹学成果的应用也常常能带来巨大的经济和社会效益. 由于在我国经济快速增长的过程中涌现出了大量迫切需要解决的运筹学问题, 因而进一步提高我国运筹学的研究水平、促进运筹学成果的应用和转化、加快运筹学领域优秀青年人才的培养是我们当今面临的十分重要、光荣, 同时也是十分艰巨的任务. 我相信,《运筹与管理科学丛书》能在这些方面有所作为.

《运筹与管理科学丛书》可作为运筹学、管理科学、应用数学、系统科学、计算机科学等有关专业的高校师生、科研人员、工程技术人员的参考书, 同时也可作为相关专业的高年级本科生和研究生的教材或教学参考书. 希望该丛书能越办越好, 为我国运筹学和管理科学的发展做出贡献.

袁亚湘

2007 年 9 月

序

2008 年春, 袁亚湘教授访问复旦大学, 建议我们为《运筹与管理科学丛书》写一本整数规划方面的专著. 为满足国内运筹与管理科学发展之需要, 写一本系统地介绍整数规划理论和方法的中文著作一直是我们的心愿, 袁教授的鼓励和提议促使我们开始认真考虑和计划本书的写作.

整数规划的历史可以追溯到古希腊数学家丢番图 (Diophantine) 对线性不定方程的整数解的研究. 现代整数规划的理论和方法几乎是和线性规划 (运筹学) 同时产生和发展的. 自从运筹学创始人之一 Dantzig 与 Fulkerson 及 Johnson 等在 20 世纪 50 年代发表利用整数规划方法求解旅行售货员问题 (TSP) 的论文以来, 经过五十多年的研究, 整数规划已发展成为利用最优化方法解决经济和管理科学问题的最成功方法之一. 特别是基于分枝定界和各种松弛技术的算法已日趋成熟并开发为各种优化建模和算法商业软件, 使整数规划在学术界和工业界得到了广泛的应用. 近年来, 锥优化方法特别是半定规划多项式时间算法的发展为处理 NP 难整数规划问题提供了新的思路和方法, 例如, 二次 0-1 规划和多项式规划领域近年来都取得了不少突破, 是国际运筹学和最优化研究的热点之一.

本书试图对整数规划的经典理论和算法进行比较系统和深入的介绍, 其中线性整数规划部分的内容主要参考了文献 [16, 20, 25], 由于篇幅所限, 许多内容和证明不能一一展开, 有兴趣的读者可以进一步参考上述著作的相关章节. 同时, 我们还介绍了两类重要的非线性整数规划问题：0-1 二次规划和多项式规划, 这是近年来非线性整数优化的研究热点之一. 有关非线性整数规划的系统介绍可参见文献 [13]. 经典的线性整数规划已有很好的英文著作和教科书, 例如, 整数规划专家 Schrijver, Nemhauser 和 Wolsey 等的相关英文专著和教科书在国外大学被广泛采用 [16,20,25], 但尚未见同时讨论线性整数规划和非线性整数规划的中文或英文学术专著或面向高年级本科生和研究生的教科书, 这也是本书希望达到的目标之一：利用近年来发展起来的有效线性和凸松弛方法, 在统一的框架下处理线性和非线性 NP 难离散优化问题. 近年来, 最优化理论和方法的发展已经打破了连续与离散、线性与非线性以及确定性与随机之间的 "界限", 不同分支和领域中发展的方法的交叉研究已经产生了丰硕的成果. 读者可以从本书的 0-1 二次规划和多项式规划章节中看出这种交叉研究的趋势.

本书的主要内容曾作为 "整数规划" 研究生课程在复旦大学管理学院和香港中文大学系统工程与工程管理系讲授过. 根据我们的教学经验, 本书的主要内容可以

在一个学期完成 (40—60 个学时). 我们希望本书能激发运筹和管理科学领域的青年学者对整数规划的兴趣, 并通过学习本书进入相关研究的前沿, 也希望能帮助国内的运筹和管理科学工作者了解和应用整数规划的模型和方法解决经济、管理和工程中遇到的实际问题.

本书部分章节的初稿是根据作者在复旦大学和香港中文大学的相关课程英文讲义整理而成, 博士生郑小金和崔雪婷对本书的顺利完成帮助极大, 作者谨此表示衷心感谢; 感谢我们的学生冀淑慧和陈杰认真校对初稿, 冀淑慧对多项式优化部分的写作亦有贡献. 感谢袁亚湘教授和胡晓东教授对我们的支持和鼓励, 没有他们的鼓励本书可能仍然停留在计划之中. 感谢科学出版社责任编辑提供的专业和热心的帮助. 感谢中国科学院科学出版基金对本书的资助. 复旦大学管理学院和香港中文大学系统工程与工程管理系为我们提供了良好的科研环境和写作条件. 最后, 我们要感谢各自的家人对我们工作的一贯支持和理解, 没有家人的支持, 我们是不可能潜心于学术研究并完成本书的.

由于作者水平有限, 本书难免有错误和疏漏之处, 欢迎读者批评指出.

孙小玲　李　端

复旦大学, 香港中文大学

2010 年 8 月

目　录

第1章　引　　言

1.1　整数规划问题

整数规划是带整数变量的最优化问题, 即最大化或最小化一个全部或部分变量为整数的多元函数受约束于一组等式和不等式条件的最优化问题. 许多经济、管理、交通、通信和工程中的最优化问题都可以用整数规划来建模.

考虑一个电视机工厂的生产计划问题, 如果线性规划模型给出的最优生产计划是每天生产 102.4 台, 则可以选择每天 102 或 103 台的生产计划. 另一方面, 若考虑的问题是仓库的选址问题, 设线性规划给出的最优解是在甲地点建或买 0.6 个仓库, 在乙地点建或买 0.4 个仓库, 因仓库的个数必须是整数, 这时线性规划的解不能提供任何有用的决策方案. 实际上, 除了可以描述决策变量的离散性外, 整数变量可以帮助我们刻画最优化建模中的许多约束条件, 如逻辑关系、固定费用、可选变量的上界、顺序和排序关系、分片线性函数等.

整数规划的历史可以追溯到 20 世纪 50 年代, 运筹学创始人和线性规划单纯形算法发明者 Dantzig 首先发现可以用 0-1 变量来刻画最优化模型中的固定费用、变量上界、非凸分片线性函数等. 他和 Fulkerson 及 Johnson 对旅行售货员问题 (TSP) 的研究成为后来的分枝–割方法和现代混合整数规划算法的开端. 1958 年, Gomory 发现了第一个一般线性整数规划的收敛算法 —— 割平面方法. 随着整数规划理论和算法的发展, 整数规划已成为应用最广泛的最优化方法之一, 特别是近年来整数规划算法技术和软件系统 (如 CPLEX) 的发展和推广, 整数规划在生产企业、服务、运营管理、交通、通信等领域得到了极大的应用和发展.

整数规划的应用领域包括:

- 列车和公共交通调度
- 民航航班与机组调度
- 生产计划与调度
- 电厂发电计划
- 通信与网络
- 大规模集成电路设计等

1.2 整数规划分类与建模

1.2.1 线性混合整数规划

线性混合整数规划的一般形式为

$$\text{(MIP)}\qquad \begin{aligned} &\min\ c^{\mathrm{T}}x+h^{\mathrm{T}}y,\\ &\text{s.t. }\ Ax+Gy\leqslant b,\ x\in\mathbb{Z}_+^n,\ y\in\mathbb{R}_+^p, \end{aligned}$$

这里 $\mathbb{Z}_+^n$ 是 n 维非负整数向量集合, $\mathbb{R}_+^p$ 是 p 维非负实数向量集合.

如果问题 (MIP) 中没有连续决策变量, 则 (MIP) 就是一个 (纯) 线性整数规划:

$$\text{(IP)}\qquad \begin{aligned} &\min\ c^{\mathrm{T}}x,\\ &\text{s.t. }\ Ax\leqslant b,\ x\in\mathbb{Z}_+^n. \end{aligned}$$

例 1.1 (背包问题) 设有一个背包, 其承重为 b. 考虑 n 件物品, 其中第 j 件的重量为 a_j, 价值为 c_j. 问如何选取物品装入背包, 使背包内物品的总价值最大?

设

$$x_j=\begin{cases}1, & \text{若选取第 } j \text{ 件物品},\\ 0, & \text{若不选取}.\end{cases}$$

则背包问题可以表示为下列线性 0-1 规划:

$$\begin{aligned} \max\ &\sum_{j=1}^{n}c_jx_j,\\ \text{s.t. }\ &\sum_{j=1}^{n}a_jx_j\leqslant b,\\ &x\in\{0,1\}^n. \end{aligned}$$

项目计划和许多复杂整数规划问题的子问题也可以归结为背包问题模型. 例如, 在项目管理中, 设年度总预算是 b, 有 n 个项目可以考虑投资或新建, 由于预算原因, 这 n 个项目不能全部新建. 设第 j 个项目的建设费用是 a_j, 期望收益是 c_j. 则项目计划问题可以归结为: 如何在预算约束下选取适当的项目使期望总收益最大化, 这即是一个背包问题.

例 1.2 (指派问题) 设有 m 台机器, n 个工件, 第 i 台机器的可用工时数为 b_i, 第 i 台机器完成第 j 件工件需要的工时数为 a_{ij}, 费用为 c_{ij}. 问如何最优指派机器生产.

设

$$x_{ij}=\begin{cases}1, & \text{若第 } i \text{ 机器加工第 } j \text{ 件工件},\\ 0, & \text{其他}.\end{cases}$$

则指派问题可表示为如下 0-1 线性规划问题:

$$\begin{aligned}\min\ & \sum_{i=1}^{n}\sum_{j=1}^{n} c_{ij}x_{ij},\\ \text{s.t.}\ & \sum_{j=1}^{n} a_{ij}x_{ij} \leqslant b_i,\ i=1,\cdots,m,\\ & \sum_{i=1}^{m} x_{ij} = 1,\ j=1,\cdots,n,\\ & x_{ij}\in\{0,1\}.\end{aligned}$$

例 1.3 (集覆盖问题) 设某地区划分为若干个区域, 需要建立若干个应急服务中心 (如消防站、急救中心等), 每个中心的建立都需要一笔建站费用, 设候选中心的位置已知, 每个中心可以服务的区域预先知道, 问如何选取中心使该应急服务能覆盖整个地区且使建站费用最小.

记 $M=\{1,\cdots,m\}$ 为该地区中的区域, $N=\{1,\cdots,n\}$ 是可选的中心, 设 $S_j\subseteq M$ 为中心 $j\in N$ 可以服务的区域集合, c_j 是中心 j 的建站费用, 定义 0-1 关联矩阵 $A=(a_{ij})$, 其中, 若 $i\in S$, 则 $a_{ij}=1$, 否则, $a_{ij}=0$.

设

$$x_j=\begin{cases}1, & \text{选中心 } j,\\ 0, & \text{其他}.\end{cases}$$

则问题可以表示为

$$\begin{aligned}\min & \sum_{j=1}^{n} c_jx_j,\\ \text{s.t.}\ & \sum_{j=1}^{n} a_{ij}x_j \geqslant 1,\ i=1,\cdots,m,\\ & x\in\{0,1\}^n.\end{aligned}$$

例 1.4 (旅行售货员问题 (TSP)) 设有一个旅行售货员需要去 n 个城市推销他的产品, 他必须而且只能访问每个城市一次, 并最后返回出发城市. 设每个城市直接到达另一个城市的距离已知 (如不能直接到达, 则可设其距离为 $+\infty$), 他应该如何选择旅行路线使得总的旅行距离最短?

设城市 i 到城市 j 的距离为 c_{ij}. 设

$$x_{ij}=\begin{cases}1, & \text{若他的旅行路线包括了直接从城市 } i \text{ 到城市 } j \text{ 的行程},\\ 0, & \text{其他}.\end{cases}$$

约束条件:

- 他离开城市 i 一次:

$$\sum_{j\neq i} x_{ij} = 1, \quad i = 1, \cdots, n.$$

- 他到达城市 j 一次:

$$\sum_{i\neq j} x_{ij} = 1, \quad j = 1, \cdots, n.$$

- 上面的约束条件使得每个城市正好经过一次, 但仍可能包括含圈但不联通的路线, 我们需要用下面的约束条件来去除这种情况发生:

$$\sum_{i\in S}\sum_{j\notin S} x_{ij} \geqslant 1, \quad \forall S \subset N = \{1, \cdots, n\},\ S \neq \varnothing,$$

或

$$\sum_{i\in S}\sum_{j\in S} x_{ij} \leqslant |S| - 1, \quad \forall S \subset N,\ 2 \leqslant |S| \leqslant n-1.$$

从而旅行售货员问题可以表示为

$$\begin{aligned} \min\ & \sum_{i=1}^{n}\sum_{j=1}^{n} c_{ij}x_{ij}, \\ \text{s.t.}\ & \sum_{j\neq i} x_{ij} = 1, \quad i = 1, \cdots, n, \\ & \sum_{i\neq j} x_{ij} = 1, \quad j = 1, \cdots, n, \\ & \sum_{i\in S}\sum_{j\in S} x_{ij} \leqslant |S| - 1, \quad \forall S \subset N,\ 2 \leqslant |S| \leqslant n-1, \\ & x \in \{0,1\}^n. \end{aligned}$$

1.2.2 非线性整数规划

一般非线性混合整数规划问题可表为

$$\begin{aligned} \text{(MINLP)} \qquad \min\ & f(x,y), \\ \text{s.t.}\ & g_i(x,y) \leqslant b_i, \quad i = 1, \cdots, m, \\ & x \in X,\ y \in Y, \end{aligned}$$

这里 $f, g_i, i = 1, \cdots, m$ 是 $\mathbb{R}^{n+q}$ 上的实值函数, X 是 $\mathbb{Z}^n$ 的子集, Y 是 $\mathbb{R}^q$ 的一个子集.

当 (MINLP) 中没有连续变量 y 时, (MINLP) 即是一个 (纯) 非线性整数规划:

$$
\begin{aligned}
\text{(NLIP)} \qquad & \min\ f(x), \\
& \text{s.t.}\ \ g_i(x) \leqslant b_i, \quad i=1,\cdots,m, \\
& \qquad x \in X.
\end{aligned}
$$

例 1.5 (最大割问题) 设 $G=(V,E)$ 是有 n 个顶点的无向图, 设边 (i,j) 上的权为 $w_{ij}(w_{ij}=w_{ji}\geqslant 0)$. 图 G 的一个割 (S,S') 是指 n 个顶点的一个分割: $S\cap S'=\varnothing$, $S\cup S'=V$. 最大割问题是求一个分割 (S,S') 使连接 S 和 S' 之间的所有边上的权之和最大.

设 $x_i\in\{0,1\}$, 若 $i\in S$, 则 $x_i=1$; 若 $i\in S'$, 则 $x_i=0$. 则分割 (S,S') 上的权为

$$
\frac{1}{2}\left(\frac{1}{2}\sum_{i,j=1}^{n} w_{ij}-\frac{1}{2}\sum_{i,j=1}^{n} w_{ij}x_ix_j\right)=\frac{1}{4}\sum_{i,j=1}^{n} w_{ij}(1-x_ix_j).
$$

故最大割问题可以表为

$$
\begin{aligned}
& \max\ \frac{1}{4}\sum_{i,j=1}^{n} w_{ij}(1-x_ix_j), \\
& \text{s.t.}\ x\in\{-1,1\}^n.
\end{aligned}
$$

最大割问题是组合优化中著名的 NP 难问题, 1995 年, Goemans 和 Williamson 对最大割问题的 SDP 松弛给出了一个漂亮的结果:

$$
f_{\text{opt}} \leqslant f_{\text{SDP}} \leqslant \alpha f_{\text{opt}}, \quad \alpha=1.138\cdots,
$$

这里 f_{opt} 是最大割问题的最优值, f_{SDP} 是 SDP 松弛问题的最优值.

例 1.6 (最优订货批量) 最优订货批量问题是生产计划中的一个重要问题, 设生产中需要订购和存储 n 种物品. 设 x_j 表示第 j 种物品的订购量, D_j 表示第 j 种物品的需求量, O_j 表示第 j 种物品每次的订购费用, h_j 表示第 j 种物品的单位存储费用, c_j 表示第 j 种物品的重量, C 表示仓库的可存储物品总重量. 问如何确定订货量 x_j 使总费用最小?

因第 j 种物品的订购次数是 D_j/x_j , 故订购费是 O_jD_j/x_j. 另外, $h_jx_j/2$ 是平均存储费用, 故最优批量问题可以表为

$$
\begin{aligned}
\text{(OL)} \qquad & \min\ \sum_{j=1}^{n}(O_jD_j/x_j+h_jx_j/2), \\
& \text{s.t.}\ \ \sum_{j=1}^{n} c_jx_j \leqslant C, \\
& \qquad x\in\mathbb{Z}_+^n.
\end{aligned}
$$

例 1.7 (投资组合选择问题) 设市场有 n 种股票和一种无风险资产, 投资者把初始财富 W_0 投资于这 n 种股票和一种无风险资产, 以保证在平均收益达到一定水平的条件下使投资风险最小.

设 X_i 是一随机变量, 表示第 i 种股票每手未来收益, $(X_1,\cdots,X_n)$ 的期望和协方差为

$$\mu_i = E(X_i), \quad \sigma_{ij} = \mathrm{Cov}(X_i, X_j), \quad i,j=1,\cdots,n.$$

设 x_i 是整数变量, 表示投资于第 i 种股票的手数, $x=(x_1,\cdots,x_n)^{\mathrm{T}}$ 是投资组合决策变量, 其对应的随机收益为 $P_s(x)=\sum_{i=1}^n x_iX_i$. 则投资组合收益 $P_s(x)$ 的均值和方差分别为

$$s(x) = E[P_s(x)] = E\left[\sum_{i=1}^n x_iX_i\right] = \sum_{i=1}^n \mu_i x_i$$

和

$$V(x) = \mathrm{Var}(P_s(x)) = \mathrm{Var}\left[\sum_{i=1}^n x_iX_i\right] = \sum_{i=1}^n\sum_{j=1}^n x_ix_j\sigma_{ij} = x^{\mathrm{T}}Cx,$$

这里 $C=(\sigma_{ij})_{n\times n}$ 表示协方差矩阵. 设 r 是无风险资产的收益率, $b=(b_1,\cdots,b_n)^{\mathrm{T}}$ 是当前股票的价格. 注意到投资者在无风险资产上的投资额为 $x_0=\left(W_0-\sum_{i=1}^n b_ix_i\right)$. 设交易费用为 $c(x)=\sum_{i=1}^n c_i(x_i)$, 则投资组合的净收益为

$$R(x) = s(x) + rx_0 - \sum_{i=1}^n c_i(x_i) = \sum_{i=1}^n [(\mu_i - rb_i)x_i - c_i(x_i)] + rW_0.$$

从而均值–方差投资组合模型为

$$\begin{aligned}
(\mathrm{MV}) \qquad & \min\ V(x) = x^{\mathrm{T}}Cx, \\
& \text{s.t.}\ \ \sum_{i=1}^n [(\mu_i - rb_i)x_i - c_i(x_i)] + rW_0 \geqslant \varepsilon, \\
& \qquad b^{\mathrm{T}}x \leqslant W_0, \\
& \qquad x \in X = \{x \in \mathbb{Z}^n \mid l_i \leqslant x_i \leqslant u_i\}.
\end{aligned}$$

在以上的模型中, 我们以最终财富的方差来度量投资风险. 注意到决策变量 x 为有界整数变量.

例 1.8 (可靠性网络) 考虑有 n 个子系统的网络. 设 r_i $(0<r_i<1)$ 是第 i 个子系统中的部件可靠性, x_i 表示第 i 个子系统的冗余部件的个数. 网络可靠性优化问题是求最优的冗余向量 $x=(x_1,\cdots,x_n)^{\mathrm{T}}$ 使网络的整体可靠性最大.

第 i 个子系统的可靠性为

$$R_i(x_i)=1-(1-r_i)^{x_i},\quad i=1,\cdots,n.$$

整个网络的可靠性 $R_s(x)$ 是关于 $R_1(x_1),\cdots,R_n(x_n)$ 的增函数. 例如图 1.1 所示的网络的可靠性为

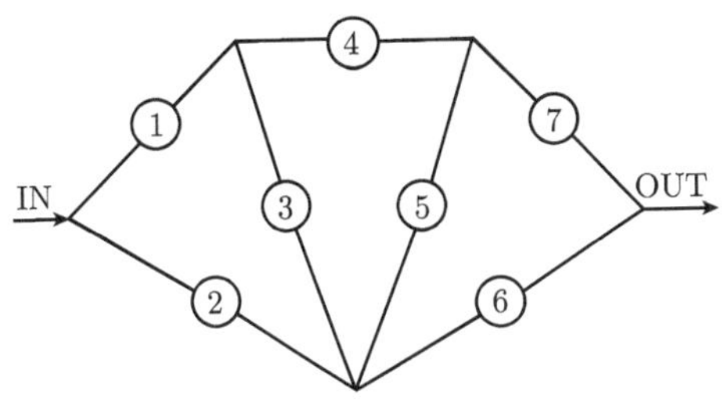

图 1.1 7 个节点的网络

$$R_s=R_6R_7+R_1R_2R_3(Q_6+R_6Q_7)+R_1R_4R_7Q_6(Q_2+R_2Q_3),$$

这里 $Q_i=1-R_i, i=1,\cdots,n$. 相应的最优冗余问题是

$$\begin{aligned}
&\max\ R_s(x)=f(R_1(x_1),\cdots,R_n(x_n)),\\
&\text{s.t.}\ \ g_i(x)=\sum_{j=1}^{n}g_{ij}(x_j)\leqslant b_i,\quad i=1,\cdots,m,\\
&\qquad x\in X=\{x\in\mathbb{Z}^n\mid 1\leqslant l_j\leqslant x_j\leqslant u_j,\ j=1,\cdots,n\},
\end{aligned}$$

这里 $g_i(x), i=1,\cdots,m$ 代表不同的资源消耗函数, 例如费用、体积、重量等.

1.2.3 分片线性函数与分离约束

下面讨论利用 0-1 变量来表示分片线性函数和分离约束条件. 考虑可分离非线性函数 $f(y_1,\cdots,y_n)=\sum\limits_{j=1}^{n}f_j(y_j)$. 函数 $f_j(y_j)$ 可以用分段线性函数来逼近, 其逼近的精度依赖于分段线段的长度.

设 $g(y)$ 是一元函数, 取断点 $(a_i,g(a_i)), i=1,\cdots,r$, 设 $l(y)$ 是连接这些断点的分段线性函数. 则任意 $a_1\leqslant y\leqslant a_r$ 可以表为

$$y=\sum_{i=1}^{r}\lambda_ia_i,\quad \sum_{i=1}^{r}\lambda_i=1,\quad \lambda=(\lambda_1,\cdots,\lambda_r)\in\mathbb{R}_+^r.$$

上述表示中 λ 并不唯一, 若 $a_i \leqslant y \leqslant a_{i+1}$ 且选取 λ 使 $y = \lambda_i a_i + \lambda_{i+1} a_{i+1}$, $\lambda_i + \lambda_{i+1} = 1$, 则有 $l(y) = \lambda_i f(a_i) + \lambda_{i+1} f(a_{i+1})$. 所以, 若 λ_i, $i = 1, \cdots, r$ 最多只有 2 个非零, 且若 λ_j 和 λ_k 为正, 则有 $k = j - 1$ 或 $j + 1$, 故 $l(y)$ 可以表为

$$l(y) = \sum_{i=1}^{r} \lambda_i f(a_i), \quad \sum_{i=1}^{r} \lambda_i = 1, \quad \lambda \in \mathbb{R}_+^r. \tag{1.1}$$

上面表达式成立的条件可以利用 0-1 变量来刻画, 设 $x_i \in \{0, 1\}$, $i = 1, \cdots, r-1$, 其中, 如果 $a_i \leqslant y \leqslant a_{i+1}$, 则 $x_i = 1$, 否则 $x_i = 0$. 则下面的约束条件刻画了表达式 (1.1) 成立的条件 (最多只有 2 个相邻的 λ_i 非零):

$$\begin{aligned}
&\lambda_1 \leqslant x_1, \\
&\lambda_i \leqslant x_{i-1} + x_i, \quad i = 2, \cdots, r-1, \\
&\lambda_r \leqslant x_{r-1}, \\
&\sum_{i=1}^{r-1} x_i = 1, \\
&x_i \in \{0, 1\}, \quad i = 1, \cdots, r-1.
\end{aligned}$$

分离约束出现在很多最优化模型中, 典型的分离约束是要求一个点满足 m 个线性约束中的 k 个. 设 $P^i = \{y \in \mathbb{R}^p \mid A^i y \leqslant b^i,\ 0 \leqslant y \leqslant d\}$, $i = 1, \cdots, m$. 注意到存在向量 ω 使对任意 i, $A^i y \leqslant b^i + \omega$, $0 \leqslant y \leqslant \omega$. 故存在 y 包含在 k 个 P^i 中当且仅当下列约束条件相容:

$$\begin{aligned}
&A^i y \leqslant b^i + \omega(1 - x_i), \quad i = 1, \cdots, m, \\
&\sum_{i=1}^{m} x_i \geqslant k, \\
&y \leqslant d, \\
&x \in \{0, 1\}^m, \quad y \in \mathbb{R}_+^p.
\end{aligned}$$

当 $k = 1$ 时, 要求 m 个线性约束中一个满足的条件也可以表示为

$$\begin{aligned}
&A^i y^i \leqslant x_i b^i, \quad i = 1, \cdots, m, \\
&y^i \leqslant x_i d, \quad i = 1, \cdots, m, \\
&\sum_{i=1}^{m} x_i = 1, \\
&\sum_{i=1}^{m} y^i = y, \\
&x \in \{0, 1\}^m, \quad y \in \mathbb{R}_+^p,\ y^i \in \mathbb{R}_+^p,\ i = 1, \cdots, m.
\end{aligned} \tag{1.2}$$

事实上, $\bigcup_{i=1}^{m} P^i \neq \varnothing$ 当且仅当 (1.2) 成立. 设 $y \in \bigcup_{i=1}^{m} P^i$, 不失一般性, 设 $y \in P^l$, 则 (1.2) 的一个解是 $x_l = 1, x_i = 0, i \neq l, y^l = y, y^i = 0, i \neq l$. 另一方面, 设 (1.2) 有解, 设为 $x_l = 1, x_i = 0, i \neq l$, 则得到 $y^i = 0, i \neq l, y^l = y$. 故 $y \in P^l$, 即 $y \in \bigcup_{i=1}^{m} P^i$.

1.3 整数规划问题的挑战性

很多整数规划问题往往看上去很简单, 数学模型也不复杂, 如 0-1 背包问题、最大割问题等, 但求解这类问题其实非常困难. 绝大部分整数规划问题的可行域都只有有限多个可行点 (决策方案), 一个简单幼稚的想法是枚举所有的可行点. 设 $X = \{0,1\}^n$ 是某问题的可行域, 计算每个可行点的目标函数值所需的基本运算次数是常数. 假设有一个超级计算机, 其每秒基本运算次数是 1 亿次. 则该计算机通过枚举 X 计算问题的最优解所需的时间是下列时间的常数倍:

- $n = 30, |X| = 2^{30} \approx 10^9$, 10 s;
- $n = 60, |X| = 2^{60} \approx 10^{18}$, 360 y;
- $n = 100, |X| = 2^{100} \approx 10^{30}$, 4×10^{14} y.

我们看到, 维数 n 每增加 1, 则可行点个数增加 1 倍, 即可行点的个数随着 n 成指数增长. 故完全枚举法只适用于维数很小的问题, 对一般整数规划问题是行不通的. 大部分整数规划问题的困难在于: 我们本质上只能使用枚举法或隐枚举法的思想来求解问题最优解, 故当问题的规模越来越大时, 算法的计算时间急剧增加. 与此形成对照的是连续优化问题, 我们知道, 最简单的连续优化问题的可行点的个数也是无穷多个, 但寻找可行域中的最优点并不需要借助枚举法的思想, 因为利用微积分的工具可以刻画出最优点需要满足的一组容易验证的最优性条件, 如 KKT 条件. 故只有当算法需要枚举或部分枚举这些可行点时, 可行域中可行点的个数才和问题的难度有关.

另外一个朴素的想法是 "四舍五入": 求解相应的连续优化问题 (丢掉整数约束), 然后对求得的解进行四舍五入, 得到一个整数解. 这个方法有两个问题: (1) 一般很难通过四舍五入得到一个满足约束条件的可行解; (2) 即使能求得一个可行解, 其质量往往很差, 即可能离最优解的距离很远, 甚至和随机产生的可行解差不多. 贪婪法往往可以帮助我们求到一个问题的近似解. 例如, 在 0-1 背包问题中, 可以先进行排序:

$$\frac{c_{j_1}}{a_{j_1}} \geqslant \frac{c_{j_2}}{a_{j_2}} \geqslant \cdots \geqslant \frac{c_{j_n}}{a_{j_n}},$$

然后按由大到小的顺序 $j_1, \cdots, j_n$ 选取物品直到背包的容量 b 不能再装下一个物品.

尽管整数规划的研究有了很大的进展, 许多原来不能解决的大规模整数规划问题现在可以在合理的时间内使用新的算法和更快速的计算机解决. 然而, 由于我们的数学工具的局限和对离散优化问题认识的不足, 还有许多整数规划问题不能得到很好的解决, 特别是在实际应用中提出的很多整数规划问题的规模一般都很大, 直接利用现有的算法和软件求解往往是不可能的. 这就促使人们研究有效快速的近似算法或启发式算法以寻找问题的一个近似最优解或较好的可行解, 如近年来发展起来的基于半定规划的随机化算法和各种针对具体整数规划和组合优化问题的近似算法.

1.4　本书的结构

本书试图用由浅入深的方式介绍整数规划的基本理论和方法, 让读者对整数规划的经典理论和算法有一个比较系统和深入的了解. 本书共 12 章, 分为两个大部分: 线性整数规划和非线性整数规划. 全书可以分为下面几个模块:

(1) 整数规划入门
- 线性规划基础
- 全单模矩阵
- 图和网络流问题

(2) 整数规划理论
- 计算复杂性理论
- 多面体和强有效不等式理论
- 对偶理论

(3) 整数规划基本算法
- 动态规划算法
- 分枝–定界算法
- 割平面算法

(4) 非线性整数规划
- 0-1 二次规划
- 0-1 多项式规划

第2章　线性规划

线性规划是线性整数规划的基础, 线性规划理论和算法与整数规划有密切关系. 本章首先介绍多面体基本知识, 然后介绍线性规划与对偶问题, 以及求解线性规划的经典算法: 原始单纯形方法和对偶单纯形方法.

2.1　凸分析初步

本节介绍凸分析基本知识, 包括凸集与分离定理、多面体顶点与极方向、多面体表示定理.

2.1.1　凸集和分离定理

定义 2.1　设集合 $C \subseteq \mathbb{R}^n$, 如对任意 $x, y \in C$ 和 $\lambda \in [0,1]$, 有

$$\lambda x + (1-\lambda)y \in C,$$

则称 C 为凸集.

定理 2.1　设 $C \subseteq \mathbb{R}^n$ 是非空闭凸集, $y \in \mathbb{R}^n$, $y \notin C$, 则

(i) 存在唯一的点 $\bar{x} \in C$, 使

$$\|\bar{x} - y\| = \inf\{\|x - y\| \mid x \in C\}.$$

(ii) $\bar{x} \in C$ 达到 y 到 C 的距离的充要条件是

$$(x - \bar{x})^{\mathrm{T}}(\bar{x} - y) \geqslant 0, \quad \forall x \in C. \tag{2.1}$$

证明　(i) 取充分大的 $\rho > 0$ 使 $\bar{C} = C \cap \{x \in \mathbb{R}^n \mid \|x - y\| \leqslant \rho\} \neq \varnothing$. 显然, y 到 C 的距离必在 $\bar{C}$ 上达到. 而连续函数 $f(x) = \|x - y\|$ 在有界闭集 $\bar{C}$ 上必取得最小值, 故存在 $\bar{x} \in \bar{C}$ 使

$$\|\bar{x} - y\| = \min\{\|x - y\| \mid x \in \bar{C}\} = \inf\{\|x - y\| \mid x \in C\}.$$

下证 $\bar{x}$ 的唯一性. 若有 $\tilde{x} \in C$ 使 $\|y - \tilde{x}\| = \|y - \bar{x}\| = \gamma$, 则

$$\left\|y - \frac{\bar{x} + \tilde{x}}{2}\right\| = \left\|\frac{1}{2}(y - \bar{x}) + \frac{1}{2}(y - \tilde{x})\right\| \leqslant \frac{1}{2}\|y - \bar{x}\| + \frac{1}{2}\|y - \tilde{x}\| = \gamma.$$

因 $\dfrac{\bar{x} + \tilde{x}}{2} \in C$, 故上式等号成立, 从而 $y - \bar{x}$ 与 $y - \tilde{x}$ 成比例, 即 $y - \bar{x} = \alpha(y - \tilde{x})$. 但 $\|y - \tilde{x}\| = \|y - \bar{x}\|$, 所以 $|\alpha| = 1$, 而 $\alpha = -1 \Rightarrow y = \dfrac{\bar{x} + \tilde{x}}{2} \in C$, 矛盾, 故 $\alpha = 1$, 即 $\tilde{x} = \bar{x}$.

(ii) 设 (2.1) 成立, 则对任意 $x \in C$, $x \neq \bar{x}$ 有

$$\|x-y\|^2 = \|x-\bar{x}+\bar{x}-y\|^2 = \|x-\bar{x}\|^2 + \|\bar{x}-y\|^2 + 2(x-\bar{x})^{\mathrm{T}}(\bar{x}-y) > \|\bar{x}-y\|^2.$$

故 $\bar{x}$ 是达到 y 与 C 距离的点. 反过来, 设 $\bar{x}$ 是达到 y 与 C 距离的点, 即有

$$\|y-\bar{x}\|^2 \leqslant \|y-z\|^2, \quad \forall z \in C.$$

因 C 是凸集, 对任意 $\lambda \in (0,1)$, $z = \bar{x} + \lambda(x-\bar{x}) \in C$, 代入上式得

$$\|y-\bar{x}\|^2 \leqslant \|y-\bar{x}-\lambda(x-\bar{x})\|^2 = \|y-\bar{x}\|^2 + \lambda^2\|x-\bar{x}\|^2 - 2\lambda(y-\bar{x})^{\mathrm{T}}(x-\bar{x}).$$

所以

$$\lambda\|x-\bar{x}\|^2 + 2(\bar{x}-y)^{\mathrm{T}}(x-\bar{x}) \geqslant 0, \quad \forall \lambda \in (0,1).$$

在上式中令 $\lambda \to 0$ 即知 (2.1) 成立. □

定理 2.2 (凸集分离定理)　设 C 为非空闭凸集, $y \in \mathbb{R}^n$, $y \notin C$, 则存在非零向量 $a \in \mathbb{R}^n$ 和数 β 使得

$$a^{\mathrm{T}}x \leqslant \beta < a^{\mathrm{T}}y, \quad \forall x \in C. \tag{2.2}$$

证明　由定理 2.1 知, 存在唯一 $\bar{x} \in C$ 达到点 y 与凸集 C 的距离, 且有

$$(x-\bar{x})^{\mathrm{T}}(\bar{x}-y) \geqslant 0, \quad \forall x \in C.$$

故对任意 $x \in C$ 有

$$\|y-\bar{x}\|^2 = (y-\bar{x})^{\mathrm{T}}(y-\bar{x}) = y^{\mathrm{T}}(y-\bar{x}) - \bar{x}^{\mathrm{T}}(y-\bar{x}) \leqslant y^{\mathrm{T}}(y-\bar{x}) - x^{\mathrm{T}}(y-\bar{x}).$$

令 $a = y-\bar{x}$, 则 $a \neq 0$ 且

$$0 < \|a\|^2 \leqslant a^{\mathrm{T}}y - a^{\mathrm{T}}x, \quad \forall x \in C.$$

故对任意 $x \in C$, $a^{\mathrm{T}}x < a^{\mathrm{T}}y$. 令 $\beta = \max\{a^{\mathrm{T}}x \mid x \in C\}$, 得

$$a^{\mathrm{T}}x \leqslant \beta < a^{\mathrm{T}}y, \quad \forall x \in C,$$

即分离性质 (2.2) 成立. □

2.1.2　多面体基本知识

定义 2.2　若 $S \subseteq \mathbb{R}^n$ 是有限多个半空间之交, 则称 S 为多面体, 即 $S = \{x \in \mathbb{R}^n \mid a_i^{\mathrm{T}}x \leqslant b_i,\ i=1,\cdots,m\}$, 这里 $a_i \in \mathbb{R}^n$, $a_i \neq 0$, $b_i \in \mathbb{R}$.

容易看出, 多面体都是闭凸集. 设 $A \in \mathbb{R}^{m\times n}$, $b \in \mathbb{R}^m$, 下面的集合都是多面体:

$$S = \{x \in \mathbb{R}^n \mid Ax \leqslant b\},$$

$$S = \{x \in \mathbb{R}^n \mid Ax = b,\ x \geqslant 0\},$$

$$S = \{x \in \mathbb{R}^n \mid Ax \leqslant b,\ x \geqslant 0\}.$$

定义 2.3 设 $S\subseteq\mathbb{R}^n$ 是非空凸集, $x\in S$. 若对任意 $\lambda\in(0,1)$ 和 $x_1,x_2\in S$, $x=\lambda x_1+(1-\lambda)x_2$ 可推出 $x_1=x_2=x$, 则称 x 为 S 的顶点.

定义 2.4 设 $S\subseteq\mathbb{R}^n$ 是非空凸集, $d\in\mathbb{R}^n$. 若对任意 $x\in S$ 和 $\lambda\geqslant 0$ 都有 $x+\lambda d\in S$, 则称 d 为 S 的一个方向. 若对任意 $\lambda_1,\lambda_2>0$ 和 S 的方向 d_1, d_2, 由 $d=\lambda_1 d_1+\lambda_2 d_2$ 可推出 $d_1=\alpha d_2$, 其中 $\alpha>0$, 则称 d 为 S 的极方向.

下设 $S=\{x\in\mathbb{R}^n\mid Ax=b,\ x\geqslant 0\}$, 其中 $A\in\mathbb{R}^{m\times n}$ 行满秩. 由定义可知, $d\neq 0$ 是 S 的方向当且仅当 $Ad=0$, $d\geqslant 0$.

设 $A=(B,N)$, 其中 $B\in\mathbb{R}^{m\times m}$ 非奇异, $N\in\mathbb{R}^{m\times(n-m)}$. 把 x 对应分解为 $x^{\mathrm{T}}=(x_B^{\mathrm{T}},x_N^{\mathrm{T}})$, 则 $x\in S$ 可以表示为

$$Bx_B+Nx_N=b,\quad x_B\geqslant 0,\ x_N\geqslant 0. \tag{2.3}$$

从而 $x_B=B^{-1}(b-Nx_N)$. 令 $x_N=0$, 得到 $x_B=B^{-1}b$. 若 $B^{-1}b\geqslant 0$, 则 $x=\begin{pmatrix}B^{-1}b\\0\end{pmatrix}$ 是 S 的一个顶点, 事实上, 若存在 $\lambda\in(0,1)$ 和 $x_1,x_2\in S$ 使 $x=\lambda x_1+(1-\lambda)x_2\in S$, 则

$$\begin{pmatrix}B^{-1}b\\0\end{pmatrix}=\lambda\begin{pmatrix}x_{11}\\x_{12}\end{pmatrix}+(1-\lambda)\begin{pmatrix}x_{21}\\x_{22}\end{pmatrix}.$$

因 $x_{12}\geqslant 0$ 和 $x_{22}\geqslant 0$, 上式可推出 $x_{12}=x_{22}=0$, 从而由 (2.3) 推出 $x_{11}=x_{21}=B^{-1}b$. 所以 $x=x_1=x_2$. 下面的顶点表示定理表明 S 的所有顶点都具有 $\begin{pmatrix}B^{-1}b\\0\end{pmatrix}$ 的形式.

定理 2.3 设 $S=\{x\in\mathbb{R}^n\mid Ax=b,\ x\geqslant 0\}$, 其中 A 行满秩. 则 $x\in S$ 是 S 的顶点的充要条件是 x 可以表示为 $x=\begin{pmatrix}B^{-1}b\\0\end{pmatrix}$, 其中 $A=(B,N)$, B 可逆且 $B^{-1}b\geqslant 0$.

证明 只需证明必要性. 设 $x\in S$ 为 S 的一个顶点. 不失一般性, 设 $x=(x_1,\cdots,x_k,0,\cdots,0)^{\mathrm{T}}$, 其中 $x_i>0$, $i=1,\cdots,k$. 设 $A=(a_1,\cdots,a_n)$, 下证 $a_1,\cdots,a_k$ 线性无关. 设存在不全为零 $\lambda_1,\cdots,\lambda_k$ 使 $\sum\limits_{i=1}^{k}\lambda_i a_i=0$. 设 $\lambda=(\lambda_1,\cdots,\lambda_k,0,\cdots,0)$. 令

$$x_1=x+\alpha\lambda,\quad x_2=x-\alpha\lambda.$$

则 $x=\dfrac{1}{2}x_1+\dfrac{1}{2}x_2$. 适当选取 $\alpha>0$ 可使 $x_1,x_2\geqslant 0$ 且 $x_1\neq x_2$. 注意到 $Ax_1=$

$Ax+\alpha A\lambda = Ax+\alpha\sum_{i=1}^{k}\lambda_i a_i = b$, 故 $x_1 \in S$. 类似可得 $x_2 \in S$. 这与 x 是顶点矛盾, 故 $a_1,\cdots,a_k$ 线性无关. 因 A 行满秩, 总是可以从 $a_{k+1},\cdots,a_n$ 选取 $m-k$ 个向量 (不失一般性, 可设为 $a_{k+1},\cdots,a_m$) 使 $B=(a_1,\cdots,a_m)$ 可逆. 所以 $x=\begin{pmatrix} B^{-1}b \\ 0 \end{pmatrix}$, 且 $B^{-1}b=(x_1,\cdots,x_k,0,\cdots,0)^{\mathrm{T}} \geqslant 0$. □

由于从 A 的 n 列中选取 m 个线性无关的列组成 B 的方法只有有限多种, 故从定理 2.3 可以推出多面体 S 只有有限多个顶点. 下面的定理说明非空多面体一定存在顶点.

定理 2.4　设 $S=\{x\in\mathbb{R}^n \mid Ax=b,\ x\geqslant 0\}$ 非空, 其中 A 行满秩, 则 S 至少有一个顶点.

证明　设 $x\in S$, 不失一般性, 设 $x=(x_1,\cdots,x_k,0,\cdots,0)^{\mathrm{T}}$, 其中 $x_i>0$, $i=1,\cdots,k$. 若 $a_1,\cdots,a_k$ 线性无关, 则 $k\leqslant m$, 从而由定理 2.3 知 x 是 S 的顶点. 否则, 存在不全为零 $\lambda_1,\cdots,\lambda_k$ 使 $\sum_{i=1}^{k}\lambda_i a_i=0$, 不妨设至少有一个 $\lambda_i>0$. 令

$$\alpha=\frac{x_j}{\lambda_j}=\min\left\{\frac{x_i}{\lambda_i}\mid \lambda_i>0,\ i=1,\cdots,k\right\}.$$

构造 $\bar{x}$ 如下：$\bar{x}_i=x_i-\alpha\lambda_i$, $i=1,\cdots,k$; $\bar{x}_i=0$, $i=k+1,\cdots,n$. 则 $\bar{x}_j\geqslant 0$ 且

$$A\bar{x}=\sum_{i=1}^{n}a_i\bar{x}_i=\sum_{i=1}^{k}a_i(x_i-\alpha\lambda_i)=b.$$

所以, $\bar{x}\in S$ 且其非零分量至多为 $k-1$. 上述步骤一直进行下去, 一定可得到 $\tilde{x}\in S$, 其非零分量对应 A 中的列线性无关, 从而 $\tilde{x}$ 是 S 的一个顶点. □

下面的定理给出了 S 的极方向的刻画.

定理 2.5　设 $S=\{x\in\mathbb{R}^n \mid Ax=b,\ x\geqslant 0\}$ 非空, 其中 A 行满秩, 则 $d\in\mathbb{R}^n$ 是 S 的极方向的充分必要条件为：存在 A 的分解 $A=(B,N)$ 和 N 的第 j 列 a_j 满足 $B^{-1}a_j\leqslant 0$, 使 $d=t\begin{pmatrix} -B^{-1}a_j \\ e_j \end{pmatrix}$, 其中 $t>0$, e_j 为 $\mathbb{R}^{n-m}$ 中的第 j 个单位向量.

证明　充分性. 因 $Ad=(B,N)t\begin{pmatrix} -B^{-1}a_j \\ e_j \end{pmatrix}=t(a_j-a_j)=0$ 且 $d\geqslant 0$, 故 d 是 S 的方向. 下证 d 是极方向. 设 $d=\lambda_1 d_1+\lambda_2 d_2$, 这里 $\lambda_1,\lambda_2>0$, d_1,d_2 是 S 的方向. 注意到 d 有 $n-m-1$ 个零分量, 故 d_1 和 d_2 的对应分量也应为零. 所以存在 $\alpha_1,\alpha_2>0$ 使

$$d_1 = \alpha_1 \begin{pmatrix} d_{11} \\ e_j \end{pmatrix}, \quad d_2 = \alpha_2 \begin{pmatrix} d_{21} \\ e_j \end{pmatrix}.$$

因 $Ad_1 = Ad_2 = 0$, 故 $d_{11} = d_{21} = -B^{-1}a_j$, 这说明 d 是极方向.

必要性. 假设 d 是 S 的极方向, 不失一般性, 设 $d = (d_1, \cdots, d_k, 0, \cdots, d_j, \cdots, 0)^{\mathrm{T}}$, 这里 $d_i > 0$, $i = 1, \cdots, k$, $d_j > 0$. 下证 $a_1, \cdots, a_k$ 线性无关. 设存在不全为零的数 $\lambda_1, \cdots, \lambda_k$ 使 $\sum\limits_{i=1}^{k} \lambda_i a_i = 0$. 设 $\lambda = (\lambda_1, \cdots, \lambda_k, 0, \cdots, 0)^{\mathrm{T}}$. 选取充分小的 $\alpha > 0$ 使

$$\tilde{d}_1 = d + \alpha\lambda \geqslant 0, \quad \tilde{d}_2 = d - \alpha\lambda \geqslant 0.$$

注意到 $A\tilde{d}_1 = Ad + \alpha A\lambda = 0 + \alpha \sum\limits_{i=1}^{k} a_i \lambda_i = 0$. 类似地, $A\tilde{d}_2 = 0$, 故 $\tilde{d}_1$ 和 $\tilde{d}_2$ 都是 S 的方向且 $d = \dfrac{1}{2}\tilde{d}_1 + \dfrac{1}{2}\tilde{d}_2$. 但是, $\alpha > 0$ 且 $\lambda \neq 0$, 故 $\tilde{d}_1$ 和 $\tilde{d}_2$ 不成比例, 这与 d 是极方向矛盾, 所以 $a_1, \cdots, a_k$ 线性无关. 由于 A 行满秩, 所以 $k \leqslant m$, 故可以从 $\{a_i \mid i = k+1, \cdots, n\}$ 中选取 $m - k$ 个向量 (不妨设为 $a_{k+1}, \cdots, a_m$) 使 $B = (a_1, \cdots, a_m)$ 可逆. 若 $j \leqslant m$, 则 $0 = Ad = B\hat{d}$, 这里 $\hat{d}$ 是 d 的前 m 个分量组成的列向量, 由此推出 $d = 0$, 与 d 是方向矛盾. 故 $j > m$, 且有 $0 = Ad = B\hat{d} + a_j d_j$, 从而 $\hat{d} = -d_j B^{-1} a_j$ 且 $d = d_j \begin{pmatrix} -B^{-1}a_j \\ e_j \end{pmatrix}$. 注意到 $d \geqslant 0$, $d_j > 0$, 故 $B^{-1}a_j \leqslant 0$. □

由定理 2.5 知 S 只有有限多个极方向. 下面的多面体表示定理是本节的主要结果.

定理 2.6 设 $S = \{x \in \mathbb{R}^n \mid Ax = b,\ x \geqslant 0\}$ 非空, 其中 A 行满秩. 设 S 的顶点为 $x_1, \cdots, x_k$, 极方向为 $d_1, \cdots, d_l$. 则

$$S = \left\{ \sum_{i=1}^{k} \lambda_i x_i + \sum_{i=1}^{l} \mu_i d_i \,\middle|\, \sum_{i=1}^{k} \lambda_i = 1,\ \lambda_i \geqslant 0,\ i = 1, \cdots, k,\ \mu_i \geqslant 0,\ i = 1, \cdots, l \right\}. \tag{2.4}$$

证明 记等式 (2.4) 右端集合为 P. 由定理 2.3, S 至少存在一个顶点, 故 P 非空. 显然, $P \subseteq S$, 下证 $S \subseteq P$. 设有 $y \in S \setminus P$. 由定理 2.2 知, 存在 $p \neq 0$ 和 α 使

$$p^{\mathrm{T}} y > \alpha, \quad p^{\mathrm{T}} \left(\sum_{i=1}^{k} \lambda_i x_i + \sum_{i=1}^{l} \mu_i d_i \right) \leqslant \alpha \tag{2.5}$$

对任意满足 (2.4) 中条件的 λ_i 和 μ_i 都成立. 由于在 (2.5) 中 μ_i 可以取任意大, 故 $p^{\mathrm{T}} d_i \leqslant 0$, $i = 1, \cdots, l$. 又在 (2.5) 中令 $\mu_i = 0$, $i = 1, \cdots, l$, $\lambda_i = 0$, $i \neq j$, $\lambda_j = 1$, 可推出 $p^{\mathrm{T}} x_i \leqslant \alpha$, $i = 1, \cdots, k$. 总之,

$$p^{\mathrm{T}}y > p^{\mathrm{T}}x_i, \quad i = 1, \cdots, k, \tag{2.6}$$

$$p^{\mathrm{T}}d_i \leqslant 0, \quad i = 1, \cdots, l. \tag{2.7}$$

设顶点 x_r 满足

$$p^{\mathrm{T}}x_r = \max\{p^{\mathrm{T}}x_i \mid i = 1, \cdots, k\}. \tag{2.8}$$

则 x_r 可表为 $x_r = \begin{pmatrix} B^{-1}b \\ 0 \end{pmatrix}$, 其中 $A = (B, N)$, B 可逆. 不失一般性, 可设 $B^{-1}b > 0$. 因 $y \in S$, 故 $Ay = b$, $y \geqslant 0$. 所以 $By_B + Ny_N = b$, 即 $y_B = B^{-1}b - B^{-1}Ny_N$. 由 (2.6), $p^{\mathrm{T}}y > p^{\mathrm{T}}x_r$, 令 $p^{\mathrm{T}} = (p_B^{\mathrm{T}}, p_N^{\mathrm{T}})$, 有

$$0 < p^{\mathrm{T}}y - p^{\mathrm{T}}x_r = p_B^{\mathrm{T}}(B^{-1}b - B^{-1}Ny_N) + p_N^{\mathrm{T}}y_N - p_B^{\mathrm{T}}B^{-1}b = (p_N^{\mathrm{T}} - p_B^{\mathrm{T}}B^{-1}N)y_N.$$

因 $y_N \geqslant 0$, 由上式知存在 $j > m$ 使 $y_j > 0$, $p_j - p_B^{\mathrm{T}}B^{-1}a_j > 0$. 则一定有 $z_j = B^{-1}a_j \not\leqslant 0$, 否则, 假设 $z_j \leqslant 0$. 令 $\tilde{d}_j = \begin{pmatrix} -z_j \\ e_j \end{pmatrix}$, 这里 e_j 是 $\mathbb{R}^{n-m}$ 中的第 j 个单位向量, 根据定理 2.5, $\tilde{d}_j$ 是 S 的极方向. 由 (2.7), $p^{\mathrm{T}}\tilde{d}_j \leqslant 0$, 即 $-p_B^{\mathrm{T}}B^{-1}a_j + p_j \leqslant 0$, 这与 $p_j - p_B^{\mathrm{T}}B^{-1}a_j > 0$ 矛盾. 现构造 x 如下:

$$x = \begin{pmatrix} B^{-1}b \\ 0 \end{pmatrix} + \lambda \begin{pmatrix} -z_j \\ e_j \end{pmatrix},$$

其中

$$\lambda = \frac{(B^{-1}b)_t}{z_{tj}} = \min\left\{ \frac{(B^{-1}b)_i}{z_{ij}} \middle| z_{ij} > 0, \ i = 1, \cdots, m \right\} > 0.$$

容易看出, $x \geqslant 0$, x 至多有 m 个正分量, $x_t = 0$, $x_j = \lambda$. 又 $Ax = B(B^{-1}b - \lambda B^{-1}a_j) + \lambda a_j = b$, 所以 $x \in S$. 类似于定理 2.5 中的证明, 可证 $a_1, \cdots, a_r, a_{r+1}, \cdots, a_m, a_j$ 线性无关, 故由定理 2.3, x 是 S 的顶点, 即 $x \in \{x_1, \cdots, x_k\}$, 且

$$p^{\mathrm{T}}x = p_B^{\mathrm{T}}(B^{-1}b - \lambda z_j) + \lambda p_j = p^{\mathrm{T}}x_r + \lambda(p_j - p^{\mathrm{T}}B^{-1}a_j).$$

因 $\lambda > 0$, $p_j - p_B^{\mathrm{T}}B^{-1}a_j > 0$, 由上式知 $p^{\mathrm{T}}x > p^{\mathrm{T}}x_r$, 这与 x_r 的定义 (2.8) 矛盾. 从而 $y \in P$.

□

上述表示定理还可以推出无界多面体 S 必有极方向, 事实上, 若 S 无界且无极方向, 则对任意 $x \in S$, 由 (2.4) 知, $\|x\| = \left\| \sum_{i=1}^{k} \lambda_i x_i \right\| \leqslant \sum_{i=1}^{k} \|x_i\| < \infty$, 这与 S 无界矛盾.

2.2 线性规划与原始单纯形算法

考虑线性规划的标准形式:

$$(\text{LP}) \qquad \min\{c^{\mathrm{T}}x \mid Ax=b,\ x\geqslant 0\},$$

这里 $A\in\mathbb{R}^{m\times n}$, A 行满秩. 设 $S=\{x\in\mathbb{R}^n \mid Ax=b,\ x\geqslant 0\}$, 称 S 为 (LP) 的可行域.

下面的定理说明线性规划的最优解在顶点上达到.

定理 2.7 (线性规划基本定理) *设线性规划可行域 S 非空, S 的顶点为 $x_1,\cdots,x_k$, 极方向为 $d_i,\cdots,d_l$, 则 (LP) 有有限最优解的充要条件为 $c^{\mathrm{T}}d_i\geqslant 0, i=1,\cdots,l$. 若 (LP) 有有限最优解, 则 (LP) 必在其中一个顶点 x_j 上达到最优.*

证明 由定理 2.6, 有

$$c^{\mathrm{T}}x=c^{\mathrm{T}}\left(\sum_{i=1}^{k}\lambda_i x_i+\sum_{i=1}^{l}\mu_i d_i\right)=\sum_{i=1}^{k}\lambda_i(c^{\mathrm{T}}x_i)+\sum_{i=1}^{l}\mu_i(c^{\mathrm{T}}d_i).$$

设 (LP) 有有限最优解. 若 $c^{\mathrm{T}}d_j<0$, 则由 μ_j 可取任意大可知 $c^{\mathrm{T}}x\to-\infty$, 与 (LP) 有有限最优解矛盾. 若 $c^{\mathrm{T}}d_i\geqslant 0, i=1,\cdots,l$, 则 $c^{\mathrm{T}}x\geqslant\sum\limits_{i=1}^{k}\lambda_i(c^{\mathrm{T}}x_i)\geqslant\min\limits_{i=1,\cdots,k}c^{\mathrm{T}}x_i=c^{\mathrm{T}}x_j$. 所以顶点 x_j 是 (LP) 的最优解. □

定义 2.5 *考虑线性规划 (LP) 的可行域 S, 设 $A=(B,N)$, 其中 B 可逆, 则称 B 为 A 的一个基, $x=\begin{pmatrix}x_B\\x_N\end{pmatrix}=\begin{pmatrix}B^{-1}b\\0\end{pmatrix}$ 为 $Ax=b$ 的基本解, x_B 称为基变量, x_N 称为非基变量. 若 $B^{-1}b\geqslant 0$, 则 B 称为原始可行基, $x=\begin{pmatrix}B^{-1}b\\0\end{pmatrix}$ 称为基本可行解.*

为简单起见, 下面的讨论总是假设线性规划满足下列非退化条件:

假设 2.1 (非退化假设) *对任意基本可行解 $x=\begin{pmatrix}B^{-1}b\\0\end{pmatrix}$, 都有 $B^{-1}b>0$.*

由定理 2.3 和定理 2.7 有

性质 2.1 *线性规划的可行域 S 的顶点和基本可行解一一对应, 线性规划若有有限最优解, 则一定存在基本可行解是最优解.*

上述定理和性质表明, 我们只需在可行域的顶点中寻找线性规划的最优解. 假设已知 S 的一个顶点 $\bar{x}=\begin{pmatrix}B^{-1}b\\0\end{pmatrix}$, $A=(B,N)$. 对 (LP) 的任意可行解 $x^{\mathrm{T}}=$

$(x_B^{\mathrm{T}}, x_N^{\mathrm{T}})$, 有 $Ax = Bx_B + Nx_N = b$, $x \geqslant 0$, 故 $x_B = B^{-1}b - B^{-1}Nx_N$. 所以

$$c^{\mathrm{T}}x = c_B^{\mathrm{T}}x_B + c_N^{\mathrm{T}}x_N = c^{\mathrm{T}}\bar{x} + (c_N^{\mathrm{T}} - c_B^{\mathrm{T}}B^{-1}N)x_N. \tag{2.9}$$

若 $r_N = c_N^{\mathrm{T}} - c_B^{\mathrm{T}}B^{-1}N \geqslant 0$, 则由 (2.9) 推出 $\bar{x}$ 是最优解. 若 $c_N^{\mathrm{T}} - c_B^{\mathrm{T}}B^{-1}N \ngeqslant 0$, 则存在 j 使 $c_j - c_B^{\mathrm{T}}B^{-1}a_j < 0$. 令 $d_j = \begin{pmatrix} -B^{-1}a_j \\ e_j \end{pmatrix}$, $x = \bar{x} + \lambda d_j$, 则 $Ax = A\bar{x} + \lambda A d_j = b$. 又

$$c^{\mathrm{T}}x = c^{\mathrm{T}}\bar{x} + \lambda c^{\mathrm{T}}d_j = c^{\mathrm{T}}\bar{x} + \lambda(c_j - c_B^{\mathrm{T}}B^{-1}a_j). \tag{2.10}$$

当 $\lambda > 0$ 时, $c^{\mathrm{T}}x < c^{\mathrm{T}}\bar{x}$. 令 $\bar{a}_j = B^{-1}a_j$. 考虑下面两种情况:

(i) 若 $\bar{a}_j \leqslant 0$, $d_j \geqslant 0$. 对任意 $\lambda \geqslant 0$, $x = \bar{x} + \lambda d_j \geqslant 0$, 故由 (2.10) 知 $c^{\mathrm{T}}x \to -\infty$ $(\lambda \to +\infty)$.

(ii) 若 $\bar{a}_j \nleqslant 0$, 令 $\bar{b} = B^{-1}b$, 设

$$\lambda = \min\left\{ \frac{\bar{b}_i}{\bar{a}_{ij}} \middle| \bar{a}_{ij} > 0 \right\} = \frac{\bar{b}_r}{\bar{a}_{rj}} \geqslant 0. \tag{2.11}$$

则 $x = \bar{x} + \lambda d_j \geqslant 0$, $x_r = 0$, $x_j = \lambda$, 且 x 至多有 m 个正分量. 易证 A 中对应的列向量必线性无关, 从而 x 是一个顶点. 在非退化假设下, $\lambda > 0$, 从而 $x \neq \bar{x}$ 是一个新的顶点且 $c^{\mathrm{T}}x < c^{\mathrm{T}}\bar{x}$. 称基变量 x_r 出基, 非基变量 x_j 进基.

上述讨论表明, 从一个顶点出发有三种情况出现: (i) $r_N = c_N^{\mathrm{T}} - c_B^{\mathrm{T}}B^{-1}N \geqslant 0$, 当前顶点就是最优解; (ii) 找到一个极方向并发现原问题无界; (iii) 找到一个更好的顶点. 由此得到如下线性规划算法.

算法 2.1 (原始单纯形算法)

步 0. 计算初始基本可行基 B 和对应的基本可行解 $x = \begin{pmatrix} B^{-1}b \\ 0 \end{pmatrix}$.

步 1. 如果 $r_N = c_N^{\mathrm{T}} - c_B^{\mathrm{T}}B^{-1}N \geqslant 0$, 停止, 当前基本可行解 x 是最优解, 否则, 转步 2.

步 2. 选取 j 满足 $c_j - c_B^{\mathrm{T}}B^{-1}a_j < 0$, 若 $\bar{a}_j = B^{-1}a_j \leqslant 0$, 停止, 原问题无界; 否则, 转步 3.

步 3. 由 (2.11) 计算 λ, 令 $x := x + \lambda d_j$, 其中 $d_j = \begin{pmatrix} -B^{-1}a_j \\ e_j \end{pmatrix}$. 转步 1.

定理 2.8 *在非退化假设下, 原始单纯形算法有限步终止, 或找到 (LP) 的一个最优解, 或判断出 (LP) 无界.*

证明 在步 3 中每次顶点迭代中目标函数值都严格减少, 故迭代顶点不会重复, 而可行域的顶点个数有限, 从而算法在有限步内终止于步 1 或步 2. □

算法 2.1 的过程可以用表格的形式来进行计算. 不妨设 $b \geqslant 0$, 设初始可行基为 B, $A=(B,N)$, 则单纯形方法一次迭代过程可以在下列表格上进行:

x_B	x_N	rhs
B	N	b
c_B^{T}	c_N^{T}	0

$\Longrightarrow$

x_B	x_N	rhs
I	$B^{-1}N$	b
0	$c_N^{\mathrm{T}}-c_B^{\mathrm{T}}B^{-1}N$	$-c^{\mathrm{T}}B^{-1}b$

例 2.1 利用原始单纯性算法求解下列线性规划:

$$\begin{aligned}
\min\ & -7x_1-2x_2,\\
\text{s.t.}\ & -x_1+2x_2+x_3=4,\\
& 5x_1+x_2+x_4=20,\\
& 2x_1+2x_2-x_5=7,\\
& x\geqslant 0.
\end{aligned}$$

初始单纯形表见表 2.1.

表 2.1 初始单纯形表

x_1	x_2	x_3	x_4	x_5	rhs
-1	2	1	0	0	4
5	1	0	1	0	20
2	2	0	0	-1	7
-7	-2	0	0	0	0

第 1 次迭代. 选择初始基 $B=(a_1,a_3,a_4)$, 以 $x_B=(x_1,x_3,x_4)^{\mathrm{T}}$ 为基变量的单纯形表见表 2.2. 其对应的初始基本可行解为 $x_B=(x_1,x_3,x_4)^{\mathrm{T}}=\left(3\frac{1}{2},7\frac{1}{2},2\frac{1}{2}\right)^{\mathrm{T}}$, $x_N=(x_2,x_4)^{\mathrm{T}}=(0,0)^{\mathrm{T}}$.

表 2.2 第 1 次迭代单纯形表

x_1	x_2	x_3	x_4	x_5	rhs
0	3	1	0	$-\frac{1}{2}$	$7\frac{1}{2}$
0	-4	0	1	$2\frac{1}{2}$	$2\frac{1}{2}$
1	1	0	0	$-\frac{1}{2}$	$3\frac{1}{2}$
0	5	0	0	$-\frac{7}{2}$	$24\frac{1}{2}$

第 2 次迭代. 因 $-\frac{7}{2}<0$, 选择 x_5 为进基变量, 计算 $\lambda=\dfrac{2\frac{1}{2}}{2\frac{1}{2}}=1$, 故 x_4 是离基变量, 新的基变量为 $x_B=(x_1,x_3,x_5)$. 新的单纯形表为表 2.3.

表 2.3　第 2 次迭代单纯形表

x_1	x_2	x_3	x_4	x_5	rhs
0	$\frac{11}{5}$	1	$\frac{1}{5}$	0	8
0	$-\frac{8}{5}$	0	$\frac{2}{5}$	1	1
1	$\frac{1}{5}$	0	$\frac{1}{5}$	0	4
0	$-\frac{3}{5}$	0	$\frac{7}{5}$	0	28

第 3 次迭代. 选择 x_2 为进基变量, 计算 $\lambda = \min\left\{\frac{8}{11/5}, \frac{4}{1/5}\right\} = \frac{40}{11}$. 故 x_3 是离基变量, 新的单纯形表为表 2.4. 由于 $r_N = \left(\frac{3}{11}, \frac{16}{11}\right) \geqslant 0$, 当前基本可行解 $x = \left(\frac{36}{11}, \frac{40}{11}, 0, 0, \frac{75}{11}\right)^{\mathrm{T}}$ 是线性规划的最优解, 最优值为 $-30\frac{2}{11}$.

表 2.4　第 3 次迭代单纯形表

x_1	x_2	x_3	x_4	x_5	rhs
0	1	$\frac{5}{11}$	$\frac{1}{11}$	0	$\frac{40}{11}$
0	0	$\frac{8}{11}$	$\frac{6}{11}$	1	$\frac{75}{11}$
1	0	$-\frac{1}{11}$	$\frac{2}{11}$	0	$\frac{36}{11}$
0	0	$\frac{3}{11}$	$\frac{16}{11}$	0	$30\frac{2}{11}$

在上述单纯形算法中, 我们要求问题有一个初始基本可行解, 下面讨论如何在一般情况下求问题的初始可行解. 考虑标准形式的线性规划:

$$(\mathrm{LP}) \qquad \min\{c^{\mathrm{T}}x \mid Ax = b,\ x \geqslant 0\},$$

这里 $b \geqslant 0$. 引入人工变量 $y \in \mathbb{R}_+^m$, 考虑如下线性规划:

$$(\mathrm{LP^a}) \qquad \min\{e^{\mathrm{T}}y \mid Ax + y = b,\ x \geqslant 0,\ y \geqslant 0\}.$$

下列结论显然成立:

- 线性规划 (LP^a) 可行且有可行解 $(x, y) = (0, b)$, 其最优值大于或等于 0.
- 线性规划 (LP) 有可行解当且仅当 (LP^a) 的最优值为 0. 特别地, 若 (LP^a) 的最优解中人工变量 y_i $(i = 1, \cdots, m)$ 都是非基变量, 则该最优解也是 (LP) 的一个基本可行解.

利用上述方法求初始基本可行解称为阶段 I，而获得初始可行解后求解原问题的最优解成为阶段 II. 整个求解过程称为两阶段方法.

例 2.1 (续) 用阶段 I 求解初始可行解. 可以构造如下求可行解的线性规划问题:

$$
\begin{aligned}
\min\ & y_1 + y_2 + y_3, \\
\text{s.t.}\ & -x_1 + 2x_2 + x_3 + y_1 = 4, \\
& 5x_1 + x_2 + x_4 + y_2 = 20, \\
& 2x_1 + 2x_2 - x_5 + y_3 = 7, \\
& x \geqslant 0,\ y \geqslant 0.
\end{aligned}
$$

注意到 x_3 和 x_4 可以看作是松弛变量, 故人工变量 y_1 和 y_2 是多余的, 只需引进 y_3 为人工变量. 故阶段 I 的线性规划问题可简化为

$$
\begin{aligned}
\min\ & y_3, \\
\text{s.t.}\ & -x_1 + 2x_2 + x_3 = 4, \\
& 5x_1 + x_2 + x_4 = 20, \\
& 2x_1 + 2x_2 - x_5 + y_3 = 7, \\
& x \geqslant 0,\ y_3 \geqslant 0.
\end{aligned}
$$

显然, 初始基变量为 $x_B = (x_3, x_4, y_3)$, 对应的单纯形表见表 2.5. 选择 x_1 进基, $\lambda = \min\left(\frac{20}{5}, \frac{7}{2}\right)$. 故 y_3 出基, 新的基变量为 $x_B = (x_1, x_3, x_4)^{\mathrm{T}}$, 对应的单纯形表见表 2.6. 这就得到初始基本可行解 $x = \left(\frac{7}{2}, 0, \frac{15}{2}, \frac{5}{2}, 0\right)^{\mathrm{T}}$. 在单纯形表 2.6 中删除 y_3 对应的列就得到阶段 II 的初始单纯形表.

表 2.5 阶段 I 的初始单纯形表

x_1	x_2	x_3	x_4	x_5	y_3	rhs
-1	2	1	0	0	0	4
5	1	0	1	0	0	20
2	2	0	0	-1	1	7
-2	-2	0	0	1	0	-7

表 2.6 阶段 I 的第 1 次迭代的单纯形表

x_1	x_2	x_3	x_4	x_5	y_3	rhs
0	3	1	0	$-\frac{1}{2}$	$\frac{1}{2}$	$\frac{15}{2}$
0	-4	0	1	$\frac{5}{2}$	$-\frac{5}{2}$	$\frac{5}{2}$
1	1	0	0	$-\frac{1}{2}$	$\frac{1}{2}$	$\frac{7}{2}$
0	0	0	0	0	1	0

2.3 线性规划对偶与对偶单纯形方法

考虑下列线性规划问题:

$$\text{(P)} \quad \max\{c^{\mathrm{T}}x \mid Ax \leqslant b,\ x \in \mathbb{R}_{+}^{n}\},$$

这里 $A \in \mathbb{R}^{m\times n}$, A 行满秩. (P) 的对偶问题定义为

$$\text{(D)} \quad \min\{b^{\mathrm{T}}u \mid A^{\mathrm{T}}u \geqslant c,\ u \in \mathbb{R}_{+}^{m}\},$$

这里 $\mathbb{R}_{+}^{m}$ 表示 m 维非负向量集合. 容易验证, 标准形式的线性规划

$$\text{(LP)} \quad \min\{c^{\mathrm{T}}x \mid Ax = b,\ x \in \mathbb{R}_{+}^{n}\}$$

的对偶问题为

$$\text{(LD)} \quad \max\{b^{\mathrm{T}}u \mid A^{\mathrm{T}}u \leqslant c,\ u \in \mathbb{R}^{m}\}.$$

定理 2.9 (弱对偶性) 设 x 是 (LP) 的可行解, u 是 (LD) 的可行解, 则 $c^{\mathrm{T}}x \geqslant b^{\mathrm{T}}u$.

证明 由 $Ax = b$, $x \geqslant 0$, $A^{\mathrm{T}}u \leqslant c$, 得 $c^{\mathrm{T}}x \geqslant (A^{\mathrm{T}}u)^{\mathrm{T}}x = u^{\mathrm{T}}(Ax) = u^{\mathrm{T}}b$. □

推论 2.1 若 $v(\mathrm{LP}) = -\infty$, 则 (LD) 不可行; 反之, 若 $v(\mathrm{LD}) = +\infty$, 则 (LP) 不可行.

证明 由弱对偶性, 若 (LD) 有可行解 u, 则对 (LP) 的任意可行解 x, $c^{\mathrm{T}}x \geqslant b^{\mathrm{T}}u$, 从而 $v(\mathrm{LP}) > -\infty$. 同理, 若 $v(\mathrm{LD}) = +\infty$ 且 (LP) 有可行解 x, 则 $c^{\mathrm{T}}x$ 是 $v(\mathrm{LD})$ 的一个上界, 与 $v(\mathrm{LD}) = +\infty$ 矛盾. □

推论 2.2 (互补松弛条件) 设 x 和 u 分别是 (LP) 和 (LD) 的可行解, 令 $s = c - A^{\mathrm{T}}u$. 则 x 和 u 分别是 (LP) 和 (LD) 的最优解的充分必要条件是 $s_i x_i = 0$, $i = 1, \cdots, n$.

证明 注意到 $c^{\mathrm{T}}x - b^{\mathrm{T}}u = (A^{\mathrm{T}}u + s)^{\mathrm{T}}x - (Ax)^{\mathrm{T}}u = s^{\mathrm{T}}x$, 则由定理 2.9 知 x 和 u 分别是 (LP) 和 (LD) 的最优解的充要条件是 $s^{\mathrm{T}}x = 0$. 又 $s \geqslant 0$, $x \geqslant 0$, 故 $s^{\mathrm{T}}x = 0 \Leftrightarrow s_i x_i = 0$, $i = 1, \cdots, n$. □

定理 2.10 (强对偶性) 设 (LP) 或 (LD) 可行且最优解有限, 则 $v(\mathrm{LP}) = v(\mathrm{LD})$.

证明 因线性规划和其对偶问题互为对偶, 不妨设 (LP) 可行且最优解有限, 下证 (LD) 可行且 $v(\mathrm{LP}) = v(\mathrm{LD})$. 令 $\bar{x} = \begin{pmatrix} B^{-1}b \\ 0 \end{pmatrix}$ 是 (LP) 的最优基本可行解, $A = (B, N)$. 对 (LP) 的任意可行解 $x^{\mathrm{T}} = (x_B^{\mathrm{T}}, x_N^{\mathrm{T}})$, 有 $Ax = Bx_B + Nx_N = b$, 所以 $x_B = B^{-1}b - B^{-1}Nx_N$. 故

$$c^{\mathrm{T}}x = c_B^{\mathrm{T}}x_B + c_N^{\mathrm{T}}x_N = c^{\mathrm{T}}\bar{x} + (c_N^{\mathrm{T}} - c_B^{\mathrm{T}}B^{-1}N)x_N \geqslant c^{\mathrm{T}}\bar{x}. \tag{2.12}$$

由上式可推出

$$c_N^{\mathrm{T}} - c_B^{\mathrm{T}} B^{-1} N \geqslant 0. \tag{2.13}$$

事实上, 假设存在 j 使 $c_j - c_B^{\mathrm{T}} B^{-1} a_j < 0$, 令 $d_j = \begin{pmatrix} -B^{-1}a_j \\ e_j \end{pmatrix}$, $x = \bar{x} + \lambda d_j$. 则 $Ax = A\bar{x} + \lambda A d_j = b$, 由非退化假设, 当 $\lambda > 0$ 充分小时, $x \geqslant 0$. 又

$$c^{\mathrm{T}} x = c^{\mathrm{T}} \bar{x} + \lambda c^{\mathrm{T}} d_j = c^{\mathrm{T}} \bar{x} + \lambda (c_j - c_B^{\mathrm{T}} B^{-1} a_j) < c^{\mathrm{T}} \bar{x},$$

故当 $\lambda > 0$ 充分小时, x 是 (LP) 的可行解且 $c^{\mathrm{T}} x < c^{\mathrm{T}} \bar{x}$, 这与 $\bar{x}$ 是 (LP) 的最优解矛盾.

现考虑 $u^{\mathrm{T}} = c_B^{\mathrm{T}} B^{-1}$, 这里 $c^{\mathrm{T}} = (c_B^{\mathrm{T}}, c_N^{\mathrm{T}})$. 由 (2.13) 有

$$u^{\mathrm{T}} A = c_B^{\mathrm{T}} B^{-1} (B, N) = (c_B^{\mathrm{T}}, c_B^{\mathrm{T}} B^{-1} N) \leqslant (c_B^{\mathrm{T}}, c_N^{\mathrm{T}}) = c^{\mathrm{T}}.$$

所以, u 是 (LD) 的可行解且 $c^{\mathrm{T}} \bar{x} = c_B^{\mathrm{T}} B^{-1} b = u^{\mathrm{T}} b$. 由弱对偶定理知 $\bar{x}$ 和 u 分别是 (LP) 和 (LD) 的最优解. □

推论 2.3 对线性规划 (LP) 和它的对偶问题 (LD), 只有下面四种情况之一发生:

(i) (LP) 和 (LD) 都有有限最优解且 $v(\mathrm{LP}) = v(\mathrm{LD})$;

(ii) $v(\mathrm{LP}) = -\infty$, (LD) 不可行;

(iii) $v(\mathrm{LD}) = +\infty$, (LP) 不可行;

(iv) (LP) 和 (LD) 皆不可行.

推论 2.4 (Farkas 引理) 设 $A \in \mathbb{R}^{m\times n}$, $c \in \mathbb{R}^n$. 则下列系统有且只有一个有解:

(i) $Ax \leqslant 0$, $c^{\mathrm{T}} x > 0$;

(ii) $A^{\mathrm{T}} u = c$, $u \geqslant 0$.

证明 考虑线性规划 (LP): $\min\{0^{\mathrm{T}} u \mid A^{\mathrm{T}} u = c,\ u \geqslant 0\}$, 其对偶问题为 (LD): $\max\{c^{\mathrm{T}} x \mid Ax \leqslant 0\}$. 因 (LD) 可行 ($x = 0$ 是可行解), 故 $v(\mathrm{LD})$ 有限或 $v(\mathrm{LD}) = +\infty$. 由推论 2.3, 只有下面两种情况之一出现: (a) $v(\mathrm{LP}) = v(\mathrm{LD}) = 0$, 故 (i) 无解 (ii) 有解; (b) $v(\mathrm{LD}) = +\infty$, (LP) 不可行, 故 (ii) 无解, 且存在 x 使 $Ax \leqslant 0$, $c^{\mathrm{T}} x > 0$, 即 (i) 有解. □

设 B 是 A 的一个基, 令 $c = \begin{pmatrix} c_B \\ c_N \end{pmatrix}$, $u^{\mathrm{T}} = c_B^{\mathrm{T}} B^{-1}$, $x = \begin{pmatrix} x_B \\ x_N \end{pmatrix}$. 有

$$u^{\mathrm{T}} A - c^{\mathrm{T}} = c_B^{\mathrm{T}} B^{-1} (B, N) - (c_B^{\mathrm{T}}, c_N^{\mathrm{T}}) = (0, c_B^{\mathrm{T}} B^{-1} N - c_N^{\mathrm{T}}).$$

若 $c_N^{\mathrm{T}} - c_B^{\mathrm{T}} B^{-1} N \geqslant 0$, 则 $A^{\mathrm{T}} u \leqslant c$, 即 u 是对偶问题 (LD) 的可行解. 以后称满足条件 $r_N = c_N^{\mathrm{T}} - c_B^{\mathrm{T}} B^{-1} N \geqslant 0$ 的基 B 为对偶可行基.

性质 2.2 设 $A=(B,N)$, B 是 (LP) 的对偶可行基, 即 $r_N=c_N^{\mathrm{T}}-c_B^{\mathrm{T}}B^{-1}N\geqslant 0$. 令 $\mathcal{B}$ 和 $\mathcal{N}$ 分别表示 B 和 N 的列指标集. 记 $\bar{a}_j=B^{-1}a_j$, $j\in\mathcal{N}$, $\bar{b}=B^{-1}b$. 设 $\bar{b}_s<0$.

(i) 若 $\bar{a}_{sj}\geqslant 0$, $\forall j\in\mathcal{N}$, 则 (LP) 不可行;

(ii) 若存在 $j\in\mathcal{N}$ 使 $\bar{a}_{sj}<0$, 则有 B 的邻接对偶可行基 $\bar{B}$, 其列指标集 $\bar{\mathcal{B}}=\mathcal{B}\cup\{t\}\setminus\{s\}$, 这里

$$t=\arg\min_{j\in\mathcal{N}}\left\{-\frac{r_j}{\bar{a}_{sj}}\mid \bar{a}_{sj}<0\right\}. \tag{2.14}$$

证明 (i) 因 $x_s+\sum\limits_{j\in\mathcal{N}}\bar{a}_{sj}x_j=\bar{b}_s$, 若对 $j\in\mathcal{N}$, 都有 $\bar{a}_{sj}\geqslant 0$, 则 $x_s<0$, 故原问题 (LP) 不可行.

(ii) 设 x_t 进基, x_s 出基, 则新的非基变量指标集为 $\bar{\mathcal{N}}=\mathcal{N}\cup\{s\}\setminus\{t\}$. 记 $\bar{r}_{\bar{N}}=c_{\bar{N}}^{\mathrm{T}}-c_{\bar{B}}^{\mathrm{T}}\bar{B}^{-1}\bar{N}$. 注意到

$$\begin{aligned}c^{\mathrm{T}}x&=c_B^{\mathrm{T}}\bar{b}+\sum_{j\in\mathcal{N}}r_jx_j+\lambda\left(x_s+\sum_{j\in\mathcal{N}}\bar{a}_{sj}x_j\right)-\lambda\bar{b}_s\\&=c_B^{\mathrm{T}}\bar{b}-\lambda\bar{b}_s+\sum_{j\in\mathcal{N}}(r_j+\lambda\bar{a}_{sj})x_j+\lambda x_s.\end{aligned}$$

令 $\lambda=-\dfrac{r_t}{\bar{a}_{st}}$. 对任何 $j\in\mathcal{N}\setminus\{t\}$, 由上式及 λ 的定义可知 $\bar{r}_j=r_j+\lambda\bar{a}_{sj}\geqslant 0$. 又 $\bar{r}_s=\lambda\geqslant 0$. 从而 $\bar{r}_{\bar{N}}\geqslant 0$, 即 $\bar{B}$ 仍然是对偶可行基. □

利用上述性质可以得到下面的对偶单纯形算法, 该算法在迭代过程中始终保持对偶可行.

算法 2.2 (对偶单纯形算法)

步 0. 计算初始对偶可行基 B, $A=(B,N)$.

步 1. 如果 $\bar{b}=B^{-1}b\geqslant 0$, 则 $x^{\mathrm{T}}=(x_B^{\mathrm{T}},0)=(\bar{b}^{\mathrm{T}},0)\geqslant 0$ 是原问题的最优解, 否则, 转步 2.

步 2. 选取 s 满足 $\bar{b}_s<0$. 若 $\bar{a}_{sj}\geqslant 0$, $\forall j\in\mathcal{N}$, 则原问题不可行, 否则, 由 (2.14) 计算 t, 令 $\mathcal{B}:=\mathcal{B}\cup\{t\}\setminus\{s\}$, 转步 1.

令 $r=c^{\mathrm{T}}-u^{\mathrm{T}}A$, 其中 $u^{\mathrm{T}}=c_B^{\mathrm{T}}B^{-1}$. 在上述对偶单纯形算法迭代过程中, 始终成立: $r_B=0$, $r_N=c_N^{\mathrm{T}}-c_B^{\mathrm{T}}B^{-1}N\geqslant 0$, $x_N=0$. 故在迭代过程中始终保持对偶可行性和互补松弛条件 $r_ix_i=0$, $i=1,\cdots,n$. 故当 $x_B=B^{-1}b\geqslant 0$ 时, $x^{\mathrm{T}}=(x_B^{\mathrm{T}},0)$ 和 u 分别是原始和对偶可行解且满足互补松弛条件. 根据推论 2.2 可知 x 和 u 分别是原问题和对偶问题的最优解.

例 2.1 (续) 线性规划可写为

$$
\begin{aligned}
\min\ & -7x_1-2x_2,\\
\text{s.t.}\ & -x_1+2x_2+x_3=4,\\
& 5x_1+x_2+x_4=20,\\
& -2x_1-2x_2+x_5=-7,\\
& x\geqslant 0.
\end{aligned}
$$

现在用对偶单纯形方法求解该线性规划问题.

第 1 次迭代. 选择初始可行基为 $B=(a_2,a_3,a_5)$. 对应的单纯形表为表 2.7. 因 $r_N=(3,2)\geqslant 0$, 故 $B=(a_2,a_3,a_5)$ 是对偶可行基. 而 $x_B=\bar{b}=(-36,20,33)^{\mathrm{T}}$, 故 B 不是原始可行基.

表 2.7 第 1 次迭代对偶单纯形表

x_1	x_2	x_3	x_4	x_5	rhs
-11	0	1	-2	0	-36
5	1	0	1	0	20
8	0	0	2	1	33
3	0	0	2	0	40

第 2 次迭代. 选择 $\bar{b}_3=-36<0$, 计算 $\lambda=\min\left(\dfrac{3}{11},\dfrac{2}{2}\right)=\dfrac{3}{11}$. 所以 x_1 进基, x_3 离基, 新的对偶可行基为 $B=(a_1,a_2,a_5)$, 对应的单纯形表为表 2.8. 此时对偶可行解 $x=\left(\dfrac{36}{11},\dfrac{40}{11},0,0,\dfrac{75}{11}\right)^{\mathrm{T}}$ 也是原始可行解, 从而是原始最优解.

表 2.8 第 2 次迭代的对偶单纯形表

x_1	x_2	x_3	x_4	x_5	rhs
1	0	$-\dfrac{1}{11}$	$\dfrac{2}{11}$	0	$\dfrac{36}{11}$
0	1	$\dfrac{5}{11}$	$\dfrac{1}{11}$	0	$\dfrac{40}{11}$
0	0	$\dfrac{8}{11}$	$\dfrac{6}{11}$	1	$\dfrac{75}{11}$
0	0	$\dfrac{3}{11}$	$\dfrac{16}{11}$	0	$30\dfrac{2}{11}$

第 3 章 全单模矩阵

本章主要讨论一类特殊矩阵 —— 全单模矩阵的相关性质及其应用. 若线性规划问题的约束矩阵为全单模矩阵, 则该问题可行域的顶点都是整数点, 从而线性规划与整数规划的最优解相同.

3.1 全单模性与最优性

考虑线性整数规划问题:

$$
\text{(IP)} \qquad \begin{aligned} \min\ & c^{\mathrm{T}}x, \\ \text{s.t.}\ & Ax \leqslant b, \\ & x \in \mathbb{Z}_+^n, \end{aligned}
$$

其中 A 是 $m \times n$ 整数矩阵, b 是 n 维整数向量. 用如下线性规划作为其松弛问题:

$$
\text{(LP)} \qquad \begin{aligned} \min\ & c^{\mathrm{T}}x, \\ \text{s.t.}\ & Ax \leqslant b, \\ & x \in \mathbb{R}_+^n. \end{aligned}
$$

若线性松弛问题存在最优解, 且其可行集合 $P = \{x \in \mathbb{R}_+^n \mid Ax \leqslant b\}$ 的所有顶点都是整数点, 则线性规划问题必有整数最优解. 因此, 求解线性松弛问题 (LP) 就可得到原整数规划问题 (IP) 的最优解. 下面给出一个保证问题 (LP) 的最优解是整数点的充分条件.

定理 3.1 若线性规划问题 (LP) 的最优基矩阵 B 满足 $\det(B) = \pm 1$, 这里 B 是矩阵 (A, I) 的 $m \times m$ 维子方阵, 则线性规划问题 (LP) 的最优解是整数解.

证明 由于基矩阵 B 的行列式 $\det(B) = \pm 1$, 由克莱姆法则可知, $B^{-1} = B^*/\det(B)$, 其中 B^* 是矩阵 B 的伴随矩阵. 由于伴随矩阵 B^* 中的元素是 B 的元素的乘积相加减得到, 所以 B^* 也是整数矩阵. 因此, 线性规划 (LP) 的最优解 $x^* = \begin{pmatrix} B^{-1}b \\ 0 \end{pmatrix}$ 是整数解, 也是整数规划问题 (IP) 的最优解. □

定义 3.1 设矩阵 A 是 $m \times n$ 整数矩阵. 若矩阵 A 的任意子方阵的行列式等于 $0, 1$ 或者 -1, 则称矩阵 A 为全单模矩阵.

由全单模矩阵的定义可知, 若整数规划 (IP) 中矩阵 A 是全单模矩阵, 则最优

基矩阵 B 的行列式 $\det(B)=\pm1$, 由定理 3.1 知, 求解线性规划 (LP) 等价于整数规划问题 (IP).

例 3.1 考察矩阵

$$A=\begin{pmatrix}1&1&0&0\\1&0&1&1\\0&1&1&0\\1&1&0&1\end{pmatrix}$$

是否是全单模矩阵. 由于 A 的子方阵

$$A'=\begin{pmatrix}1&1&0\\1&0&1\\0&1&1\end{pmatrix}$$

的行列式 $\det(A')=-2$, 因此 A 不是全单模矩阵.

性质 3.1 若矩阵 A 是全单模矩阵, 则矩阵中元素 $a_{ij}=0,1$ 或者 -1.

证明 由全单模矩阵的定义可知, A 的任意 1 阶子阵的行列式等于 $0,1$ 或者 -1, 即元素 $a_{ij}=0,1$ 或者 -1. □

下面的几个定理给出了全单模矩阵和线性规划具有整数最优解之间的关系:

定理 3.2 设矩阵 A 是全单模矩阵, 向量 b 是整数向量, 则多面体 $P=\{x\in\mathbb{R}^n_+ \mid Ax\leqslant b\}$ 的顶点都是整数点.

证明 多面体 P 可以表示为 $Ax+Iy=b$, $x\in\mathbb{R}^n_+$, $y\in\mathbb{R}^m_+$. 设 $(A,I)=(B,N)$, 其中 B 是基矩阵, 由定理 3.1, B^{-1} 是整数矩阵, 从而 $(x,y)^{\mathrm{T},1}=(B^{-1}b,0)^{\mathrm{T}}$ 是整数向量, 由多面体顶点与基本可行解的关系知 P 的顶点是整数点. □

推论 3.1 设矩阵 A 是全单模矩阵, b 和 c 是整数向量, 若线性规划问题

$$\max\{c^{\mathrm{T}}x \mid Ax\leqslant b,\ x\in\mathbb{R}^n_+\}$$

及其对偶问题

$$\min\{b^{\mathrm{T}}y \mid A^{\mathrm{T}}y\geqslant c,\ y\in\mathbb{R}^m_+\}$$

存在最优解, 则最优解必在整数顶点达到.

定理 3.3 若对任意整数向量 b, 多面体 $P=\{x\in\mathbb{R}^n \mid Ax\leqslant b,\ x\in\mathbb{R}^n_+\}$ 的顶点都是整数点, 则 A 是全单模矩阵.

证明 任取 A 的 $k\times k$ 非退化子方阵 A_1, 由于 (A,I) 行满秩, 则以 A_1 为子矩阵可取到 (A,I) 的 $m\times m$ 非退化子方阵

$$\tilde{A}=\begin{pmatrix}A_1&0\\A_2&I_{m-k}\end{pmatrix}.$$

令 $b = \tilde{A}z + e_i$, 其中 $z \in \mathbb{Z}^m$, e_i 是第 i 个单位向量. 则 $\tilde{A}^{-1}b = z + \tilde{a}_i^{-1}$, 其中 $\tilde{a}_i^{-1}$ 表示 $\tilde{A}^{-1}$ 的第 i 列. 适当选择 z 使得 $z + \tilde{a}_i^{-1} \geqslant 0$ 可知, $z + \tilde{a}_i^{-1}$ 是由多面体 P 顶点的基变量组成的向量. 由假设条件可知, $z + \tilde{a}_i^{-1} \in \mathbb{Z}^m$, 则 $\tilde{a}_i^{-1} \in \mathbb{Z}^m$. 因此, $\tilde{A}^{-1}$ 是整数矩阵, 从而 A_1^{-1} 也是整数矩阵. 由于 A_1 及 A_1^{-1} 是整数矩阵, 则 $\det(A_1)$ 及 $\det(A_1^{-1})$ 都是整数, 且

$$|\det(A_1)| \cdot |\det(A_1^{-1})| = |\det(A_1 A_1^{-1})| = 1,$$

所以 $|\det(A_1)| = 1$. 矩阵 A 全单模性得证. □

推论 3.2　矩阵 A 是全单模矩阵当且仅当对于所有整数向量 a, b, c, d, 多面体 $\{x \mid a \leqslant x \leqslant b, c \leqslant Ax \leqslant d\}$ 的顶点是整数点.

3.2　全单模矩阵的性质

性质 3.2　设整数矩阵 A 是全单模矩阵, 对 A 进行以下运算不改变其全单模性:

(i) 对矩阵 A 进行转置;

(ii) 矩阵 (A, I) 是全单模的;

(iii) 去掉 A 的一行 (或者一列);

(iv) 将 A 的一行 (或者一列) 乘以 -1;

(v) 互换 A 的两行 (或者两列);

(vi) 对 A 进行转轴运算.

证明　由全单模矩阵的定义可知, 运算 (i)~(vi) 皆可保持矩阵的全单模性, 下面讨论运算 (vi) 对矩阵全单模性的影响.

设元素 a_{ij} 为转轴元, 易知 $a_{ij} \in \{0, 1, -1\}$. 转轴运算有以下两个步骤:

(1) 若 $a_{ij} = -1$, 则将矩阵 A 的第 i 行乘以 -1, 重新记该行为 $\bar{a}^i$.

(2) 将 $\bar{a}^i$ 的倍数加到其他行, 使得第 j 列的其他元素皆为 0, 操作如下: 对于 $k \neq i$,

$$\bar{a}^k = \begin{cases} a^k, & 若\ a_{kj} = 0, \\ a^k - \bar{a}^i, & 若\ a_{kj} = 1, \\ a^k + \bar{a}^i, & 若\ a_{kj} = -1. \end{cases}$$

任意取矩阵 A 的子方阵 B, 记 $\bar{B}$ 为转轴后对应的子方阵. 下面分三种情形说明方阵 $\bar{B}$ 的行列式 $\det(\bar{B}) \in \{0, 1, -1\}$:

情形 1. 子阵 B 包含矩阵 A 的第 i 行. 此时, 由转轴运算过程可知, $\det(\bar{B}) = \pm\det(B) \in \{0, 1, -1\}$.

情形 2. 子阵 B 不包含矩阵 A 的第 i 行, 但包含 A 的第 j 列. 此种情形下, 矩阵 $\bar{B}$ 中必有某一列为零向量, 因此 $\det(\bar{B})=0$.

情形 3. 子阵 B 既不包含矩阵 A 的第 i 行, 也不包含 A 的第 j 列. 令矩阵

$$C=\begin{pmatrix} a_{ij} & \cdots & a_{ip} \\ \vdots & B & \\ a_{lj} & & \end{pmatrix},$$

对 A 进行转轴运算后可得

$$\bar{C}=\begin{pmatrix} 1 & \cdots & \bar{a}_{ip} \\ 0 & & \\ \vdots & \bar{B} & \\ 0 & & \end{pmatrix}.$$

由上式及转轴运行过程可知, $\det(\bar{B})=\det(\bar{C})=\pm\det(C)\in\{0,1,-1\}$.

总之, 转轴运算后得到的矩阵仍具有全单模性. □

下面的定理给出了全单模矩阵的充分必要条件:

定理 3.4 矩阵 A 是全单模矩阵等价于对于每个集合 $J\subseteq N=\{1,2,\cdots,n\}$, 必存在 J 的分割 J_1, J_2 使得

$$\left|\sum_{j\in J_1}a_{ij}-\sum_{j\in J_2}a_{ij}\right|\leqslant 1,\quad i=1,\cdots,m.$$

证明 必要性. 假设矩阵 A 是全单模矩阵. 取 N 的任意子集 J. 定义向量 z 满足: 当 $j\in J$ 时, $z_j=1$; 否则 $z_j=0$. 令 $d'=0$, $d=z$, $g=Az$. 又令

$$b_i'=\begin{cases} \dfrac{1}{2}g_i, & g_i \text{ 为偶数;} \\ \dfrac{1}{2}(g_i-1), & g_i \text{ 为奇数,} \end{cases}$$

$$b_i=\begin{cases} \dfrac{1}{2}g_i, & g_i \text{ 为偶数;} \\ \dfrac{1}{2}(g_i+1), & g_i \text{ 为奇数.} \end{cases}$$

显然, b, b', d, d' 均为整数向量. 定义多面体

$$P(b,b',d,d')=\{x\in\mathbb{R}_+^n \mid b'\leqslant Ax\leqslant b,\ d'\leqslant x\leqslant d\}.$$

由 z 的定义和 b, b', d, d' 的取法知 $\dfrac{1}{2}z\in P(b,b',d,d')$, 故 $P(b,b',d,d')$ 非空. 由于

矩阵 A 是全单模矩阵, 由推论 3.2, $P(b,b',d,d')$ 的顶点都是整数点. 由 d',d 的取法可知, 必然存在 $x^0\in P\cap\{0,1\}^n$, 并且满足: 当 $j\in N\setminus J$ 时, $x_j^0=0$; 当 $j\in J$ 时, $x_j^0\in\{0,1\}$. 对于任意 $j\in J$, $z_j-2x_j^0=\pm1$ 成立. 令

$$J_1=\{j\in J\mid z_j-2x_j^0=1\},\quad J_2=\{j\in J\mid z_j-2x_j^0=-1\}.$$

则

$$\sum_{j\in J_1}a_{ij}-\sum_{j\in J_2}a_{ij}=\sum_{j\in J}a_{ij}(z_j-2x_j^0)=\begin{cases}g_i-g_i=0, & g_i\text{ 为偶数};\\ g_i-(g_i\pm1)=\pm1, & g_i\text{ 为奇数}.\end{cases}$$

因此

$$\left|\sum_{j\in J_1}a_{ij}-\sum_{j\in J_2}a_{ij}\right|\leqslant1,\quad i=1,\cdots,m.$$

充分性. 假设对于每个集合 $J\in N=\{1,2,\cdots,n\}$, 存在 J 的分割 J_1, J_2 使得

$$\left|\sum_{j\in J_1}a_{ij}-\sum_{j\in J_2}a_{ij}\right|\leqslant1,\quad i=1,\cdots,m.$$

下面利用归纳法证明矩阵 A 的任意阶子方阵的行列式都等于 0,1 或者 -1. 取 $|J|=1$, 可得矩阵 A 中任意元素 $a_{ij}\in\{0,1,-1\}$, 即 A 的所有 1 阶行列式等于 0,1 或者 -1. 现假设 A 的所有 $(k-1)\times(k-1)$ 阶子矩阵的行列式等于 0,1 或者 -1.

令 B 为 A 的 $k\times k$ 阶子矩阵, 记 $r=\det(B)$, 下面证明 $|r|=1$. 由假设条件及克莱姆法则可知, $B^{-1}=B^*/r$, 并且 $b_{ij}^*\in\{0,1,-1\}$. 由 B^* 的定义可知, $Bb_1^*=re_1$, 其中 b_1^* 为 B^* 的第一列. 易知 b_1^* 为非零向量, 故 $J=\{i\mid b_{i1}^*\neq0\}$ 非空, 令 $J_1'=\{j\in J\mid b_{i1}^*=1\}$. 对于 $i=2,\cdots,k$, 下式成立:

$$(Bb_1^*)_i=\sum_{j\in J_1'}b_{ij}-\sum_{j\in J\setminus J_1'}b_{ij}=0,$$

所以 $|\{i\in J\mid b_{ij}\neq0\}|$ 是偶数. 因此, 对于 $i=2,\cdots,k$, 集合 J 的任意分割 $\tilde J_1$, $\tilde J_2$ 都可使 $\sum\limits_{j\in\tilde J_1}b_{ij}-\sum\limits_{\tilde J_2}b_{ij}$ 的值是偶数. 由假设可知, 存在 J 的分割 J_1, J_2 使得 $\left|\sum\limits_{j\in J_1}b_{ij}-\sum\limits_{j\in J_2}b_{ij}\right|\leqslant1$, 因此

$$\sum_{j\in J_1}b_{ij}-\sum_{j\in J_2}b_{ij}=0,\quad i=2,\cdots,k.$$

记 $\alpha=\left|\sum\limits_{j\in J_1}b_{1j}-\sum\limits_{j\in J_2}b_{1j}\right|$. 若 $\alpha=0$, 如下定义向量 $y\in\mathbb{R}^k$:

$$y_i=\begin{cases}1, & i\in J_1,\\ -1, & i\in J_2,\\ 0, & i\notin J.\end{cases}$$

由于 $By=0$ 且 B 非退化, 可知 $y=0$, 这与 $J\neq\varnothing$ 矛盾, 因此 $\alpha\neq 0$. 由假设条件可得 $\alpha=1$, 因此 $By=\pm e_1$. 因为 $Bb_1^*=re_1$, 并且 y 和 b_1^* 都是 $\{0,1,-1\}$ 向量, 所以 $b_1^*=\pm y$, $|r|=1$. 故归纳假设可知, 矩阵 A 的任意阶子方阵的行列式都等于 0, 1 或者 -1, 即 A 是全单模矩阵. □

由于矩阵 A 全单模等价于 A^{T} 是全单模矩阵, 上述定理表明矩阵 A 全单模当且仅当对于任意集合 $Q\subset M=\{1,\cdots,m\}$, 存在 Q 的分割 Q_1, Q_2 使得

$$\left|\sum_{i\in Q_1}a_{ij}-\sum_{i\in Q_2}a_{ij}\right|\leqslant 1,\quad j=1,\cdots,n.$$

由定理 3.4 可得到一类特殊全单模矩阵的充分必要条件, 这类矩阵往往与图论及网络流问题有关.

推论 3.3 设矩阵 A 是 $\{0,1,-1\}$ 矩阵, 并且每列至多有两个非零元素, 则矩阵 A 是全单模矩阵当且仅当存在 A 的行分割 Q_1, Q_2 使得同一列中的两个非零元素满足以下条件:

(i) 若符号相同, 则一个元素位于 Q_1, 另一元素位于 Q_2;

(ii) 若符号相反, 则这两个元素同时属于 Q_1, 或者同时属于 Q_2.

由以上讨论可得到一个易于验证的全单模矩阵的充分条件.

推论 3.4 设矩阵 A 的任意元素都是 0, 1 或者 -1, 若 A 满足以下两个条件, 则矩阵 A 是全单模的:

(i) A 的每一列至多含有两个非零元素;

(ii) 若某列含有两个非零元素, 则两个元素之和为 0.

3.3 全单模矩阵在网络问题中的应用

3.3.1 二部图

给定无向图 $G=(V,E)$, 其中 V 表示顶点集合, E 表示边集合. 定义图 G 的关联矩阵 M, 其行和列分别用顶点集 V 和边集 E 标记; 若边 e 经过顶点 v, 则 $M_{v,e}=1$; 否则 $M_{v,e}=0$.

若一个图 $G=(V,E)$ 的顶点集合 V 可分解成两个非空子集 V_1,V_2, 使得 E 中每条边的两个端点分别属于 V_1, V_2, 则称该图为二部图. 下面定理表明无向图的关联矩阵的全单模性与二部图之间的等价性.

定理 3.5 令 $G=(V,E)$ 表示无向图, M 表示图 G 的 $V\times E$ 关联矩阵, 则矩阵 M 是全单模当且仅当图 G 是二部图.

证明 易知 M 是 $\{0,1\}$ 矩阵, 并且所有列有且只有两个 1 元素. 由推论 3.3, 矩阵 M 全单模当且仅当存在行的分割 Q_1, Q_2, 使得每列中的两个 1 元素分别属

于 Q_1, Q_2. 记行分割 Q_1, Q_2 对应的顶点集 V 的分割为 V_1, V_2, 则图中任意边的两个顶点分别属于 V_1 和 V_2. 故图 G 是二部图. 因此, 矩阵 M 是全单模的当且仅当图 G 是二部图. □

利用二部图关联矩阵的全单模性可得到一些关于二部图中匹配与覆盖的定理. 令 M 表示二部图 $G=(V,E)$ 的 $V\times E$ 关联矩阵, 由定理 3.5 及推论 3.1 可得

$$\max\{e^{\mathrm{T}}y \mid My\leqslant e,\ y\in\mathbb{Z}_+^{|V|}\}=\min\{e^{\mathrm{T}}x \mid M^{\mathrm{T}}x\geqslant e,\ x\in\mathbb{Z}_+^{|E|}\},\tag{3.1}$$

这里 e 是分量全为 1 的向量. 假设图中每个顶点都有至少一条边相联, 则 (3.1) 式表明: 对于二部图, 最大独立集的顶点数等于最小边覆盖的边数.

同样由二部图关联矩阵的全单模性, 可得下式成立:

$$\max\{e^{\mathrm{T}}x \mid M^{\mathrm{T}}x\leqslant e,\ x\in\mathbb{Z}_+^{|E|}\}=\min\{e^{\mathrm{T}}y \mid My\geqslant e,\ y\in\mathbb{Z}_+^{|V|}\}.\tag{3.2}$$

上式表明, 二部图中最大匹配的边数等于最小覆盖的顶点个数.

3.3.2　指派问题

指派问题是二部图问题的一种特殊情况, 是指将 n 项任务恰当地分配给 n 个工人, 每个工人只能执行一项任务. 由于每个工人完成不同工作所的成本不同, 我们的目的是在保证各项任务完成的前提下最小化成本. 令 c_{ij} 表示由工人 i 完成任务 j 的成本, 则最小化成本的指派问题可表述如下:

$$\begin{aligned}
\min\ & \sum_{i=1}^{n}\sum_{j=1}^{n}c_{ij}x_{ij},\\
\text{s.t.}\ & \sum_{j=1}^{n}x_{ij}=1,\quad i=1,\cdots,n,\\
& \sum_{i=1}^{n}x_{ij}=1,\quad j=1,\cdots,n,\\
& x_{ij}\in\{0,1\},\quad i,j=1,\cdots,n.
\end{aligned}$$

记 U 表示工人集合, V 表示任务集合, 在此集合上建立边集 E: 若工人 i 能够胜任任务 j, 则边 $(i,j)\in E$. 故图 $G=(U,V,E)$ 是二部图. 由于二部图的关联矩阵是全单模矩阵, 则求解其线性规划松弛问题即可得到整数最优解.

另一类指派问题是将工人们分派到不同小组进行轮班, 称之为排班问题. 假设工作时间有 m 个小时, 共有 n 次轮班, 每一次轮班需要连续工作几个小时. 第 j 次轮班用 m 维 $0-1$ 向量 a_j 表示: 若第 i 个小时被排在第 j 次轮班里, 则 $a_{ij}=1$; 否则 $a_{ij}=0$. 故向量 a_j 中 1 元素是连续出现的. 实际上, 由 a_j, $j=1,\cdots,n$, 组成

的矩阵 A 是 $m \times n$ 维的区间矩阵. 下面给出区间矩阵的定义, 并说明其具有全单模性.

定义 3.2 设 A 是 $m \times n$ 维 $\{0,1\}$ 矩阵, 若该矩阵的每一列中 1 元素连续出现, 即如果 $a_{ij} = a_{kj} = 1$, 且 $k > i+1$, 那么对任意 $i < l < k$, $a_{lj} = 1$, 则称 A 为区间矩阵.

定理 3.6 区间矩阵是全单模矩阵.

证明 令 $Q = M = \{1, 2, \cdots, m\}$, $Q_1 = \{i\text{是奇数} \mid i \in Q\}$, $Q_2 = Q \setminus Q_1$, 由区间矩阵的定义可知下式成立:

$$\left| \sum_{i \in Q_1} a_{ij} - \sum_{i \in Q_2} a_{ij} \right| \leqslant 1, \quad j = 1, \cdots, n.$$

由于将区间矩阵的某行删掉后仍然是区间矩阵, 因此对于任意 $Q \subset M$ 都存在分割 Q_1, Q_2 使上式成立. 故由定理 3.4 知, 区间矩阵是全单模矩阵. □

令 b_i 表示第 i 个小时所需的工人数. 若 x_j 表示被分派到第 j 次轮班的工人数量, 则所有可能的分派方案可由集合 S 给出:

$$S = \{x \in \mathbb{Z}^n \mid Ax \geqslant b,\ x \geqslant 0\}.$$

令 c_j 表示支付给在第 j 次轮班的工人的费用, 则最小化费用的排班问题可表述如下:

$$\min\{c^{\mathrm{T}} x \mid Ax \geqslant b,\ x \in \mathbb{Z}_+^n\}.$$

因为 A 是全单模矩阵, 由定理 3.6 可知, 求解上述问题的线性规划松弛即可得到整数最优解.

3.3.3 最小费用网络流问题

最小费用网络流问题是有向图中一类非常重要的问题. 首先介绍有向图关联矩阵的相关性质.

给定有向图 $D = (V, A)$, V 表示顶点集, A 表示弧的集合, $(u, v) \in A$ 表示从顶点 u 流向顶点 v 的弧. 记其 $V \times A$ 相关矩阵为 M. 若弧 a 流入顶点 v, 则 $M_{v,a} = 1$; 若弧 a 流出顶点 v, 则 $M_{v,a} = -1$; 否则 $M_{v,a} = 0$.

定理 3.7 有向图 $D = (V, A)$ 的关联矩阵 M 是全单模矩阵.

证明 由关联矩阵的定义知 M 是 $\{0, 1, -1\}$ 矩阵, 且每列只含有两个非零元: 一个 1 元素和一个 -1 元素, 其他为 0. 因此, M 的任意 1 阶子阵的行列式为 $0, 1$, 或者 -1.

假设 M 的任意 $(k-1) \times (k-1)$ 阶子阵的行列式都等于 $0, 1$, 或者 -1. 取 M 的任意 $k \times k$ 阶子方阵 B, 分以下三种情况讨论:

(i) 若 B 中所有列都恰好含有 1 和 -1 两个非零元, 则将所有行都加到第一行, 得行列式 $\det(B) = 0$;

(ii) 若 B 中存在一列不含非零元, 显然 $\det(B) = 0$;

(iii) 若 B 中存在某列只含有 1 或者 -1 一个非零元, 则其行列式等于该非零元乘以其代数余子式, 实际上, 该元素的余子式是 M 的 $(k-1)\times(k-1)$ 矩阵的行列式, 因此等于 $0, 1$, 或者 -1. 所以, $\det(B)$ 等于 $0, 1$ 或者 -1.

由归纳假设可知, M 的任意阶子方阵的行列式都等于 $0, 1$, 或者 -1, 故 M 是全单模矩阵. □

给定有向图 $D = (V, A)$, $h_{u,v}$ 表示弧 (u, v) 上的最大容量, b_v 表示顶点 v 处的需求量, $c_{u,v}$ 表示弧 (u, v) 上单位流量所需要的费用. 记

$$V^+(v) = \{u \in V \mid (v, u) \in A\}, \quad V^-(v) = \{u \in V \mid (u, v) \in A\}.$$

则最小费用网络流问题可表述为

$$\begin{aligned} \min \quad & \sum_{(u,v)\in A} c_{u,v}x_{u,v}, \\ \text{s.t.} \quad & \sum_{u\in V^+(v)} x_{v,u} - \sum_{u\in V^-(v)} x_{u,v} = b_v, \quad \forall v \in V, \\ & 0 \leqslant x_{u,v} \leqslant h_{u,v}, \quad \forall (u, v) \in A. \end{aligned}$$

记 M 为该图的关联矩阵, 上述最小费用网络流问题即

$$\min\{c^{\mathrm{T}}x \mid Mx = b,\ 0 \leqslant x \leqslant h\}. \tag{3.3}$$

应当注意的是, 若该问题可行, 则总需求量之和必为 0, 即 $\sum\limits_{v\in V} b_v = 0$. 若容量 $h_{u,v}$ 及各顶点需求量 b_v 都是整数, 由关联矩阵 M 的全单模性可知最小费用网络流问题 (3.3) 有整数最优解.

例 3.2　有向图 G 由图 3.1 给出, 图 G 的关联矩阵及各顶点需求量由表 3.1 给出.

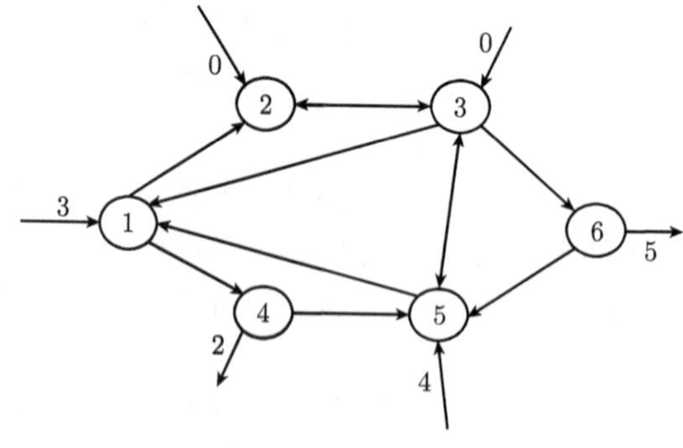

图 3.1　有向图 G

表 3.1 图 G 的关联矩阵及各顶点需求量

	x_{12}	x_{14}	x_{23}	x_{31}	x_{32}	x_{35}	x_{36}	x_{45}	x_{51}	x_{53}	x_{65}	b
1	1	1	0	−1	0	0	0	0	−1	0	0	3
2	−1	0	1	0	−1	0	0	0	0	0	0	0
3	0	0	−1	1	1	1	1	0	0	−1	0	0
4	0	−1	0	0	0	0	0	1	0	0	0	−2
5	0	0	0	0	0	−1	0	−1	1	1	−1	4
6	0	0	0	0	0	0	−1	0	0	0	1	−5

3.3.4 最大流–最小割问题

设矩阵 M 是有向图 $D=(V,A)$ 的关联矩阵, 若 $x\in\mathbb{R}_+^{|A|}$, 且满足 $Mx=0$, 即对任意顶点 v, 下式成立:

$$\sum_{u\in V^-(v)} x_{u,v} = \sum_{u\in V^+(v)} x_{v,u},$$

则 x 可看作图 M 的一个环游, 每个节点的流入量等于流出量.

已知关联矩阵 M 是全单模矩阵, 对于任意 $c\in\mathbb{Z}_+^{|A|}$, 多面体 $P=\{x\mid Mx=0,\ 0\leqslant x\leqslant c\}$ 的顶点都是整数点. 因此, 若存在环游 x 满足 $0\leqslant x\leqslant c$, 则必存在一个整数环游.

设 $f_{u,v}$ 表示弧 (u,v) 上单位流量的收益, 则带容量约束的最大收益环游问题可表述如下:

$$\max\{f^{\mathrm{T}}x\mid Mx=0,\ x\leqslant c,\ x\in\mathbb{R}_+^{|A|}\}. \tag{3.4}$$

其对偶问题为

$$\min\{c^{\mathrm{T}}y\mid M^{\mathrm{T}}z+y\geqslant f,\ y\in\mathbb{R}_+^{A},\ z\in\mathbb{R}^{|V|}\}. \tag{3.5}$$

由推论 3.1 可知, 若问题 (3.4) 与 (3.5) 存在最优解, 则必可在整数顶点取到, 并且目标函数最优值相等.

假设对于有向图中某段弧 (t,s), 其单位收益 $f_{t,s}=1$, 并且其他弧 (u,v) 的单位收益 $f_{u,v}=0$. 若 $c_{t,s}=+\infty$, 则问题 (3.4) 可重新表述为

$$\begin{aligned}
&\max\ x_{t,s},\\
&\text{s.t.}\ \sum_{u\in V^-(v)} x_{u,v}-\sum_{u\in V^+(v)} x_{v,u}=0,\quad \forall v\in V,\\
&\qquad 0\leqslant x_{u,v}\leqslant c_{u,v},\quad \forall (u,v)\in A.
\end{aligned} \tag{3.6}$$

考虑有向图 $D'=(V,A)$, 其中 A 中不含弧 (t,s). 则上述问题可以看成是图 D' 上由 s 到 t 的最大流问题, 其中弧 (t,s) 是在图 D' 上添加的一条人工弧. 问题 (3.6) 的对偶问题具有以下形式:

$$\begin{aligned}\min \quad & \sum_{(u,v)\neq(t,s)} c_{u,v}y_{u,v}, \\ \text{s.t.}\ & z_v - z_u \leqslant y_{u,v}, \quad \forall (u,v)\neq(t,s), \\ & z_t \geqslant z_s + 1.\end{aligned} \tag{3.7}$$

若将问题 (3.7) 放入图 D' 中考虑, 则可重新表示为

$$\begin{aligned}\min\ & \sum_{(u,v)} c_{u,v}y_{u,v}, \\ \text{s.t.}\ & z_v - z_u \leqslant y_{u,v}, \quad \forall (u,v)\in A, \\ & z_t \geqslant z_s + 1.\end{aligned} \tag{3.8}$$

令 $U=\{v\in V \mid z_v < z_t\}$, $\bar{U}=V\setminus U=\{v\in V \mid z_v \geqslant z_t\}$. 若弧 $(u,v)\in A$, 且 $u\in U$, $v\in\bar{U}$, 则 $y_{u,v}\geqslant z_v - z_u \geqslant z_t - z_s \geqslant 1$, 故下式成立:

$$\sum_{(u,v)\in A} c_{u,v}y_{u,v} \geqslant \sum_{(u,v)\in A, u\in U, v\in\bar{U}} c_{u,v}y_{u,v} \geqslant \sum_{(u,v)\in A, u\in U, v\in\bar{U}} c_{u,v}.$$

构造可行解 $\hat{y}$ 如下: 当 $(u,v)\in A$ 且 $u\in U$, $v\in\bar{U}$ 时, $\hat{y}_{u,v}=1$; 否则, $\hat{y}_{u,v}=0$. 容易验证, $\hat{y}$ 使上式等式成立. 因此, $\hat{y}$ 是问题 (3.8) 的 0-1 解. 所以, 问题 (3.8) 可以看作是有向图 D' 中的最小 s-t 割问题:

$$\min_U\left\{\sum_{(u,v)\in A, u\in U, v\in V\setminus U} c_{u,v} \mid s\in U,\ t\in V\setminus U\right\}.$$

利用关联矩阵 M 的全单模性, 证明了网络流中最大流–最小割定理:

定理 3.8 带容量约束的最大 s-t 流问题与最小 s-t 割问题互为对偶, 且强对偶成立, 即最大流等于最小割.

3.3.5 最短路问题

给定有向图 $D=(V,A)$, 令 $c_{u,v}$ 表示弧 $(u,v)\in A$ 上的权重, 也可理解为弧的长度. 取两个相异的顶点 s,t, 求最短 s-t 路问题, 即求权重最小的 s-t 路:

$$\begin{aligned}\min\ & \sum_{(u,v)\in A} c_{u,v}x_{u,v}, \\ \text{s.t.}\ & \sum_{u\in V^+(v)} x_{v,u} - \sum_{u\in V^-(v)} x_{u,v} = 1, \quad v=s, \\ & \sum_{u\in V^+(v)} x_{v,u} - \sum_{u\in V^-(v)} x_{u,v} = 0, \quad \forall v\in V\setminus\{s,t\}, \\ & \sum_{u\in V^+(v)} x_{v,u} - \sum_{u\in V^-(v)} x_{u,v} = -1, \quad v=t, \\ & x\in\mathbb{Z}_+^{|A|}.\end{aligned} \tag{3.9}$$

上述问题中约束矩阵为图 D 的关联矩阵, 由其全单模性可知, 求解该问题的线性规划松弛可得到整数最优解, 并且有以下定理成立:

定理 3.9 z 是最短 s-t 路的长度当且仅当存在 $\pi = (\pi_v)_{v\in V}$ 满足 $\pi_s = 0$, $\pi_t = z$, $\pi_v - \pi_u \leqslant c_{u,v}$, 其中 $(u,v) \in A$.

证明 由线性规划对偶理论, 得问题 (3.9) 的对偶问题如下:

$$
\begin{aligned}
&\max\ \pi_t - \pi_s,\\
&\text{s.t. } \pi_v - \pi_u \leqslant c_{u,v}, \forall (u,v) \in A.
\end{aligned}
$$

取任意 α, 对所有 $v \in V$, 用 $\pi_v + \alpha$ 代替 π_v 并不影响对偶问题的可行性及目标函数值. 不失一般性, 固定 $\pi_s = 0$. 由于问题 (3.9) 中约束矩阵是全单模的, 因此强对偶定理成立, 故定理结论成立. □

第 4 章　图和网络流问题

图和网络上的最优化问题与整数规划有天然的联系. 本章介绍图和网络的基本概念, 以及图和网络上的最优化问题和算法.

4.1 基 本 知 识

图 $G=(V,E)$ 由顶点集合 $V=\{1,2,\cdots,m\}$ 及边集合 $E=\{e_1,e_2,\cdots,e_n\}$ 组成, 其中 $e_k=(i,j), i,j\in V$. 若 $(i,j)\in E$, 则表示在顶点 i 与顶点 j 之间有边相连, 称顶点 i 与 j 为该边的端点, 且彼此相邻. 若不考虑边的方向, 则上面定义的图称为无向图. 若不特别说明, 图一般指无向图. 图可以在二维平面上用点和线表示出来, 顶点可以放在任意位置, 若 $(i,j)\in E$, 则在顶点 i 与 j 之间用线连接. 图 4.1 中给出了一个包含 5 个顶点及 7 条边的图.

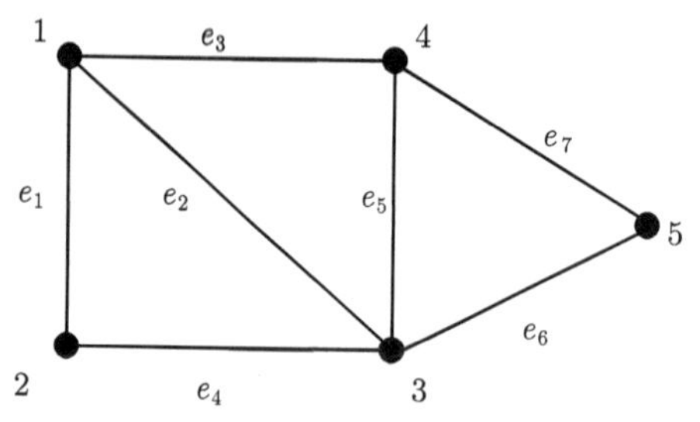

图 4.1　$G=(V,E)$: $V=\{1,2,3,4,5\}$, $E=\{e_1=(1,2), e_2=(1,3), e_3=(1,4), e_4=(2,3), e_5=(3,4), e_6=(3,5), e_7=(4,5)\}$

组合最优化中很多重要问题都可以图来表示, 如网络流问题、旅行商问题以及运输问题等. 如在运输问题中, 可用 V 表示城市的集合, E 表示相连两个城市的交通道路.

对于每个图 $G=(V,E)$, 设 $m=|V|, n=|E|$, 可定义一个 $m\times n$ 矩阵 $A=(a_{ij})$, 称之为关联矩阵, 其中

$$a_{ij}=\begin{cases}1, & \text{若边 } e_j \text{ 与顶点 } i \text{ 相连},\\ 0, & \text{若边 } e_j \text{ 与顶点 } i \text{ 不相连}.\end{cases}$$

图 4.1 的关联矩阵为

$$A = \begin{pmatrix} 1 & 1 & 1 & 0 & 0 & 0 & 0 \\ 1 & 0 & 0 & 1 & 0 & 0 & 0 \\ 0 & 1 & 0 & 1 & 1 & 1 & 0 \\ 0 & 0 & 1 & 0 & 1 & 0 & 1 \\ 0 & 0 & 0 & 0 & 0 & 1 & 1 \end{pmatrix} \begin{matrix} 1 \\ 2 \\ 3 \\ 4 \\ 5 \end{matrix}$$

(列依次为 e_1, e_2, e_3, e_4, e_5, e_6, e_7)

由于每条边只与两个顶点相连, 故关联矩阵的每列都恰好含有两个 1 元素. 而矩阵第 i 行中 1 元素的个数表示与顶点 i 相连的边数, 称之为度, 记为 $\delta(i)$. 对于任意顶点 $i \in V$, 有 $0 \leqslant \delta(i) \leqslant m-1$. 若图中每个顶点都与其他顶点有边相连, 即所有顶点的度都等于 $m-1$, 则称该图为完全图.

二部图 $G=(V_1, V_2, E)$ 是一类重要的特殊图 (见图 4.2). 二部图有非常广泛的应用背景, 如指派问题和选址问题都可以用二部图表示. 在指派问题中, V_1 表示工人集合, V_2 表示任务集合, 边 $(i,j) \in E$ 当且仅当工人 i 能够胜任任务 j. 在设施选址问题中, V_1 表示客户集合, V_2 表示设施集合, 边 $(i,j) \in E$ 当且仅当设施 j 能够为客户 i 提供服务.

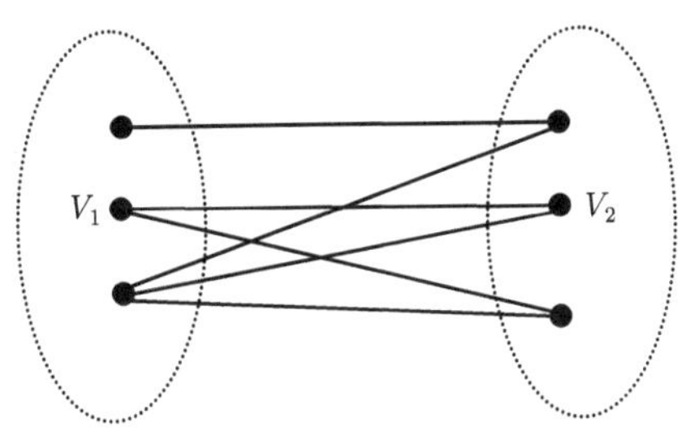

图 4.2 二部图

对于 $U \subset V$, 令 $E(U)=\{(i,j) \in E \mid i,j \in U\}$. 若 $V' \subset V$, $E' \subset E(V')$, 则称 $G'=(V',E')$ 是图 $G=(V,E)$ 的子图. 若 $V'=V$, 则称 G' 是 G 的支撑子图.

图中常用的两个概念是路和圈, 路是指顶点和边组成的序列

$$W=\{v_0, e_1, v_1, e_2, \cdots, e_k, v_k\},$$

对 $1 \leqslant i \leqslant k$, e_i 的端点是 v_{i-1} 和 v_i, 顶点 $v_0, v_1, \cdots, v_k$ 互不相同. 也称 W 为从顶点 v_0 到顶点 v_k 的一条路, v_0 和 v_k 分别称为 W 的起点和终点, $v_1, v_2, \cdots, v_{k-1}$ 称为中间顶点, 整数 k 称为 W 的长度. 由于本章只考虑边的两个端点不重合的简单图, 所以路 $W=\{v_0, e_1, v_1, e_2, \cdots, e_k, v_k\}$ 也可以直接用顶点序列 $v_0, v_1, \cdots, v_k$ 表示. 若 W 起点和终点相同, 中间顶点不同, 并且长度 k 大于 0, 则称 W 为圈. 若圈的长度 k 为奇数, 则称该圈为奇圈; 否则称之为偶圈.

给定图 G 中两个顶点 u 和 v, 若在 G 中存在一条从 u 到 v 的路, 则称顶点 u

和 v 是连通的. 对顶点集 V 进行分类: 把 V 分成非空子集 $V_1, V_2, \cdots, V_\omega$, 使得两个顶点 u 和 v 是连通的当且仅当 u, v 属于同一子集, 称子图 $G_1 = (V_1, E(V_1)), G_2 = (V_2, E(V_2)), \cdots, G_\omega = (V_\omega, E(V_\omega))$ 为 G 的分支. 若图 G 只有一个分支, 即任意两个顶点都是连通的, 则称该图为连通图; 否则, 称 G 为不连通的. G 的分支个数记为 $\omega(G)$.

定理 4.1　一个图是二部图当且仅当它不包含奇圈.

证明　设 $G = (V_1, V_2, E)$ 是二部图, 并且 $C = \{v_0, v_1, \cdots, v_k, v_0\}$ 是图 G 的一个圈. 不失一般性, 假设 $v_0 \in V_1$. 由于 $v_0 \in V_1$ 并且 G 是二部图, 所以 $v_1 \in V_2$. 同理 $v_2 \in V_1$. 依此类推, $v_{2i} \in V_1$, $v_{2i+1} \in V_2$. 又因为 $v_0 \in V_1$, 因此 $v_k \in V_2$. 所以必然有某个 i 使得 $k = 2i + 1$, 由此可得 C 是一个偶圈.

另一方面, 假设 G 是不包含奇圈的连通图. 令 $d(u, v)$ 表示两顶点 u, v 之间最短路的长度. 现任选一个顶点 u 并用如下方法对顶点进行分类:

$$V_1 = \{x \in V \mid d(u, x)\text{是偶数}\},$$
$$V_2 = \{y \in V \mid d(u, y)\text{是奇数}\},$$

注意到 $d(u, u) = 0$, 故 $u \in V_1$. 下面证明 (V_1, V_2, E) 是二部图. 任意取 V_1 中两个顶点 v, w, 设 P 是最短的 (u, v) 路, Q 是最短的 (u, w) 路. 记 u_1 为 P 和 Q 的最后一个公共顶点. 由于 P 和 Q 均为最短路, 因此 P 和 Q 中 (u, u_1) 段必然重合. 因为 P 和 Q 的长度均为偶数, 所以 P 中 (u_1, v) 段 P_1 及 Q 中 (u_1, w) 段 Q_1 具有相同的奇偶性. 由此可知, (v, w) 路 $\{P_1^{-1}, Q_1\}$ 长为偶数, 其中 P_1^{-1} 表示与 P_1 顶点和边都相同但方向相反的路. 若 v 与 w 相邻, 则 $\{P_1^{-1}, Q_1, e_{wv}, v\}$ 就是一个奇圈, 这里 e_{wv} 是连接 w 与 v 的边, 这与假设矛盾, 因此 v 与 w 不相邻. 同样可证, V_2 中任意两个顶点也不相邻. 从而 $G = (V_1, V_2, E)$ 是二部图. □

不含圈的图称为无圈图, 也叫做森林. 不含圈的连通图, 即连通的森林, 叫做树. 容易证明下面关于树的性质:

定理 4.2　给定图 $G = (V, E)$, 并且 $|V| = m$, 以下几种命题是等价的:

(i) G 是树;

(ii) G 是包含 $m - 1$ 条边的连通图;

(iii) G 是包含 $m - 1$ 条边的无圈图;

(iv) 任意顶点 u, v, 只存在唯一的路连接这两个顶点.

由以上定理可知, 树是边数最少的连通图, 树中度为 1 的顶点称为叶子. 易知, 一棵树中至少含有两个叶子.

推论 4.1　(i) 若 $G = (V, E)$ 是树, $e' \notin E$, 则 $G' = (V, E \cup \{e'\})$ 包含唯一的圈;

(ii) 若 C 是 G' 中圈的边集, 且 $e^* \in C \setminus \{e'\}$, 则 $G^* = (V, E \cup \{e'\} \setminus \{e^*\})$ 仍然是树.

证明 (i) 由于树 G 是无圈图, 因此 $G' = (V, E \cup \{e'\})$ 的每个圈都包含 e'. 此外, C 是 G' 中的圈当且仅当 $C \setminus e'$ 是 G 中连接 e' 的两个端点的路. 由定理 4.2 可知, G 中这样的路只有一条, 因此 G' 包含唯一的圈.

(ii) 由于 G' 包含唯一的圈 C, 因此若 $e^* \in C \setminus \{e'\}$, 则 $G^* = (V, E \cup \{e'\} \setminus \{e^*\})$ 不含圈, 并且共包含 $m-1$ 条边. 由定理 4.2 可知, G^* 也是树. □

4.2 最 优 树

对于连通图 $G = (V, E)$, 对每条边 e 可赋以一个实数 $w(e)$, 称为 e 的权重. 图 G 连同它边上的权称为赋权图, 可重新记为 $G = (V, E, w)$. 子图 G' 的权重是指 G' 中所有边的权重的总和, 记为 $w(G')$.

4.2.1 最小支撑树

一个连通图的支撑树是指它的支撑子图, 同时又是树. 最小支撑树问题, 是指在赋权图中寻找具有最小权重的支撑树. 图 4.3 中给出最小支撑树问题的例子, 黑色边组成的树即最小支撑树.

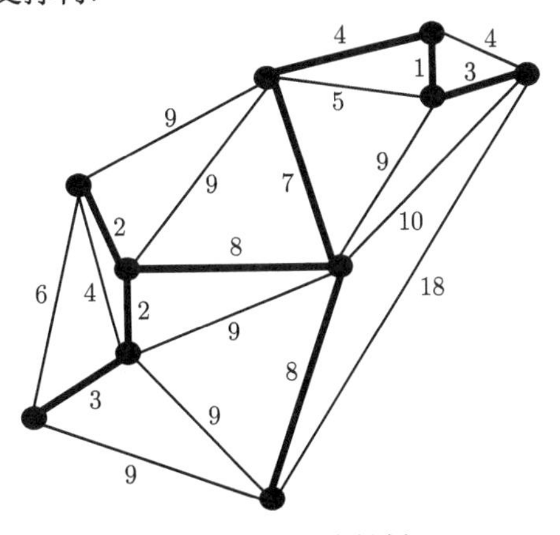

图 4.3 最小支撑树

定理 4.3 *一个连通图必然存在支撑树.*

证明 设 G 是连通图, 且 T 是最小连通支撑子图. 由定义可知 $\omega(T) = 1$, 并且对于 T 的每条边 e 有 $\omega(T \setminus e) > 1$. 若 T 中存在圈, 取圈上的一条边 e'. 去掉 e' 不影响 T 的连通性, 即 $\omega(T \setminus e') = 1$, 矛盾. 因此 T 不含圈, 即是树. □

下面给出寻找赋权连通图的最小支撑树的算法:

算法 4.1 (Kruskal 算法)

步 0. 将所有边按权重次序排列: $e_1, e_2, \cdots, e_n$, 使得 $w(e_1) \leqslant w(e_2) \leqslant \cdots \leqslant w(e_n)$, 令 $E^0 = \varnothing$, $k = 1$.

步 1. 若 $T=(V,E^{k-1}\cup\{e_k\})$ 是无圈图, 则 $E^k=E^{k-1}\cup\{e_k\}$; 否则, $E^k=E^{k-1}$.

步 2. 若 $|E^k|=m-1$, 终止, (V,E^k) 是支撑树. 否则, 令 $k:=k+1$, 转步 1.

定理 4.4　*由 Kruskal 算法产生的支撑树 T 一定是最小支撑树.*

证明　用反证法. 假设该算法产生的树 $T^0=(V,E^0)$ 不是最小支撑树. 不妨设 $E^0=\{e_1,e_2,\cdots,e_{m-1}\}$. 对于 G 的任何异于 T^0 的支撑树 T, 用 $f(T)$ 表示使 e_i 不在 T 中的最小 i 值. 选取 T 是使 $f(T)$ 尽可能大的最小支撑树.

假设 $f(T)=k$, 即 $e_1,e_2,\cdots,e_{k-1}$ 同时在 T^0 和 T 里, 而 e_k 不在 T 中. 由于在树中任意两个顶点只有唯一的路相连通, 则 $T\cup\{e_k\}$ 包含唯一的圈 C. 取 $e'_k\in C\setminus T^0$, 则 $(T\cup\{e_k\})\setminus\{e'_k\}$ 是包含 $m-1$ 条边的连通图, 记为 $\hat{T}$. 由定理 4.2 知, $\hat{T}$ 也是 G 的支撑树. 显然

$$w(\hat{T})=w(T)+w(e_k)-w(e'_k).$$

由于 Kruskal 算法每次选择的边都是使 $(V,E^{k-1}\cup\{e_k\})$ 无圈的最小权重边, 因此可得

$$w(e_k)\leqslant w(e'_k).$$

综合以上两式可得

$$w(\hat{T})\leqslant w(T).$$

因此 $\hat{T}$ 也是最小支撑树, 并且下式成立:

$$f(\hat{T})>k=f(T).$$

这与 T 的取法矛盾. 因此, T^0 是最小支撑树. □

由于 Kruskal 算法每次选择的是权重尽可能小的边, 因此也被称为贪婪算法. 该算法主要的计算量在步 0, 即把 n 条边的权重排序, 需 $n\log n$ 次基本运算, 因此该算法的复杂性为 $O(n\log n)$, 是一个很有效的多项式时间算法.

4.2.2　Steiner 树问题

Steiner 树问题在形式上与最小支撑树问题非常类似. 给定图 $G=(V,E)$, 取子集 $T\subset V$, 连接 T 中所有顶点的树, 称之为 T 的 Steiner 树. 对于给定的顶点集合, 可能存在多个不同的 Steiner 树. 最小 Steiner 树问题就是寻找连接 T 中所有顶点的权重最小的树.

Steiner 树与支撑树的区别在于 Steiner 树可以添加额外的顶点和边以减小连接树的权重. Steiner 树中的顶点除 T 中的点外均被称为 Steiner 点. 需要注意的是, Steiner 树问题与所考虑的空间的定义有关系, 常用的空间有 2 维和 3 维的欧几里得空间.

Steiner 树问题中的一个著名问题是欧几里得 Steiner 树问题：给定平面上的 N 个顶点, 用最小长度的线将所有的顶点连接起来, 两个顶点之间可以直接相连,

也可以通过别的顶点和线段间接相连. 对于欧几里得 Steiner 树问题, 每个添加到树中的点, 即 Steiner 点, 一定是度为 3, 并且与这个点相连的三条边两两之间夹角为 120°. 在欧几里得 Steiner 树中 Steiner 点的个数不会超过 $N-2$, 其中 N 是初始给定点的个数. 三个初始顶点和四个初始顶点的欧几里得 Steiner 树问题可参见图 4.4 和图 4.5.

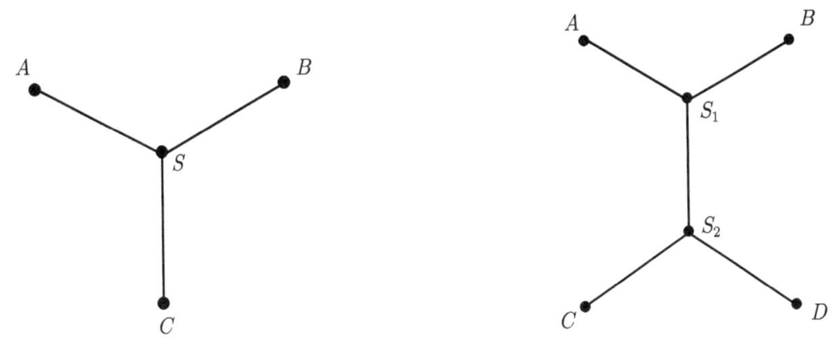

图 4.4 3 个顶点的欧几里得 Steiner 树问题　图 4.5 4 个顶点的欧几里得 Steiner 树问题

对于欧几里得 Steiner 树问题, 有如下至今尚未证明的猜想 [27]:

猜想 4.1 令 P 表示平面中的 N 个顶点, $L_s(P)$ 和 $L_m(P)$ 分别表示 P 的最小 Steiner 树及最小支撑树的长度, 则

$$L_s(P) \geqslant \frac{\sqrt{3}}{2} L_m(P).$$

有关这个猜想的最新进展可见文献 [10]. 欧几里得 Steiner 树问题可以推广为测度 Steiner 树问题. 给定一个赋权图 $G=(V,E,w)$, 其中 V 中的顶点对应于测度空间中的点, 各边以其两端点之间的距离为权重. 我们可在空间中适当增加点, 以构造能够连接 V 中所有顶点的最小长度树.

最小 Steiner 树问题在网络设计等方面具有广泛的应用. 然而, 只有某些特殊的 Steiner 树问题可以在多项式时间内求解. 一般情况下的 Steiner 树问题是 $\mathcal{NP}$ 难问题.

4.3 匹配与指派问题

4.3.1 匹配问题

给定图 $G=(V,E)$, 下面给出匹配和覆盖的概念.

定义 4.1 若图 G 的边子集 M 中各边互不相邻, 即图 G 的任意顶点最多只与 M 中一条边相邻, 则称边子集 M 为图 G 的一个匹配. 若顶点 u 与 M 的某条边相邻, 则称 u 是 M 暴露的; 否则, 称 u 是 M 非暴露的.

定义 4.2　给定顶点子集 $R \subset V$, 若图中任意边 e 与 R 中至少一个顶点相邻, 则称顶点集 R 为图 G 的一个覆盖.

若 G 中每个顶点都与匹配 M 中的一条边相邻, 则称匹配 M 是完美匹配; 若 G 不存在其他的匹配 M', 使得 $|M'| > |M|$, 则称匹配 M 是最大匹配; 显然, 每个完美匹配都是最大匹配. 图 4.6 给出两个图的最大匹配和完美匹配.

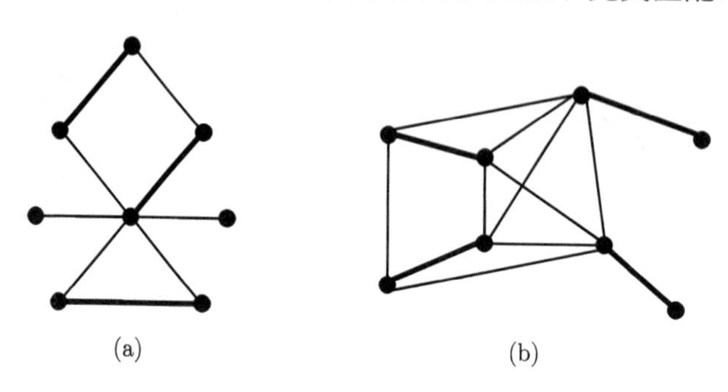

图 4.6　(a) 最大匹配; (b) 完美匹配

在上一章 (全单模矩阵) 中, 我们从线性规划对偶问题的角度得到结论: 对于二部图, 其最大匹配的边数等于最小覆盖的顶点个数. 一般图的匹配和覆盖之间有这样的关系:

定理 4.5　给定一个图 G, 取任意匹配 M, 任意覆盖 R, 始终满足 $|M| \leqslant |R|$.

证明　不妨设匹配 $M = \{(i_1, j_1), (i_2, j_2), \cdots, (i_k, j_k)\}$, 可知至少存在 $2k$ 个相异顶点: $i_1, j_1, i_2, j_2, \cdots, i_k, j_k$. 而覆盖 R 至少要包含每一对顶点 (i_s, j_s) 中的一个顶点, $s = 1, 2, \cdots, k$. 因此, $|R| \geqslant k = |M|$. □

定义 4.3　设 M 是图 G 的匹配, 若路 P 的边交替出现在 M 和 $E \setminus M$ 中, 则称 P 是关于 M 的交错路. 若交错路 P 的起点和终点都不与 M 中的边相邻, 则称该交错路为关于 M 的可扩路.

由定义可知, 可扩路必然包括奇数条边.

定理 4.6　G 的匹配 M 是最大匹配当且仅当 G 中不包含关于 M 的可扩路.

证明　必要性. 假设 M 不是最大匹配, 令 M' 是最大匹配, 则 $|M'| > |M|$. 记 H 为边集 $(M' \cup M) \setminus (M' \cap M)$ 支撑的图. 图 H 中每个顶点最多与两条边相邻, 因此 H 的每个连通分支只能是路或者圈. 对于是圈的连通分支, 它的边交替属于 M 及 M', 因此必然含有偶数条边, 并且包含的 M 中的边数与包含的 M' 中的边数相等. 对于是路的连通分支, 它的边同样交替属于 M 及 M', 其边数可能是奇数也可能是偶数. 由于 $|M'| > |M|$, 必然有一条路包含的 M' 的边多于包含的 M 的边, 这条路即是 M 的可扩路.

充分性. 设 M 是 G 的匹配, 并假设 G 包含关于 M 可扩路

$$P = \{v_0, e_1, v_1, e_2, \cdots, e_{2k+1}, v_{2k+1}\}.$$

定义 $M' \subset E$:

$$M' = (M \setminus \{e_2, e_4, \cdots, e_{2k}\}) \cup \{e_1, e_3, \cdots, e_{2k+1}\}.$$

则 M' 也是 G 的最大匹配, 并且 $|M'| = |M| + 1$, 这与 M 是最大匹配矛盾. 所以 G 不含关于 M 可扩路. □

以上面的定理为基础, 可以给出利用可扩路寻找二部图最大匹配的算法. 给定二部图 $G = (V_1, V_2, E)$, E 中任意边有一个端点属于 V_1, 另一个端点属于 V_2. 假设已知该图的一个匹配 M, 可以尝试找到一条关于 M 可扩路, 若找不到则说明 M 即最大匹配.

由于可扩路包含奇数条边, 则其非暴露顶点必然一个属于 V_1, 另一个属于 V_2. 因此, 可以从 V_1 的非暴露顶点出发寻找可扩路.

算法 4.2 (最大匹配算法)

步 0. 给定二部图 $G = (V_1, V_2, E)$, M 是该图的一个匹配. 所有点都未标记, 也未被检查过.

步 1.

1.0 将 V_1 中所有 M 非暴露顶点标记为 $*$.

1.1 如果所有标记过的顶点都被检查过, 则转步 3. 否则, 选择标记的未检查顶点 i. 若 $i \in V_1$, 转 1.2; 若 $i \in V_2$, 转 1.3.

1.2 检查顶点 $i \in V_1$ 所有相邻的边 (i, j). 若边 $(i, j) \in E \setminus M$ 且顶点 j 未标记, 则将 j 标记为 i. 转 1.1.

1.3 检查顶点 $i \in V_2$. 若 i 为 M 非暴露顶点, 则转步 2. 否则, 找到 $(j, i) \in M$, 将顶点 j 标记为 i. 转 1.1.

步 2. 以 $i \in V_2$ 为起点, 利用标记可找到一条可扩路 P. 令 $M := (M \cup P) \setminus (M \cap P)$, 去掉所有标记, 转步 1.

步 3. 令 V_1^+, V_2^+ 分别表示顶点 V_1, V_2 中被标记的顶点, V_1^-, V_2^- 表示未标记的顶点. 算法终止.

定理 4.7 算法 4.2 最终得到如下结果:

(i) $R = V_1^- \cup V_2^+$ 是图 G 的覆盖;

(ii) $|M| = |R|$, 且 M 是最大匹配.

证明 由算法的步 1.2 可知, 顶点集 V_1^+ 与 V_2^- 之间没有边相连. 因此, 集合 $V_1^- \cup V_2^+$ 是 E 的覆盖.

(i) 由于可扩路不存在, 根据算法的步 1.3 可知, V_2^+ 中的顶点都与 M 中的一条边相邻, 并且该边的另一顶点必然在 V_1^+ 中.

(ii) 由步 1.0 可知, V_1^- 中每个顶点都与 M 中某条边 e 相邻; 由步 1.2 可知, 该边的另一端点必属于 V_2^-.

由以上两条可知, $|V_1^- \cup V_2^+| \leqslant |M|$. 由定理 4.5, 可得 $|R| = |V_1^- \cup V_2^+| = |M|$. 因此, M 为最大匹配. □

例 4.1　考虑图 4.7 中给出的二部图, 给定初始的匹配 $M = \{(3,8),(5,10)\}$. 图形 4.7 中给出了利用标号的方法寻找关于 M 的可扩路的过程, 经过第一次迭代可得两条可扩路:

$$P_1 : (1,8),(8,3),(3,7),$$

$$P_2 : (4,10),(10,5),(5,9).$$

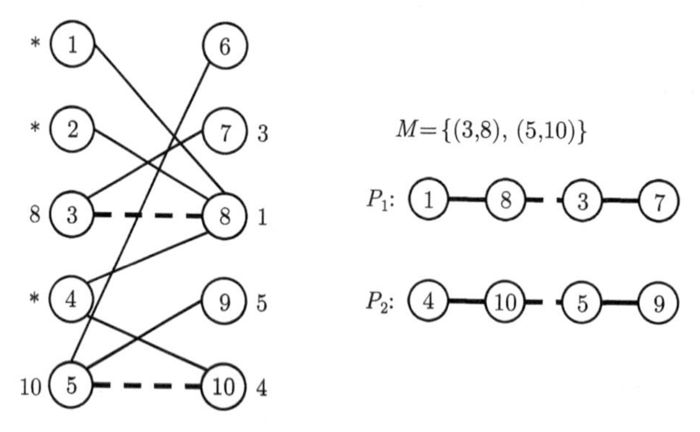

图 4.7　二部图的最大匹配: 初始步和第 1 次迭代

由此得到新匹配 $M = \{(1,8),(3,7),(4,10),(5,9)\}$, 如图 4.8 所示. 利用算法对新匹配 M 进行迭代, 发现没有可扩路. 经验证, 顶点集 $R = \{3,4,5,8\}$ 是覆盖, 匹配 M 是最大匹配.

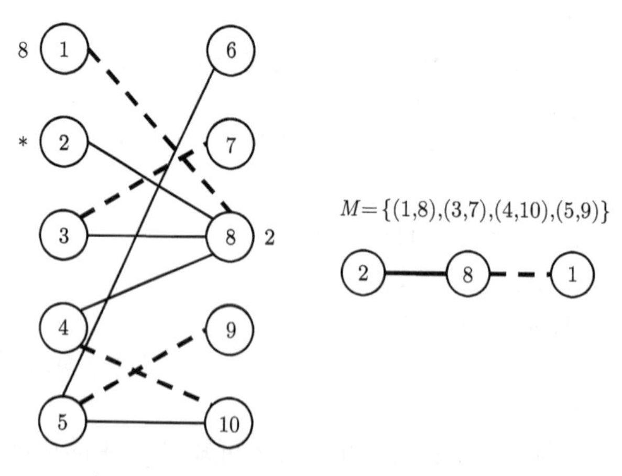

图 4.8　二部图的最大匹配: 第 2 次迭代

4.3.2 指派问题

人员指派问题可作为二部图的匹配问题进行求解. 某公司准备指派 n 个工人 $X_1, X_2, \cdots, X_n$ 做 n 件工作 $Y_1, Y_2, \cdots, Y_n$, 由于每个工人完成不同工作的效率不同, 公司希望在所有工作都得到完成的前提下使得效率达到最大.

考虑一个赋权的完全二部图 $G=(V_1, V_2, E)$, 其中 $V_1=(X_1, X_2, \cdots, X_n)$, $V_2=(Y_1, Y_2, \cdots, Y_n)$, 边 (X_i, Y_j) 上的权重 c_{ij} 表示工人 X_i 完成工作 Y_j 的效率. 指派问题显然等价于在该图中寻找有最大权重的完美匹配.

指派问题可表述为如下 0-1 规划问题:

$$
\begin{aligned}
\max\ & \sum_{i=1}^{n}\sum_{j=1}^{n} c_{ij}x_{ij}, \\
\text{s.t.}\ & \sum_{j=1}^{n} x_{ij}=1, \quad i=1,2,\cdots,n, \\
& \sum_{i=1}^{n} x_{ij}=1, \quad j=1,2,\cdots,n, \\
& x_{ij}\in\{0,1\}, \quad i,j=1,2,\cdots,n.
\end{aligned}
$$

由上章 (全单模矩阵) 知识可知, 由于二部图关联矩阵的全单模性, 求解指派问题等价于求解如下线性规划问题:

$$
\begin{aligned}
\max\ & \sum_{i=1}^{n}\sum_{j=1}^{n} c_{ij}x_{ij}, \\
\text{s.t.}\ & \sum_{j=1}^{n} x_{ij}=1, \quad i=1,2,\cdots,n, \\
& \sum_{i=1}^{n} x_{ij}=1, \quad j=1,2,\cdots,n, \\
& x_{ij}\geqslant 0, \quad i,j=1,2,\cdots,n.
\end{aligned}
$$

该线性规划的对偶问题为

$$
\begin{aligned}
\min\ & \sum_{i=1}^{n} u_i+\sum_{j=1}^{n} v_j, \\
\text{s.t.}\ & u_i+v_j\geqslant c_{ij}, \quad i,j=1,2,\cdots,n.
\end{aligned}
$$

由线性规划对偶理论可得如下定理:

定理 4.8 若存在指派问题的可行解 x^* 以及一组 u, v 满足以下两个条件:

(i) $\bar{c}_{ij}=c_{ij}-u_i-v_j\leqslant 0$;

(ii) 当 $x_{ij}^*=1$ 时, $\bar{c}_{ij}=0$,

那么 x^* 是最优指派方案, 并且指派问题的最优值为 $\sum_{i=1}^{n} u_i + \sum_{j=1}^{n} v_j$.

证明　对于任意可行指派方案 x, 有下式成立:

$$
\begin{aligned}
&\sum_{i=1}^{n}\sum_{j=1}^{n} c_{ij}x_{ij} - \sum_{i=1}^{n} u_i - \sum_{j=1}^{n} v_j \\
=&\sum_{i=1}^{n}\sum_{j=1}^{n} c_{ij}x_{ij} - \sum_{i=1}^{n} u_i \left(\sum_{j=1}^{n} x_{ij}\right) - \sum_{j=1}^{n} v_j \left(\sum_{i=1}^{n} x_{ij}\right) \\
=&\sum_{i=1}^{n}\sum_{j=1}^{n} (c_{ij} - u_i - v_j)x_{ij} \\
=&\sum_{i=1}^{n}\sum_{j=1}^{n} \bar{c}_{ij}x_{ij}.
\end{aligned}
$$

由条件 (i) 可知, $\sum_{i=1}^{n}\sum_{j=1}^{n} \bar{c}_{ij}x_{ij} \leqslant 0$. 因此, $\sum_{i=1}^{n} u_i + \sum_{j=1}^{n} v_j$ 是匹配问题最优值的上界. 由条件 (ii) 可得, x^* 使得 $\sum_{i=1}^{n}\sum_{j=1}^{n} \bar{c}_{ij}x_{ij} = 0$ 成立, 即 x^* 是最优指派方案, 取到最优值为 $\sum_{i=1}^{n} u_i + \sum_{j=1}^{n} v_j$. □

利用上述定理给出的最优性条件, 我们可用一种原始–对偶算法来求解二部图上的最优匹配问题. 该算法的主要思想是: 给定一组对偶可行解 u, v, 即一组 $\bar{c}_{ij} \leqslant 0, i \in V_1, j \in V_2$, 取边集 $\bar{E} = \{(i,j) \in E \mid \bar{c}_{ij} = 0\}$, 尝试在该边集上寻找一个匹配方案. 该过程可通过对二部图 $\bar{G} = (V_1, V_2, \bar{E})$ 求最大匹配实现. 若得到包含 n 条边的匹配, 则由定理 4.8 可知, 该匹配即是指派问题的最佳指派方案. 否则, 继续对对偶可行解进行修正, 重复上述过程, 直至寻找到包含 n 条边的匹配.

上述算法思想的具体步骤可描述如下:

算法 4.3 (指派问题算法)

步 0. 给定一组初始 u, v 满足 $\bar{c}_{ij} \leqslant 0,\ i,j = 1,2,\cdots,n$. 令 $\bar{E} = \{(i,j) \in E \mid \bar{c}_{ij} = 0\}$. 用算法 4.2 求二部图 $\bar{G} = (V_1, V_2, \bar{E})$ 上的最大匹配 M^*. 若 $|M^*| = n$, 则算法终止, M^* 是最优指派方案. 否则, 记录 $M = M^*$, 以及算法 4.2 终止时的顶点集 V_1^+, V_2^+. 转步 2.

步 1 (原始步). 取 $\bar{E} = \{(i,j) \in E \mid \bar{c}_{ij} = 0\}$. 在匹配 M 及标记顶点集 V_1^+, V_2^+ 基础上, 继续寻找 $\bar{G} = (V_1, V_2, \bar{E})$ 的最大匹配 M^*. 若 $|M^*| = n$, 则算法终止, M^* 是最优指派方案. 否则, 记录 $M = M^*$, 以及顶点集 V_1^+, V_2^+. 转步 2.

步 2 (对偶步). 改进对偶变量: 令 $\delta = \min\{-\bar{c}_{ij} \mid i \in V_1^+, j \in V_2 \setminus V_2^+\}$; 对所有 $i \in V_1^+$, 令 $u_i := u_i - \delta$; 对所有 $j \in V_2^+$, 令 $v_j := v_j + \delta$; 转步 1.

由算法 4.2 可知, V_1^+ 及 $V_2 \setminus V_2^+$ 之间不存在 $\bar{E}$ 的边相连, 即 V_1^+ 及 $V_2 \setminus V_2^+$ 之间所有边对应的 $\bar{c}_{ij} < 0$. 因此, 在算法 4.3 的步 2 中, $\delta > 0$. 由 δ 的取法可知, 经过对偶改进后, 新对偶解仍然可行, 并且 V_1^+ 及 V_2^+ 仍然有效.

定理 4.9 算法 4.3 的计算复杂性为 $O(n^4)$.

证明 由 δ 的取法可知, 每改进一次对偶变量都使得 V_2^+ 增加, 而 $|V_2^+|$ 不会超过 n. 因此, 至多经过 n 次迭代, 最大匹配的基数必然增加. 由于 $|M^*|$ 不会超过 n, 因此最大匹配的基数至多增加 n 次就能达到最大. 算法中原始步与对偶步每迭代一次所需要的计算量为 $O(|E|) = O(n^2)$. 所以, 该算法的复杂性为 $O(n^4)$. □

4.4 网络流问题

在许多实际问题的建模中, 需要利用有向图来描述问题. 比如在交通流问题中, 必须知道网络中什么道路是单行道, 什么方向上通行是允许的, 在这种情况下, 需要指定每条边上的方向.

有向图 D 是顶点和有向弧的集合, $D = (V, A)$, 其中 V 表示顶点集合, A 表示所有弧组成的集合, 弧 $a_{ij} = (i, j)$ 表示从顶点 i 到顶点 j 的流向. 同样地, 也可以定义有向图的关联矩阵 $M = (m_{v,a})$, 其中

$$m_{v,a} = \begin{cases} 1, & \text{若弧 } a \text{ 流入顶点 } v, \\ -1, & \text{若弧 } a \text{ 流出顶点 } v, \\ 0, & \text{其他}. \end{cases}$$

给定有向图 $D = (V, A)$, 假设弧 (i, j) 允许流过的最大容量为 d_{ij}, 且每单位流量所需要的成本为 c_{ij}; 顶点 i 处的供应量 (或者需求量) 为 b_i, 并且 $\sum\limits_{i \in V} b_i = 0$. 若该有向图中的可行流用 $x \in \mathbb{R}_+^{|A|}$ 表示, 则 x 满足如下条件:

$$\begin{aligned} &\sum_{j \in \delta^+(i)} x_{ij} - \sum_{j \in \delta^-(i)} x_{ji} = b_i, \quad i \in V, \\ &0 \leqslant x_{ij} \leqslant d_{ij}, \end{aligned}$$

其中 $\delta^+(i) = \{j \mid (i, j) \in A\}$, $\delta^-(i) = \{j \mid (j, i) \in A\}$.

最小费用网络流问题是寻找费用最小的可行网络流:

$$\begin{aligned} \min \ & \sum_{(i,j) \in A} c_{ij} x_{ij}, \\ \text{s.t.} \ & \sum_{j \in \delta^+(i)} x_{ij} - \sum_{j \in \delta^-(i)} x_{ji} = b_i, \quad i \in V, \\ & 0 \leqslant x_{ij} \leqslant d_{ij}. \end{aligned}$$

本节主要考虑最小费用网络流问题的一种特殊形式：给定两个顶点 s, t, 其中 s 称为发点, t 称为收点. 弧 (t,s) 上的单位流量成本为 $c_{ts}=-1$, 其他弧上的单位成本均为 0; 弧 (t,s) 上的最大流量 $d_{ts}=+\infty$; 任意顶点 i 的供应量 (或者需求量) $b_i=0$. 此问题即为最大流问题, 即在各顶点无供求的情况下求弧 (t,s) 上的最大流量问题.

易知, 使 x_{ts} 最大的可行流必然满足 $x_{is}=0,\ i\neq t$, 并且 $x_{tj}=0,\ j\neq s$, 即

$$x_{ts}=\sum_{j\in\delta^+(s)}x_{sj}=\sum_{i\in\delta^-(t)}x_{it}.$$

换言之, 最大流问题实际上是在各顶点保持流量平衡的前提下求发点 s 的最大流出量, 或者是收点 t 的最大流入量.

与最大流问题密切相关的是最小割问题. 令 $(U,\bar{U})$ 是顶点 V 的一个分割, 并且满足 $s\in U,\ t\in\bar{U}$. 弧集 $\delta^+(U)=\{(i,j)\in A\mid i\in U,\ j\in\bar{U}\}$ 称为 s-t 割, 其容量定义为 $\sum\limits_{(i,j)\in\delta^+(U)}d_{ij}$. 最小割问题就是寻找容量最小的 s-t 割.

容易看出, 由 s 到 t 的所有流一定会通过 $\delta^+(U)$ 中的弧. 因此对任意可行流 $x\in\mathbb{R}_+^{|A|}$ 及任意 s-t 割 U, 下式成立：

$$x_{ts}\leqslant\sum_{(i,j)\in\delta^+(U)}d_{ij}.$$

由此可得最大流与最小割问题之间的关系：

$$\max_{\text{所有可行流}x}x_{ts}\leqslant\min_{U:\ s\in U,t\in\bar{U}}\sum_{(i,j)\in\delta^+(U)}d_{ij}.\tag{4.1}$$

给定一条网络流 x, 若弧 (i,j) 上的流量恰好等于该弧的最大容量, 即 $x_{ij}=d_{ij}$, 则称该弧是饱和的. 令 P 表示不含饱和弧的 s-t 路, $A(P)$ 表示路 P 的所有弧, 则 $\min_{(i,j)\in A(P)}(d_{ij}-x_{ij})>0$. 记 $\Delta=\min_{(i,j)\in A(P)}(d_{ij}-x_{ij})$, 可将 P 中所有弧的流量 x_{ij} 增加 Δ, 最终可使 x_{ts} 增加 Δ. 因此, 若存在这样不含饱和弧的 s-t 路, 说明 x 不是最大流. 若这样的路不存在, 称 x 是阻塞流. 由此可知, 最大流一定是阻塞流, 而阻塞流不一定是最大流.

例 4.2　图 4.9 给出了有向图中的一个可行流, 每条弧上所标注的数字分别表示流量和最大容量 (x_{ij},d_{ij}). 可以看出, 四条 s-t 路中每条都包含饱和弧. 但是我们可按照图 4.10 中给出的路改变流量, 使得 x_{ts} 增加 1, 如图 4.11 所示. 图 4.10 中从顶点 2 到顶点 4 的弧上的标记 -1 意味着将该弧上的流量减小 1.

由图 4.11 可以看出, $U=\{1,\ 3,\ 5\}$ 可产生容量为 5 的 s-t 割 $\delta^+(U)=\{(1,\ 2),(3,5),(4,6)\}$. 因此可知图中给出的流 x 是最大流.

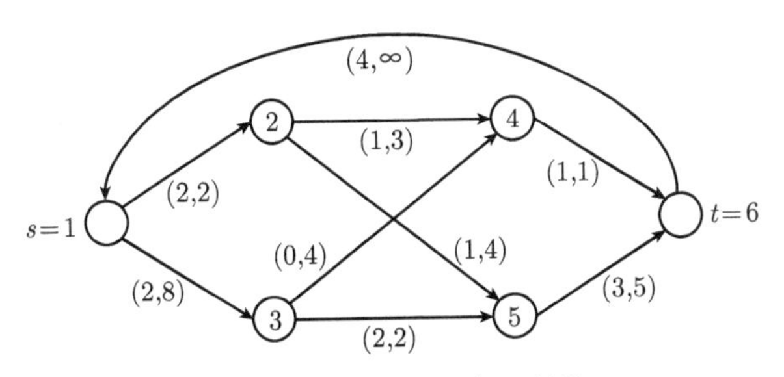

图 4.9　有向图的一个可行流

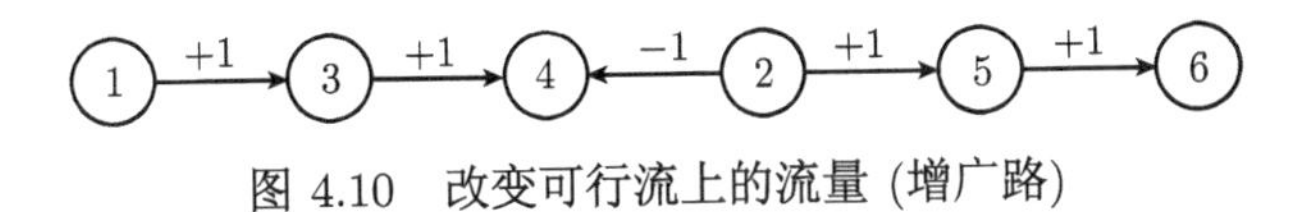

图 4.10　改变可行流上的流量 (增广路)

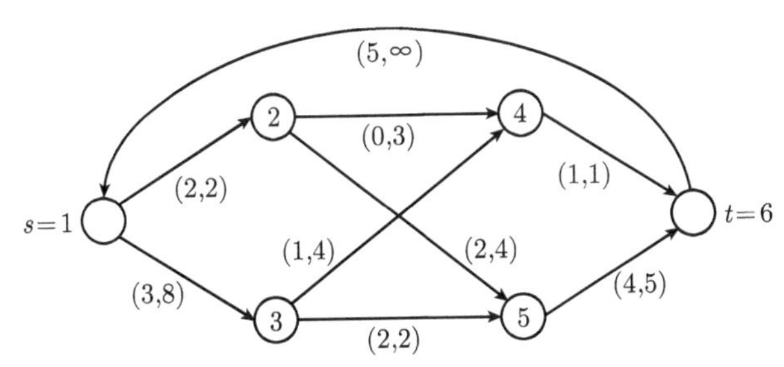

图 4.11　新的可行流 (改进流)

下面给出增广路的概念. 设 x 是可行网络流, 对于每条路 P 定义如下参数:

$$\Delta(P)=\min_{(i,j)\in A(P)}\delta(i,j),$$

其中

$$\delta(i,j)=\begin{cases} d_{ij}-x_{ij}, & \text{若 } (i,j) \text{ 是 } P \text{ 的顺向弧,} \\ x_{ij}, & \text{若 } (i,j) \text{ 是 } P \text{ 的反向弧.} \end{cases}$$

容易看出, $\Delta(P)$ 是在满足容量约束下沿着 P 方向所能增加的最大流量值. 若 $\Delta(P)=0$, 则称路 P 是 x 饱和的; 若 $\Delta(P)>0$, 则称 P 是 x 非饱和的. x 增广路是在从发点 s 到收点 t 的非饱和路. 图 4.10 给出的路就是一条 x 增广路.

若图中存在 x 增广路 P, 则可用如下方式得到新的网络流, 并且其流量可增加 $\Delta(P)$:

$$\hat{x}_{ij}=\begin{cases} x_{ij}+\Delta(P), & \text{若 } (i,j) \text{ 是 } P \text{ 的顺向弧,} \\ x_{ij}-\Delta(P), & \text{若 } (i,j) \text{ 是 } P \text{ 的反向弧,} \\ x_{ij}, & \text{其他弧.} \end{cases}$$

易知, $\hat{x}_{ts} = x_{ts} + \Delta(P)$, 因此 $\hat{x}$ 是更优的网络流, 称之为基于 P 的改进流.

定理 4.10　*有向图 D 中的流 x 是最大流当且仅当 G 中不包含 x 增广路.*

证明　若图 D 中包含 x 增广路, 可基于该增广路构造出更优的改进流, 因此 x 不可能是最大流. 假设图 D 中不含任何 x 增广路, 下面证明 x 是最大流. 令集合 U 表示以 s 为端点的 x 非饱和路上的所有顶点. 令 $\bar{U} = V \setminus U$. 显然, $s \in U$. 由于 D 中不含 x 增广路, 则收点 $t \in \bar{U}$. 因此, $\delta^+(U) = \{(i,j) \in A \mid i \in U,\ j \in \bar{U}\}$ 是 D 的 s-t 割. 下面说明 $\delta^+(U)$ 中的每条弧都是 x 饱和的; 而 $\delta^-(U) = \{(j,i) \in A \mid i \in U,\ j \in \bar{U}\}$ 中每条弧的流量都为 0.

考虑 $\delta^+(U)$ 中的弧 (u,v), 其中 $u \in U$, $v \in \bar{U}$. 由于 $u \in U$, 则存在 x 非饱和 s-u 路 Q. 若 (u,v) 是 x 非饱和的, 则可将 Q 扩充为一条 x 非饱和的 (s,v) 路. 这与 $v \in \bar{U}$ 矛盾, 因此 (u,v) 是 x 饱和的. 同理可证: 若弧 $(u,v) \in \delta^-(U)$, 则 (u,v) 上的流量必为 0. 因此, $x_{ts} = \sum\limits_{(i,j)\in\delta^+(U)} d_{ij}$. 由不等式 (4.1) 可知, x 是最大流, $\delta^+(U)$ 是最小割.

□

以上定理的证明过程说明了满足$x_{ts} = \sum\limits_{(i,j)\in\delta^+(U)} d_{ij}$ 的最大流 x 及最小割 $\delta^+(U)$ 的存在性, 由此可得: 有向图的最大流值等于最小割容量. 这个结论其实在定理 3.8 中已利用全单模性质证明. 定理 4.10 的证明方法是构造性的, 利用该方法可得到基于增广路的求解最大流问题的算法, 详细的算法过程如下:

算法 4.4 (最大流算法)

步 0. 给定可行流 x, 发点 s 标记 $(s, +\infty)$, 其他顶点未标记, 所有顶点均未考察过. 令 $i = s$.

步 1. 设顶点已被标记为 $(p(i), \delta)$. 将集合 $\{j \mid (i,j) \in A,\ x_{ij} < d_{ij}\}$ 中所有未标记过的顶点 j 标记为 $(i, \min\{\Delta, d_{ij} - x_{ij}\})$. 将集合 $\{j \mid (j,i) \in A,\ x_{ji} > 0\}$ 中所有未标记过的顶点 j 标记为 $(i, \min\{\Delta, x_{ji}\})$. 顶点 i 记为已考察点.

步 2. 若收点 t 被标记过, 则转步 3. 否则, 选择一个已经标记过但未考察过的顶点 i, 转步 1. 若这样的顶点不存在, 则当前流即最大流.

步 3. 假设收点 t 被标记为 $(p(t), \Delta)$. 从 t 开始沿每个记号的第一个数字追溯回 s, 就可得到增广路. 将该路上顺向弧的流量增大 Δ, 反向弧的流量减小 Δ. 去掉所有的标记, 返回步 0.

图 4.12 中给出了算法 4.4 中具体的标号方法, 图中 $(p(i), \Delta)$ 表示顶点 i 已经获得的标号.

例 4.3　以图 4.9 中给出网络流问题为例, 用算法 4.4 寻找最大流. 图 4.13 中给出第一次迭代后各顶点的标号, 顶点 $\{1,3,4,2,5,6\}$ 依次被考察, 得到的增广路由图 4.10 给出. 再次进行迭代, 顶点的标记可见图 4.14.

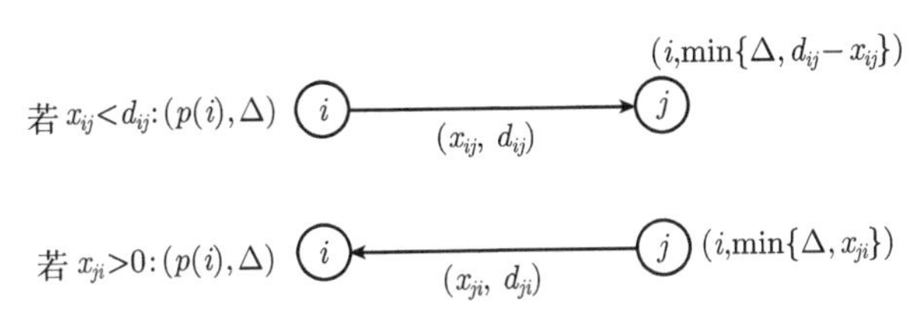

图 4.12 算法 4.4 中的步 1

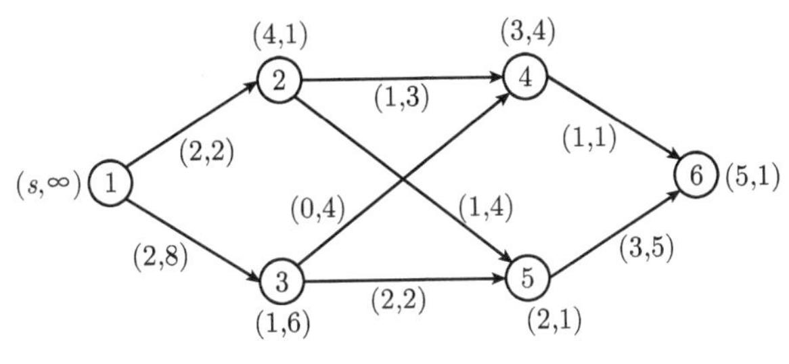

图 4.13 第 1 次迭代

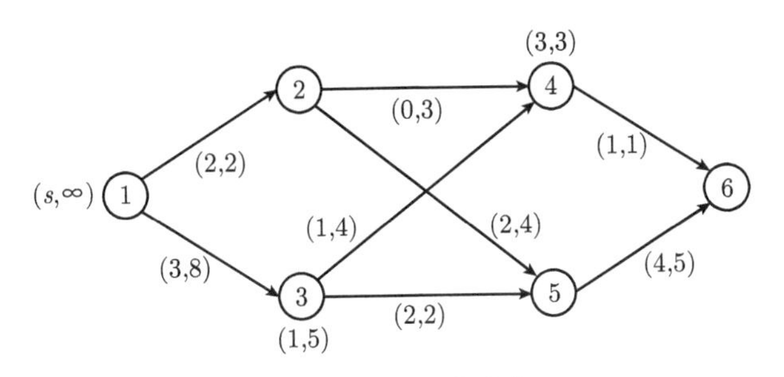

图 4.14 第 2 次迭代

顶点 1, 3, 4 都被检查过, 并且没有更多点可以被标记. 此时, 得到集合 $U = \{1,3,4\}$ 产生的 s-t 割 $\delta^+(U) = \{(1,2),(3,5),(4,6)\}$, 其容量为 5, 恰好等于该流的流量, 因此当前流即最大流.

若有向图中每条弧上的最大容量都是整数, 并且算法 4.4 中取整数初始流 (比如说零流), 则最终可得到一条整数最大流. 因此, 得到如下结论:

定理 4.11 *若有向图中每条弧上的最大容量都是整数, 那么必然存在一条整数最大流.*

该定理也可由有向图关联矩阵的全单模性得到. 下面讨论算法 4.4 的有效性. 若所有弧上容量都是整数的, 并且取整数初始流, 该算法每次迭代都使得流量值增加, 因此算法的迭代次数不超过最大流的值.

考察图 4.15 给出的网络. 易知, 该网络中最大流的值为 $2K$. 如果从零流开始, 并且轮流选择 v_1,v_2,v_3,v_4 或者 v_1,v_3,v_2,v_4 作为增广路, 则算法 4.4 每次迭代使流量值恰好增加 1, 需要迭代 $2K$ 次才能找到最大流. 由于 K 可取任意值, 因此即使网络规模很小, 算法 4.4 不一定能有效地求解到最大流.

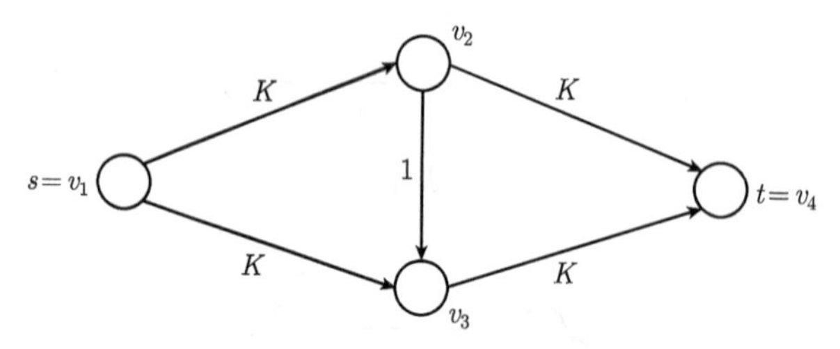

图 4.15　最大流增广路示意图

我们只需要对算法 4.4 做适当的改进, 在每次迭代过程中都选择最短的增广路, 即可改进算法的有效性.

定理 4.12　*若在算法 4.4 每次迭代过程中都选择最短的增广路, 则算法迭代次数不超过 mn, 其中 m, n 分别顶点个数和弧的条数.*

这样的改进并不需要我们用最短路算法来寻找包含最少弧的增广路, 只需用深度优先方法选择下一个考察点即可. 在选择考察点时, 以 "先标号者先考察" 的原则尽可能选择离发点 s 较近的点作为考察点. 利用这个改进, 算法 4.4 只需迭代两次就可以求解到图 4.15 的最大流.

第 5 章　动态规划方法

本章介绍一种求解多阶段决策问题的方法 —— 动态规划方法. 作为一种应用, 动态规划可以用来求解一些特殊的整数规划问题, 如 0-1 背包问题和一般线性整数背包问题等满足最优性原理的整数规划问题.

5.1　最短路和最优性原理

为理解动态规划的思想, 首先讨论最短路问题. 设 $G=(V,A)$ 为一个有向图. 其中 V 表示节点集, A 表示弧集. 每一条弧 $e\in A$ 相应有一个大于零的长度 c_e. 令 $s\in V$ 为一初始点, 求从 s 出发到其他任意点 $t\in V\setminus\{s\}$ 的最短路线.

最容易想到的方法是穷举法: 找到所有从 s 到 t 的路径, 分别计算各个路径的长度, 最后从这些路径中找出长度最小的即为最短路. 但是 s-t 的路径数会随着节点的增多而呈指数增长, 因而该方法对于比较大的图是不适用的. 然而, 观察图 5.1, 有下列性质:

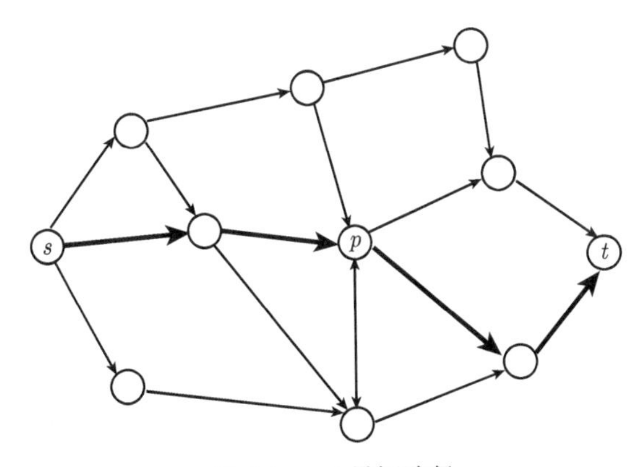

图 5.1　s-t 最短路径

性质 5.1　假设 s 到 t 的最短路经过节点 p, 那么子路径 (s,p) 及 (p,t) 分别是从 s 到 p 和 p 到 t 的最短路.

上述性质可以用反证法推出: 若结论不成立, 则可以构造从 s 到 t 的更短的路径, 这与假设矛盾. 如何利用以上的性质去寻找最短路径?

性质 5.2　令 $d(v)$ 为 s 到 v 的最短路径, 则

$$d(v) = \min_{i \in V^-(v)} \{d(i) + c_{iv}\}, \tag{5.1}$$

这里 $V^-(v)$ 表示能直接到达节点 v 的所有节点集合.

上述性质表明: 如果知道 s 到 v 的所有前节点的最短路径, 那么就可以找到 s 到 v 的最短路径.

然而, 对于一般的有向图, 以上两个性质还不足以给出寻找最短路径的有效算法, 因为我们必须用 $d(i)$ 来计算 $d(j)$, 又必须用 $d(j)$ 来计算 $d(i)$. 但是, 对于某些有向图, 利用上面的性质确实可以构造简单有效的算法.

性质 5.3　假设 $G = (V, A)$ 为一有向无圈图, $n = |V|$, $m = |A|$. 对所有的弧 $(i, j) \in A$, 规定 $i < j$. 则关于寻找从节点 1 到其他节点的最短路问题, 根据递归方程 (5.1), 可以得到一个复杂性为 $O(mn)$ 的算法.

令 $D_k(i)$ 为 s 到 i 且最多包含 k 条弧的最短路径. 可以得到如下递归方程

$$D_k(j) = \min\{D_{k-1}(j), \min_{i \in V^-(j)} [D_{k-1}(i) + c_{ij}]\}. \tag{5.2}$$

根据这个递归方程, 计算所有的 $D_k(j)$, $j \in V$, $k = 1, \cdots, n-1$, 则 $d(j) = D_{n-1}(j)$, 该算法复杂性为 $O(mn)$.

例 5.1　考虑图 5.2 中的有向图, 求从 A 点到 J 点的最短路径.

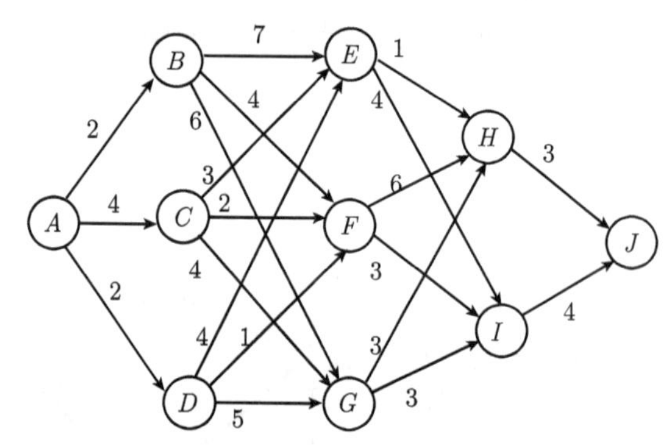

图 5.2　求 A 到 J 的最短路

由图 5.2 及 (5.2) 式可得 $D_k(j) = \min_{i \in V^-(j)}\{D_{k-1}(i) + c_{ij}\}$. 故可以从 $k = 1$ 开始, 利用递推公式求得最短路 A 到 J 的最短路 $D_4(J)$. 计算过程如下:

$$k = 1: D_1(B) = 2, D_1(C) = 4, D_1(D) = 2;$$

$$k = 2: D_2(E) = \min\{D_1(B) + 7, D_1(C) + 3, D_1(D) + 4\} = 6;$$

$$D_2(F) = \min\{D_1(B) + 4, D_1(C) + 2, D_1(D) + 1\} = 3;$$

$$D_2(G) = \min\{D_1(B) + 6, D_1(C) + 4, D_1(D) + 5\} = 7;$$

$$
\begin{aligned}
k=3: D_3(H) &= \min\{D_2(E)+1, D_2(F)+6, D_2(G)+3\}=7; \\
D_3(I) &= \min\{D_2(E)+4, D_2(F)+3, D_2(G)+3\}=6; \\
k=4: D_4(J) &= \min\{D_3(H)+3, D_3(I)+4\}=10.
\end{aligned}
$$

利用最后一个式子回溯可得

$$
\begin{aligned}
D_4(J) &= D_3(H)+C_{HJ}=D_2(E)+C_{EH}+C_{HJ} \\
&= D_1(D)+C_{DE}+C_{EH}+C_{HJ}=C_{AD}+C_{DE}+C_{EH}+C_{HJ}; \\
\text{或 } D_4(J) &= D_3(I)+C_{IJ}=D_2(F)+C_{FI}+C_{IJ} \\
&= D_1(D)+C_{DF}+C_{FI}+C_{IJ}=C_{AD}+C_{DF}+C_{FI}+C_{IJ}.
\end{aligned}
$$

因而从 A 到 J 的最短路径为 $A\to D\to E\to H\to J$ 或 $A\to D\to F\to I\to J$.

上述通过递归方法求解多阶段决策问题最优解的方法就称为动态规划方法. 在例 5.1 中, 通过动态规划方法求最短路径所需要的加法和比较次数为 $3\times5+3=18$. 如果用穷举法, 总共有路径数 18 条, 计算每一条路径长度需要的加法次数为 3, 比较这 18 条路径寻找最短路径所需要的比较运算次数为 17, 因而用穷举发寻找最短路径需要的加法和比较次数为 $18\times3+17=71$. 显然, 动态规划方法比穷举法更有效, 而且当随着图的规模越大, 动态规划所节省的计算量越大.

递归方程 (5.1) 是动态规划方法的基础, 它隐含了所谓的最优性原理. Richard Bellman 在 1952 年提出了著名的最优性原理, 阐明了多阶段最优决策问题可以通过递归地求解一系列单阶段最优决策得到, 从而创立了解决最优化问题的新方法 —— 动态规划方法.

最优性原理 一个多阶段决策问题的最优决策在任一阶段的子决策也是最优的.

很多最优化问题都满足最优性原理, 如最短路问题、库存管理问题、资源分配问题、排序问题、线性背包问题等. 在动态规划方法中, 经常会涉及两个概念: 阶段和状态.

定义 5.1 所谓阶段, 是指将所给求解问题的过程恰当地分解成若干相互联系的阶段, 以便按次序去求解每个阶段. 阶段变量通常用 k 表示. 各个阶段开始的客观条件叫状态, 常用 s_k 来表示各阶段的状态变量.

在最短路问题中, 从起点 s 到终点 t 的路径可以分为若干个阶段, 从起点 s 到每阶段中的节点要经过的弧的条数是一样的, 而每一阶段中的节点可看成是状态. 在图 5.2 中, 阶段 1 中的状态变量可取节点 B, C, D, 阶段 2 中状态变量可取 E, F, G, 阶段 3 中状态变量可取 H, I, 而阶段 4 中状态变量可取节点 J.

5.2　背包问题动态规划方法

本节应用动态规划方法求解 0-1 线性背包问题和一般整数线性背包问题.

5.2.1　0-1 线性背包问题

考虑如下 0-1 线性背包问题:

$$f^* = \max\left\{\sum_{j=1}^{n} c_j x_j \,\middle|\, \sum_{j=1}^{n} a_j x_j \leqslant b,\ x \in \{0,1\}^n\right\},$$

其中 n, b, c_j, a_j, $j=1,\cdots,n$ 为大于零的整数.

可以把背包问题中从 1 到 n 按顺序可选择的物品数看成阶段数, 把右端项的值看出是状态. 对 $k=1,\cdots,n$, $\lambda=0,1,\cdots,b$, 定义

$$f_k(\lambda) = \max\left\{\sum_{j=1}^{k} c_j x_j \,\middle|\, \sum_{j=1}^{k} a_j x_j \leqslant \lambda, x \in \{0,1\}^k\right\}.$$

容易看出, $f^* = f_n(b)$.

可以用递归方法求 f_n, 即用 f_{n-1} 来计算 f_n, 用 f_{n-2} 来计算 $f_{n-1},\cdots$. 递归迭代的初始条件为

$$f_1(\lambda) = \begin{cases} c_1, & \text{若 } a_1 \leqslant \lambda, \\ 0, & \text{若 } a_1 > \lambda. \end{cases}$$

假设 $(x_1^*,\cdots,x_k^*)$ 为 $f_k(\lambda)$ 的最优解. 若 $x_k^*=1$, 则 $\lambda - a_k \geqslant 0$,

$$\begin{aligned} f_k(\lambda) &= c_k + \max\left\{\sum_{j=1}^{k-1} c_j x_j \,\middle|\, \sum_{j=1}^{k-1} a_j x_j \leqslant \lambda - a_k,\ x \in \{0,1\}^{k-1}\right\} \\ &= c_k + f_{k-1}(\lambda - a_k). \end{aligned}$$

若 $x_k^*=0$, 则

$$\begin{aligned} f_k(\lambda) &= \max\left\{\sum_{j=1}^{k-1} c_j x_j \,\middle|\, \sum_{j=1}^{k-1} a_j x_j \leqslant \lambda,\ x \in \{0,1\}^{k-1}\right\} \\ &= f_{k-1}(\lambda). \end{aligned}$$

因而对 $k=2,\cdots,n$, $\lambda=0,1,\cdots,b$,

$$f_k(\lambda) = \begin{cases} f_{k-1}(\lambda), & \text{若 } a_k > \lambda, \\ \max\{f_{k-1}(\lambda), c_k + f_{k-1}(\lambda - a_k)\}, & \text{若 } a_k \leqslant \lambda. \end{cases} \tag{5.3}$$

上式即为求解 $f_n(b)$ 的基本递归方程. 为使 (5.3) 式能应用到 $k=1$ 的情况, 规定当 $\lambda\geqslant 0$ 时, $f_0(\lambda)=0$.

如何通过 $f_k(\lambda)$ 找到原问题的最优解? 给定 f_k, $k=0,1,\cdots,n$, 通过回溯方法可以找到原问题的最优解 $x^*=(x_1^*,\cdots,x_n^*)$, 即

$$x_n^*=\begin{cases}0, & f_n(b)=f_{n-1}(b),\\ 1, & \text{其他}.\end{cases} \tag{5.4}$$

令 $\lambda_k^*=b-\sum\limits_{j=k+1}^{n}a_jx_j^*$, 则对 $k=n-1,\cdots,1$, 有

$$x_k^*=\begin{cases}0, & f_k(\lambda_k^*)=f_{k-1}(\lambda_k^*),\\ 1, & \text{其他}.\end{cases} \tag{5.5}$$

利用递归方程 (5.3) 求解 0-1 线性背包问题需要对所有 $k=1,\cdots,n$, $\lambda=0,1,\cdots,b$, 计算 $f_k(\lambda)$. 对给定的 k 和 λ, (5.3) 式的计算只需要常数计算量, 因而计算 $f_n(b)$, 即原问题的最优解, 需要 $O(nb)$ 的计算量. 因此, 我们得到了一个求解 0-1 线性背包问题的伪多项式时间算法.

例 5.2 考虑如下 0-1 线性背包问题:

$$\begin{aligned}\max\ & 3x_1+x_2+2x_3+2x_4+6x_5+4x_6,\\ \text{s.t.}\ & 2x_1+6x_2+2x_3+4x_4+3x_5+9x_6\leqslant 17,\\ & x_j\in\{0,1\},\quad j=1,\cdots,6.\end{aligned}$$

表 5.1 列举了在动态规划方法中各个阶段 $f_k(\lambda)$ 的值. 问题的最优值为 $f_6(17)=15$. 由 (5.4) 和 (5.5) 可知问题的最优解为 $x^*=(1,0,1,0,1,1)^{\mathrm{T}}$.

表 5.1 例 5.2 在动态规划中不同阶段 $f_k(\lambda)$ 的值

λ	$k=1$	2	3	4	5	6
0	0	0	0	0	0	0
1	0	0	0	0	0	0
2	3	3	3	3	3	3
3	3	3	3	3	6	6
4	3	3	5	5	6	6
5	3	3	5	5	9	9
6	3	3	5	5	9	9
7	3	3	5	5	11	11
8	3	4	5	7	11	11
9	3	4	5	7	11	11
10	3	4	6	7	11	11

续表

λ	$k=1$	2	3	4	5	6
11	3	4	6	7	13	13
12	3	4	6	7	13	13
13	3	4	6	7	13	13
14	3	4	6	8	13	13
15	3	4	6	8	13	13
16	3	4	6	8	13	15
17	3	4	6	8	14	15

5.2.2　线性整数背包问题

考虑如下线性整数背包问题：

$$z^* = \max\left\{\sum_{j=1}^{n} c_j x_j \,\middle|\, \sum_{j=1}^{n} a_j x_j \leqslant b,\ x \in \mathbb{Z}_+^n\right\},$$

其中 $b, c_j, a_j, j=1,\cdots,n$, 皆为大于零的整数.

类似于 0-1 背包问题, 可以定义

$$g_r(\lambda) = \max\left\{\sum_{j=1}^{r} c_j x_j \,\middle|\, \sum_{j=1}^{r} a_j x_j \leqslant \lambda,\ x \in \mathbb{Z}_+^r\right\}.$$

显然, $z^* = g_n(b)$. 为建立递归方程, 可以仿照 0-1 线性背包问题的方法. 令 x^* 是 $g_r(\lambda)$ 的最优解. 若 $x_r^* = t$, 则 $g_r(\lambda) = c_r t + g_{r-1}(\lambda - t a_r)$, $t = 0, 1, \cdots, \left\lfloor \dfrac{\lambda}{a_r} \right\rfloor$, 这里 $\lfloor p \rfloor$ 记小于或等于 p 的最大整数. 故

$$g_r(\lambda) = \max_{t=0,1,\cdots,\lfloor \lambda/a_r \rfloor} \{c_r t + g_{r-1}(\lambda - t a_r)\}, \tag{5.6}$$

$r = 1, \cdots, n$, $\lambda = 0, 1, \cdots, b$. 其中对任意的 $0 \leqslant \lambda \leqslant b$, $g_0(\lambda) = 0$.

由于 $\left\lfloor \dfrac{\lambda}{a_r} \right\rfloor \leqslant \left\lfloor \dfrac{b}{a_r} \right\rfloor \leqslant b$, 对给定的 r 和 λ, 求解 (5.6) 式需要的计算量为 $O(b)$. 因此, 通过以上方法求解线性整数背包问题的复杂性为 $O(nb^2)$.

下面讨论如何改进上述动态规划算法的复杂性. 注意到若 $x_r^* = 0$, 则 $g_r(\lambda) = g_{r-1}(\lambda)$; 若 $x_r^* \geqslant 1$, 则 $x_r^* = 1 + q$, $q \in \mathbb{Z}_+$. 由最优性原理可知 $(x_1^*, \cdots, x_{r-1}^*, q)$ 必为 $g_r(\lambda - a_r)$ 的最优解. 故 $g_r(\lambda) = c_r + g_r(\lambda - a_r)$. 所以得到如下递归方程:

$$g_r(\lambda) = \max\{g_{r-1}(\lambda), c_r + g_r(\lambda - a_r)\}.$$

基于该递归方程的动态规划方法的复杂性为 $O(nb)$, 这与求解 0-1 线性背包问题的动态规划算法复杂性一样.

类似地, 也可以通过 $g_r(\lambda)$ 寻找原问题的最优解. 给定 $g_1, \cdots, g_n$, 通过逆向迭代寻找原问题的最优解 $x^* = (x_1^*, \cdots, x_n^*)$. 对 $r = 1, \cdots, n$, $\lambda = 0, 1, \cdots, b$, 令

$$p_r(\lambda) = \begin{cases} 0, & g_r(\lambda) = g_{r-1}(\lambda), \\ 1 + p_r(\lambda - a_r), & \text{其他}. \end{cases}$$

则有

$$x_n^* = p_n(b). \tag{5.7}$$

令 $\lambda_k^* = b - \sum\limits_{j=k+1}^{n} a_j x_j^*$, 则对 $k = n-1, \cdots, 1$, 有

$$x_k^* = p_k(\lambda_k^*). \tag{5.8}$$

例 5.3 考虑如下线性整数背包问题:

$$\begin{aligned} \max \quad & 7x_1 + 9x_2 + 2x_3 + 15x_4, \\ \text{s.t.} \quad & 3x_1 + 4x_2 + x_3 + 7x_4 \leqslant 10, \\ & x \in \mathbb{Z}_+^4. \end{aligned}$$

表 5.2 列举了在动态规划方法中, 各个阶段 $g_r(\lambda)$ 的值. 问题的最优值为 $g_4(10) = 23$. 由 (5.7) 和 (5.8) 可知问题的最优解为 $x^* = (2, 1, 0, 0)^{\mathrm{T}}$.

表 5.2 例 5.3 在动态规划中不同阶段 $g_r(\lambda)$ 的值

λ	g_1	g_2	g_3	g_4
0	0	0	0	0
1	0	0	2	2
2	0	0	4	4
3	7	7	7	7
4	7	9	9	9
5	7	9	11	11
6	14	14	14	14
7	14	16	16	16
8	14	18	18	18
9	21	21	21	21
10	21	23	23	23

对整数背包问题的动态规划方法, 还可以建立一个新的递归方程. 对 $\lambda = 0, 1, \cdots, b$, 令

$$z(\lambda) = \max\left\{ \sum_{j=1}^{n} c_j x_j \,\middle|\, \sum_{j=1}^{n} a_j x_j \leqslant \lambda,\ x \in \mathbb{Z}_+^n \right\}.$$

显然, $z^* = z(b)$. 易知, 当 $0 \leqslant \lambda < \min\{a_1, \cdots, a_n\}$ 时, $z(\lambda) = 0$. 而当 $\lambda \geqslant \min\{a_1, \cdots, a_n\}$ 时, 对 $\lambda = 0, 1, \cdots, b$, 有

$$z(\lambda) = \max\{c_j + z(\lambda - a_j) \mid j = 1, \cdots, n,\ \lambda \geqslant a_j\}. \tag{5.9}$$

这是因为对任意的 $j = 1, \cdots, n$, 若 x^* 是 $z(\lambda - a_j)$ 的最优解, 则 $z(\lambda - a_j) = \sum_{j=1}^{n} c_j x_j^*$, $\lambda \geqslant a_j$ 且 $x^* + e_j$ 是 $z(\lambda)$ 的一个可行解. 故

$$z(\lambda) \geqslant c_j + \sum_{j=1}^{n} c_j x_j^* = c_j + z(\lambda - a_j), \quad j = 1, \cdots, n, \quad \lambda \geqslant a_j.$$

另一方面, 若 $\tilde{x}$ 是问题 $z(\lambda)$ 的最优解, 则 $z(\lambda) = \sum_{j=1}^{n} c_j \tilde{x}_j$, 且必存在 k 使得 $\tilde{x}_k > 0$, 从而 $\tilde{x} - e_k$ 是 $z(\lambda - a_k)$ 的可行解, 故 $z(\lambda - a_k) \geqslant \sum_{j=1}^{n} c_j \tilde{x}_j - c_k = z(\lambda) - c_k$. 所以 (5.9) 式成立. 因此

$$z(\lambda) = \max(0, \max\{c_j + z(\lambda - a_j) \mid a_j \leqslant \lambda\}). \tag{5.10}$$

对于固定的 λ, 计算 (5.10) 的计算量为 $O(n)$. 由于 $0 \leqslant \lambda \leqslant b$, 因而用递归式 (5.10) 求解线性整数背包问题的复杂度也为 $O(nb)$.

例 5.4　考虑例 5.3 中的整数线性背包问题. 由 (5.10) 式计算可得, $z(\lambda)$ 的值即为表 5.2 中 g_4 列的值. 而 $z(10) = c_1 + z(7) = 2c_1 + z(4) = 2c_1 + c_2$. 故原问题的最优解为 $x^* = (2, 1, 0, 0)^{\mathrm{T}}$.

解线性整数背包问题的动态规划方法可以看作一个寻找最长路径问题. 建立一个无圈有向图 $D = (V, A)$, 节点为 $0, 1, \cdots, b$, 弧 $(\lambda, \lambda + a_j)$, $\lambda \in \mathbb{Z}_+$, $\lambda \leqslant b - a_j$ $(j = 1, \cdots, n)$, 其权重为 c_j, 弧 $(\lambda, \lambda + 1)$, $\lambda \in \mathbb{Z}_+$, $\lambda \leqslant b - 1$, 其权重为 0. 则 $z(\lambda)$ 为从节点 0 到节点 λ 的最长路径. 图 5.3 给出了如下例子的有向图:

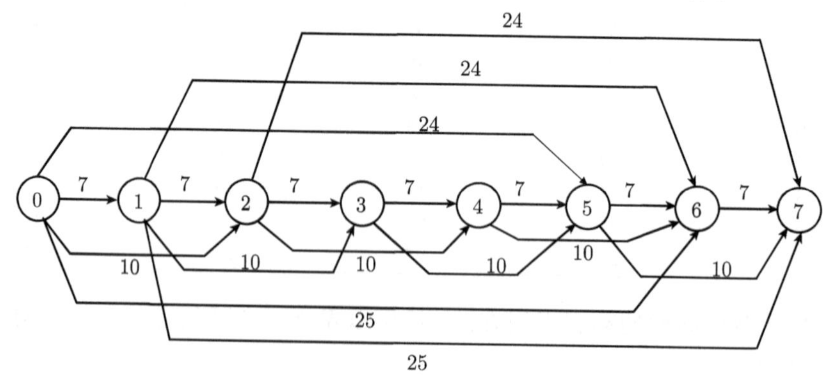

图 5.3　背包问题化为最长路径问题

$$\begin{aligned}\max\ & 10x_1 + 7x_2 + 25x_3 + 24x_4, \\ \text{s.t.}\ & 2x_1 + x_2 + 6x_3 + 5x_4 \leqslant 7, \\ & x \in \mathbb{Z}_+^4.\end{aligned}$$

在图 5.3 中省略了弧长为零的路径.

第6章　计算复杂性理论

本章讨论计算复杂性的基本概念和理论. 给定一个最优化问题, 我们希望回答下列问题:

- 如何界定最优化问题的难易程度并比较两个最优化问题的相对难度?
- 什么是有效的算法, 怎样定义一个算法比另一个算法好?

弄清上述问题将有助于我们理解整数规划中的容易问题和困难问题之间的差别, 并对不同问题采取不同的算法策略.

6.1　基本概念

首先需要按计算复杂性将问题进行分类, 这样才能把被求解问题准确归类, 需要下面的四个概念:

- 集合 $\mathcal{C}$ 为复杂性理论适用的问题集合;
- 非空子集 $\mathcal{C}_{\mathcal{E}} \subseteq \mathcal{C}$ 为容易问题的集合;
- 非空子集 $\mathcal{C}_{\mathcal{H}} \subseteq \mathcal{C}$ 为难问题的集合;
- 关系 $P \lhd Q$ 表示问题 P 不比问题 Q 难.

由以上概念, 如下的性质立即可得:

性质 6.1(归约引理)　*假设 P, Q 为 $\mathcal{C}$ 中两个问题. 则*

(i) *若 $Q \in \mathcal{C}_{\mathcal{E}}$, $P \lhd Q$, 则 $P \in \mathcal{C}_{\mathcal{E}}$;*

(ii) *若 $P \in \mathcal{C}_{\mathcal{H}}$, $P \lhd Q$, 则 $Q \in \mathcal{C}_{\mathcal{H}}$.*

上述性质的第一部分可用来证明某些问题是容易问题, 而性质的第二部分可用来证明某些问题是难问题.

6.1.1　判定问题和最优化问题

复杂性理论只适用于判定问题, 而非我们熟识的最优化问题. 所谓判定问题, 是指回答为 "是" 或 "否" 的问题. 对最优化问题:

$$z^* = \max\{c^{\mathrm{T}}x \mid x \in S\},$$

其相应的判定问题为: 对任意给定常数 k,

$$\text{是否存在 } x \in S \text{ 使得 } c^{\mathrm{T}}x \geqslant k?$$

例 6.1(装箱问题)　给定若干体积为 C 的箱子, n 件物品的集合 $S = \{1, \cdots, n\}$, 体积分别为 $a_1, \cdots, a_n$, 其中 a_i $(i = 1, \cdots, n)$ 皆为整数.

最优化问题：求最小的 m 使得 S 划分成 m 个子集，每个子集的物品体积总和不超过 C，即用最少的箱子将 n 件物品装完.

判定问题：给定常数 K，能否将 S 划分成 K 个子集，每个子集的物品体积总和不超过 C，即问给定 K 个箱子，能否将 n 件物品装完?

下面讨论如何通过求解一系列判定问题来解最优化问题. 考虑如下 0-1 线性整数规划：

$$z^* = \max\{c^{\mathrm{T}}x \mid Ax \leqslant b,\ x \in \{0,1\}^n\}.$$

不妨设 c 为整数向量. 其判定问题为：对任意给定常数 k，

$$(\mathrm{dec}(k)) \qquad \text{是否存在 } x,\ \text{满足 } Ax \leqslant b,\ x \in \{0,1\}^n,\ c^{\mathrm{T}}x \geqslant k?$$

假设 $l \leqslant z^* \leqslant u$, l, z^*, u 为整数，通过如下的二分法，最优化问题的最优值 z^* 可通过求解一系列判定问题 $(\mathrm{dec}(k))$ 得到.

算法 6.1(二分法)

第 1 步. 若 $u - l \leqslant 1$，停止，$z^* = l$；否则转下步；

第 2 步. 令 $k = \left\lfloor \dfrac{l+u}{2} \right\rfloor$，这里 $\lfloor p \rfloor$ 记小于或等于 p 的最大整数. 如果判定问题 $(\mathrm{dec}(k))$ 的回答"是"，重置 $l = k$；否则，重置 $u = k$，转第 1 步.

利用以上二分法求解 z^* 最多需要解 $\lfloor \log_2(u - l + 1) \rfloor$ 个 $(\mathrm{dec}(k))$ 问题.

6.1.2 衡量算法的有效性及问题的难度

我们感兴趣的是一个问题的难度，而非一个问题的特殊实例的难度. 那么何为问题?

定义 6.1 问题 (或模型) 是指目标函数和约束条件符合某种特殊结构的无穷多个最优化问题实例对应的判断问题的集合.

如何来衡量一个问题的难度呢? 可能的衡量方法有

- 根据经验来衡量. 然而对于一个问题的难度，该方法不能给我们一个数值上的估计，不够直观形象，也不足以说明一个问题比另一个问题难.
- 根据求解问题的实例的平均运行时间来衡量. 平均运行时间的计算需要在问题的数据符合某种概率分布的前提下进行，而且很难分析. 因而该方法一般也不适合用于复杂性分析.
- 根据该问题所有实例中最坏情形时的运行时间来衡量. 计算复杂性理论主要是基于最坏情形分析建立起来的.

算法的运行时间不仅与问题的规模 (即变量的维数和约束的个数) 有关，而且与问题的输入数据的长度有关.

定义 6.2 对一个问题的实例 X，它的输入长度 $L(X)$ 是指存储该实例的输入数据所需的二进制数序列的长度.

设整数 x 满足 $2^n \leqslant x < 2^{n+1}$, 则 x 可以由二进制序列 $\{v_0, v_1, \cdots, v_n\}$ 来表示, 这里

$$x = \sum_{i=0}^{n} v_i 2^i, \quad v_i \in \{0, 1\}. \tag{6.1}$$

注意到 $n \leqslant \log_2 x < n+1$. 所以 $x \in \mathbb{Z}$ 的输入长度是 $\log_2 x + 1$. 因不同底的对数是同阶量, 以后就用自然对数 $\log x$ 代替 $\log_2 x$. 考虑有理数 $\alpha = p/q$、整数矩阵 $A = (a_{ij})_{m\times n}$ 和线性不等式 $Ax \leqslant b$ 或等式 $Ax = b$. 则它们的输入长度分别为

$$L(X) = \log|p| + \log|q|;$$
$$L(X) = mn\log|\theta|,\ \theta = \max_{i,j}|a_{ij}|;$$
$$L(X) = mn\log|\theta| + \log|b|.$$

例 6.2　考虑旅行售货员问题. 它的实例 X 所需要的输入数据为城市 i 到城市 j 的距离 c_{ij}, $i, j = 1, \cdots, n$. 因而该问题的实例 X 的输入长度为 $L(X) = \log(n) + n^2\log(\theta)$, 其中 $\theta = \max_{i,j} c_{ij}$.

例 6.3　考虑线性整数背包问题. 它的实例 X 所需要的输入数据为整数 $a = (a_1, \cdots, a_n)^{\mathrm{T}}$, $c = (c_1, \cdots, c_n)^{\mathrm{T}}$, b, 并且满足 $a_j \leqslant b$, $j = 1, \cdots, n$. 因此 X 的输入长度为

$$L(X) = \log(n) + (n+1)\log(b) + n\log(\theta),$$

其中 $\theta = \max_i c_i$.

下面定义算法的运行 (计算) 时间. 我们希望这个计算时间的衡量方法和具体的计算机无关, 因而只考虑算法所需的基本运算的次数, 即加、减、乘、除及两个数的比较的次数, 并且不妨假设每种基本运算的时间相同. 这意味着我们可以用算法 A 求解问题的实例 X 所需的基本运算次数来衡量算法 A 求解问题实例 X 的计算时间.

定义 6.3　*给定问题 P 和求解问题 P 的一个算法 A, 算法 A 能在有限时间内求解 P 的任何实例 X. 设 $g_{\mathrm{A}}(X)$ 为算法 A 求解问题 P 的实例 X 所需的基本运算次数, 则 $f_{\mathrm{A}}(l) = \sup\{g_{\mathrm{A}}(X) \mid L(X) = l\}$ 定义为算法 A 求解问题 P 的运行或计算时间.*

通常情况下, 不必要给出 $f_{\mathrm{A}}(l)$ 的精确表达式, 只需要给出一个化简的同阶量的表达式即可.

定义 6.4　*如果存在常数 $\alpha > 0$, $\beta > 0$, 整数 $l' > 0$, 使得对所有的整数 $l \geqslant l'$, 都有 $f(l) \leqslant \alpha g(l) + \beta$, 则 $f(l) = O(g(l))$.*

根据这个定义, 多项式 $\sum\limits_{i=0}^{p} c_i l^i = O(l^p)$, 即可以忽略所有常数及指数低于 p 的

项. 换言之, 只需考虑当 $l \to \infty$ 时的渐近状态, 因而常数及指数低的项都可以忽略不计.

定义 6.5 给定一个问题 P 及其算法 A. 若存在正常数 p 使得 $f_{\mathrm{A}}(l) = O(l^p)$, 则称 A 为问题 P 的多项式时间算法.

定义 6.6 如果存在正常数 p 使得算法 A 求解问题 P 的计算时间为 $O(n^p)$, 其中 n 为问题的规模, 与输入数据的大小无关, 则称 A 为问题 P 的强多项式时间算法.

定义 6.7 给定一个问题 P 及算法 A, 若对所有的正常数 p, 都有 $f_{\mathrm{A}}(l) \neq O(l^p)$, 即存在常数 $c_1, c_2 > 0$, $d_1, d_2 > 1$ 及整数 $l' > 0$, 使得对所有的整数 $l \geqslant l'$ 有

$$c_1 d_1^l \leqslant f_{\mathrm{A}}(l) \leqslant c_2 d_2^l,$$

则称 A 为问题 P 的指数时间算法.

例 6.4 令 θ 为问题 P 的实例 X 的输入数据中的最大数, A 为求解问题 P 的算法. 则数据输入长度 $l = L(X) = O(\log(\theta))$. 若算法 A 求解实例 X 的计算时间为 θ, 则 $f_{\mathrm{A}}(l) \geqslant O(\theta) = O(2^l)$, 即算法 A 为问题 P 的指数时间算法. 例如, 动态规划求解 0-1 背包问题的计算时间是 $O(nb)$, 其中 b 是约束的右端项, b 可以看成是问题输入数据的最大数, 因此, 动态规划求解 0-1 背包问题的计算时间关于输入规模不是多项式的. □

6.1.3 $\mathcal{NP}$ 及 $\mathcal{P}$ 类问题

下面要定义计算复杂性理论里的最基本的问题类, 即所谓的 $\mathcal{NP}$ 问题, 我们要定义的 “难” 和 “容易” 问题都属于 $\mathcal{NP}$ 问题. 注意, $\mathcal{NP}$ 在这里的含义不是 “非多项式时间问题”.

定义 6.8 $\mathcal{NP}$ 问题是指满足如下性质的判定问题的集合: 对判定问题的所有回答为 “是” 的实例, 存在多项式时间的验证方法检验该 “是” 的回答.

故 $\mathcal{NP}$ 问题也可粗略地理解为容易验证答案 “是” 为正确的判定问题. 上述定义中的 “验证方法” 其实是一个证明或算法检验过程, 用来检验 “是” 的回答是对的. 该多项式时间的验证方法也称为非确定性多项式时间算法.

例 6.5 考虑 0-1 线性背包问题. 它的判定问题为

$$\text{是否存在 } x \in \{0,1\}^n \text{ 使得 } a^{\mathrm{T}}x \leqslant b,\ c^{\mathrm{T}}x \geqslant k?$$

对具有答案 “是” 的上述判断问题的实例, 要验证其 “是” 的答案只需 (a) 输入 $x^* \in \{0,1\}^n$; (b) 验证 $a^{\mathrm{T}}x^* \leqslant b$ 及 $c^{\mathrm{T}}x^* \geqslant k$. 显然完成 (a) 和 (b) 都可以在多项式时间内完成, 因而 0-1 线性背包问题为 $\mathcal{NP}$ 问题.

可以验证, 本书讨论的几乎所有最优化问题相应的判断问题, 如整数背包问题、集覆盖问题、TSP 问题、线性整数规划问题和 Steiner 树问题等都是 $\mathcal{NP}$ 问题, 详

细的讨论见文献 [16] 的 I.5.

下面定义通常意义下的“容易”问题集合.

定义 6.9 *$\mathcal{P}$ 为 $\mathcal{NP}$ 中存在多项式时间算法的问题集合.*

下面介绍几类有多项式时间算法的问题:

- 最短路问题. 它的一个实例为含 m 个节点的有向图, 其边权重为正整数. Dijkstra 的算法 [16] 要求 $O(m^2)$ 的计算量. 注意到该计算量与边权重无关, 只与输入数据的个数有关. 因而该算法为一强多项式时间算法.
- 解线性方程组. 给定 n 阶非奇异方阵 A, 求解线性方程组 $Ax = b$. 该方程组的解为 $x = A^{-1}b$, 可由高斯消元法得到. 该消元法需要进行 n 次主元转轴运算, 每次主元转轴需要 $O(n^2)$ 次基本运算. 因而解线性方程组需要 $O(n^3)$ 次基本运算. 每次运算时出现的数值的大小以 (A, b) 所有子式的最大值为上界. 由于 $\det(A)$ 有 $n! < n^n$ 项, 因而 (A, b) 所有子式的最大值小于 $(n\theta)^n$, 其中 θ 为矩阵 (A, b) 中最大的数, 其输入长度为 $n \log(n\theta)$. 故高斯消元法求解 $Ax = b$ 的计算复杂性关于 n 是多项式的.
- 指派问题. 它的一个实例为 n 个人 n 件工作, 每件工作只能由一个人完成, 每个人必须做一件工作. 第 j 个人做第 i 件工作的费用为 c_{ij}. 求解该问题的原始–对偶方法需要 $O(n^4)$ 的计算量, 故指派问题是多项式时间可解问题.
- 运输问题. 它的实例为

$$\min\left\{\sum_{i=1}^{m_1}\sum_{j=1}^{m_2} c_{ij}x_{ij} \,\middle|\, \sum_{j=1}^{m_2} x_{ij} = a_i, i \in V_1, \sum_{i=1}^{m_1} x_{ij} = b_j, j \in V_2, x \in \mathbb{R}_+^n\right\},$$

其中 $m_1 + m_2 = m$, $V_1 = \{1, \cdots, m_1\}$, $V_2 = \{1, \cdots, m_2\}$. 整数 c_{ij} 为从供应点 i 运送一件物品到需求点 j 的费用. $(a_1, \cdots, a_{m_1})$ 为供应点的货存量, $(b_1, \cdots, b_{m_2})$ 为需求点的需求量且 $\sum_{i=1}^{m_1} a_i = \sum_{j=1}^{m_2} b_j = \alpha$.

该问题的原始-对偶方法最多需要 $m\lceil\log\theta\rceil$ 步, 其中 $\theta = \max(\max_i a_i, \max_j b_j)$, 且每一步需要的计算量为 $O(m^2)$. 因而运输问题有多项式时间算法, 运行时间为 $O(m^3 \log\theta)$.

- 线性规划问题. 该问题的一个实例为 $\min\{c^{\mathrm{T}}x \mid Ax \leqslant b,\ x \in \mathbb{R}_+^n\}$, 其中 (A, b) 为 $m \times (n+1)$ 整数矩阵, c 为 n 维整数向量.

大部分求解线性规划的商业软件都是用基于单纯形法的, 然而单纯形法并不是线性规划的多项式时间算法. 椭球算法和内点法都是线性规划问题的多项式时间算法, 故线性规划是多项式时间可解的.

6.2 $\mathcal{NP}$ 完备问题

本节将介绍 $\mathcal{NP}$ 类问题中的 "难" 问题类: $\mathcal{NP}$ 完备问题. 为此, 首先给出关系 $\lhd$ 的精确定义.

定义 6.10 对于问题 $P, Q \in \mathcal{NP}$, 如果 P 中的实例可以在多项式时间内转化为 Q 的一个实例, 则称 P 多项式时间可化归到 Q, 即 P 不比 Q 难, 记为 $P \lhd Q$.

定义 6.11 对于问题 $P \in \mathcal{NP}$, 如果 $\mathcal{NP}$ 中所有的问题 Q 都可多项式时间化归到 P, 则定义 P 为 $\mathcal{NP}$ 完备问题, 记为 $P \in \mathcal{NPC}$.

显然, 如果 $P \in \mathcal{NPC}$, $Q \in \mathcal{NP}$, 则 $Q \lhd P$. 即 $\mathcal{NP}$ 中的任何问题都不比 P 难, 这与通常意义下的最 "难" 问题的含义是一致的. $\mathcal{NP}$ 完备问题可以粗略地理解为 "容易验证答案但很难求解答案" 的问题.

定义 6.12 若最优化问题相应的判定问题是 $\mathcal{NP}$ 完备的, 则该最优化问题称为 $\mathcal{NP}$ 难问题.

Stephen Cook 在 1971 年首次证明了 $\mathcal{NPC}$ 集合是非空的, 他证明了可满足性问题是一个 $\mathcal{NP}$ 完备问题. 可满足性问题是如下的判定问题:

可满足性问题 给定 $N = \{1, \cdots, n\}$ 及 N 的 $2m$ 个子集 $\{C_i\}_{i=1}^m$ 和 $\{D_i\}_{i=1}^m$, 是否存在 $x \in \{0,1\}^n$ 使得

$$\sum_{j\in C_i} x_j + \sum_{j\in D_i} (1 - x_j) \geqslant 1, \quad i = 1, \cdots, m.$$

下面是著名的 Cook 定理 [2]:

定理 6.1 可满足性问题是一个 $\mathcal{NP}$ 完备问题.

现在可以用比较精确的语言重述归约引理 (性质 6.1).

性质 6.2 假设问题 $P, Q \in \mathcal{NP}$.

(i) 若 $Q \in \mathcal{P}$ 且 P 多项式时间可化归到 Q, 则 $P \in \mathcal{P}$;

(ii) 若 $P \in \mathcal{NPC}$ 且 P 多项式时间可化归到 Q, 则 $Q \in \mathcal{NPC}$.

由性质 6.2, 可得如下推论.

推论 6.1 如果 $\mathcal{P} \cap \mathcal{NPC} \neq \varnothing$, 则 $\mathcal{P} = \mathcal{NP}$.

证明 任取 $Q \in \mathcal{P} \cap \mathcal{NPC}$ 及 $R \in \mathcal{NP}$. 由于 $Q \in \mathcal{NPC}$, 则 R 多项式时间可化归到 Q. 又 $Q \in \mathcal{P}$, 由性质 6.2 的 (i) 可知 $R \in \mathcal{P}$. 故 $\mathcal{NP} \subseteq \mathcal{P}$. 又由定义 6.9 知 $\mathcal{P} \subseteq \mathcal{NP}$. 因此 $\mathcal{P} = \mathcal{NP}$ □

上述推论表明, 若有一个 $\mathcal{NP}$ 完备问题存在多项式时间算法, 则所有 $\mathcal{NP}$ 问题都存在多项式时间算法. 到目前为止, 我们还不能证明是否 $\mathcal{P} = \mathcal{NP}$. 事实上, $\mathcal{P} = \mathcal{NP}$ 是否成立是 "新千年七大数学难题" 之一. 但一般相信 $\mathcal{P} \neq \mathcal{NP}$. 图 6.1 给出了 $\mathcal{P}$, $\mathcal{NP}$ 与 $\mathcal{NPC}$ 之间的关系.

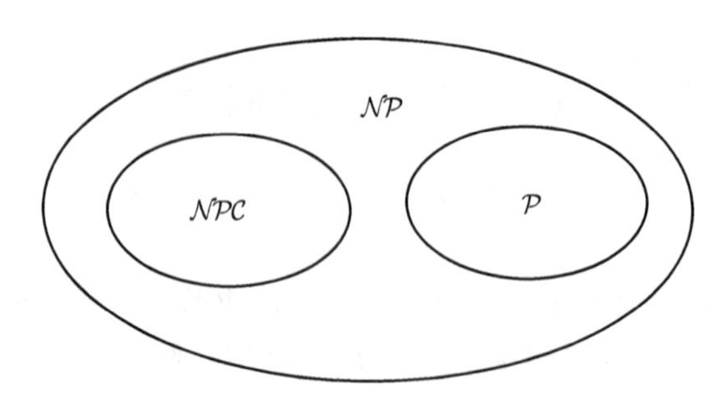

图 6.1 $\mathcal{P}, \mathcal{NPC}$ 和 $\mathcal{NP}$ 问题

在定义 6.8 中, 我们并未关注判定问题中回答为“否”的那部分实例.

定义 6.13 $Co\text{-}\mathcal{NP}$ 是指满足如下性质的判定问题的集合：对判定问题的所有回答为“否”的实例, 存在多项式时间的验证方法检验该“否”的回答.

显然, $\mathcal{P}$ 中的问题也都是在 $Co\text{-}\mathcal{NP}$ 中的. 有例子表明, $\mathcal{NPC} \cap Co\text{-}\mathcal{NP} \neq \varnothing$. 图 6.2 给出了 $\mathcal{P}, \mathcal{NP}$ 及 $Co\text{-}\mathcal{NP}$ 之间的关系.

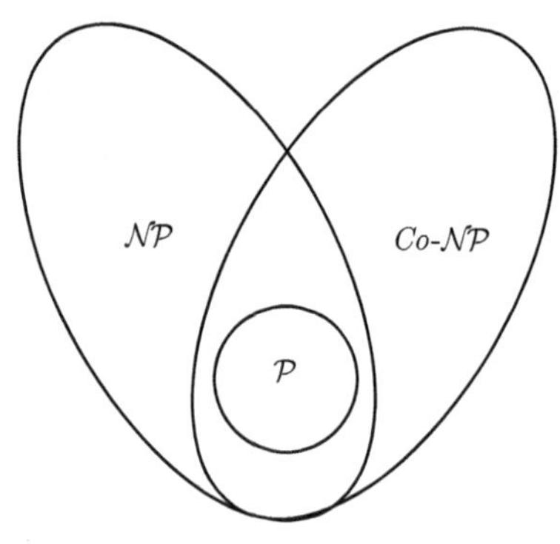

图 6.2 $\mathcal{NP}, \mathcal{P}$ 和 $Co\text{-}\mathcal{NP}$ 问题

6.3 线性整数规划问题的复杂性

本节讨论线性整数规划问题的复杂性, 我们将证明：一般线性整数规划及它的许多特例都是 $\mathcal{NP}$ 难的. 假设本节所讨论问题的参数皆为整数.

6.3.1 一般线性整数规划问题

首先考虑 0-1 线性整数规划问题, 它的一个实例为

$$\max\{c^{\mathrm{T}}x \mid Ax \leqslant b,\ x \in \{0,1\}^n\}.$$

相应的判定问题为

$$\text{是否存在 } x \in \{0,1\}^n \text{ 使得 } Ax \leqslant b,\ c^{\mathrm{T}}x \geqslant k? \tag{6.2}$$

显然, 可满足性问题是它的一个特例, 因而 0-1 整数规划问题的判定问题是 $\mathcal{NP}$ 完备问题.

性质 6.3 问题 (6.2) 是 $\mathcal{NP}$ 完备问题, 从而 0-1 线性整数规划问题是 $\mathcal{NP}$ 难问题.

如果将问题 (6.2) 中 $x \in \{0,1\}^n$ 松弛为 $x \in \mathbb{Z}^n$, 则得一般整数规划的判断问题:

$$\text{是否存在 } x \in \mathbb{Z}^n,\ \text{使得 } Ax \leqslant b,\ c^{\mathrm{T}}x \geqslant k? \tag{6.3}$$

性质 6.4 问题 (6.3) 是 $\mathcal{NP}$ 完备问题, 从而一般线性整数规划问题是 $\mathcal{NP}$ 难问题.

证明 问题 (6.2) 多项式时间可化归到问题 (6.3): $Ax \leqslant b, c^{\mathrm{T}}x \geqslant k, x \in \{0,1\}^n$ 有解当且仅当 $A'x \leqslant b', c^{\mathrm{T}}x \geqslant k, x \in \mathbb{Z}^n$ 有解, 其中

$$A' = \begin{pmatrix} A \\ I \\ -I \end{pmatrix}, \quad b' = \begin{pmatrix} b \\ e \\ 0 \end{pmatrix},$$

这里 $e = (1,\cdots,1)^{\mathrm{T}} \in \mathbb{R}^n$. 由性质 6.2 和性质 6.3 知, 问题 (6.3) 也是 $\mathcal{NP}$ 完备问题. □

6.3.2 线性方程组的有界整数解问题

在整数规划中, 有时需要求整数方程组的有界整数解的问题. 实际上, 这类问题也是 $\mathcal{NP}$ 完备的. 考虑如下判定问题:

$$\text{是否存在 } x \in \mathbb{Z}_+^n,\ \text{使得 } Ax = b? \tag{6.4}$$

性质 6.5 问题 (6.4) 是 $\mathcal{NP}$ 完备.

证明 问题 (6.4) 可以重写为

$$\text{是否存在 } x \in \mathbb{Z}^n,\ \text{使得 } Ax \leqslant b? \tag{6.5}$$

$Ax \leqslant b$ 有整数解当且仅当 $A\hat{x} - A\tilde{x} + \bar{x} = b$ 有正整数解 $(\hat{x}, \tilde{x}, \bar{x})$. 即问题 (6.5) 可用多项式时间化归到问题 (6.4). 由性质 6.2 和性质 6.4 可知, 问题 (6.5) 为 $\mathcal{NP}$ 完备. □

考虑问题 (6.4) 的一种特殊情况: $x \in \{0,1\}^n$, 即

$$\text{是否存在 } x \in \{0,1\}^n,\ \text{使得 } Ax = b? \tag{6.6}$$

性质 6.6 问题 (6.6) 是 $\mathcal{NP}$ 完备问题.

证明　由 (6.1) 可知, 问题 (6.4) 可多项式时间可化归到问题 (6.6). □

考虑问题 (6.6) 只含有一个线性方程的情况:

$$\text{是否存在 } x \in \{0,1\}^n, \text{ 使得 } \alpha^{\mathrm{T}} x = \beta? \tag{6.7}$$

性质 6.7　*问题 (6.7) 是 $\mathcal{NP}$ 完备问题.*

证明　下证问题 (6.6) 多项式时间可化归到问题 (6.7). 令问题 (6.6) 中 A 为 $m \times n$ 矩阵, 令 $T = \max(\max_{i,j}|a_{ij}|, \max_i |b_i|)$ 及

$$\alpha_j = \sum_{i=1}^{m} (2nT)^{i-1} a_{ij}, \quad j = 1, \cdots, n,$$

$$\beta = \sum_{i=1}^{m} (2nT)^{i-1} b_i.$$

则存在 $x \in \{0,1\}^n$ 使 $Ax = b$ 成立当且仅当

$$\sum_{j=1}^{n} \alpha_j x_j = \beta$$

成立. 事实上, $\sum\limits_{j=1}^{n} \alpha_j x_j = \beta$ 是由 $Ax = b$ 的各行分别乘以 $(2nT)^{i-1}$ $(i = 1, \cdots, m)$ 再相加得到, 故

$$\{x \in \{0,1\}^n \mid Ax = b\} \subseteq \left\{ x \in \{0,1\}^n \middle| \sum_{j=1}^{n} \alpha_j x_j = \beta \right\}. \tag{6.8}$$

另一方面, 注意到方程 $\sum\limits_{i=1}^{m} (2nT)^{i-1} u_i = \sum\limits_{i=1}^{m} (2nT)^{i-1} b_i$ 的唯一解是 $b = (b_1, \cdots, b_m)^{\mathrm{T}}$. 所以, 若 $\sum\limits_{j=1}^{n} \alpha_j x_j = \beta$, 则

$$\sum_{i=1}^{m} (2nT)^{i-1} \left[\sum_{j=1}^{n} a_{ij} x_j \right] = \sum_{j=1}^{n} \sum_{i=1}^{m} (2nT)^{i-1} a_{ij} x_j = \sum_{i=1}^{m} (2nT)^{i-1} b_i,$$

故必有 $\sum\limits_{j=1}^{n} a_{ij} x_j = b_i$, $i = 1, \cdots, m$, 所以, 与 (6.8) 相反的包含关系也成立. □

6.3.3　线性背包问题

首先考虑 0-1 线性背包问题, 它的一个实例为

$$\max\{c^{\mathrm{T}}x \mid a^{\mathrm{T}}x \leqslant b,\ x \in \{0,1\}^n\},$$

其相应的判定问题为

$$\text{是否存在 } x \in \{0,1\}^n \text{ 使得 } a^{\mathrm{T}}x \leqslant b,\ c^{\mathrm{T}}x \geqslant k? \tag{6.9}$$

显然, 它是 0-1 线性整数规划问题判断问题的特例, 因而它是 $\mathcal{NP}$ 问题.

性质 6.8 问题 (6.9) 为 $\mathcal{NP}$ 完备问题, 从而 0-1 线性背包问题是 $\mathcal{NP}$ 难问题.

证明 问题 (6.7) 多项式时间可化归到问题 (6.9): $a^{\mathrm{T}}x = b$ 有解 $x \in \{0,1\}^n$ 当且仅当 $a^{\mathrm{T}}x \leqslant b$, $a^{\mathrm{T}}x \geqslant b$, 有解 $x \in \{0,1\}^n$. □

一般的线性背包问题的实例为

$$\max\{c^{\mathrm{T}}x \mid a^{\mathrm{T}}x \leqslant b,\ l \leqslant x \leqslant u,\ x \in \mathbb{Z}^n\}.$$

其相应的判定问题为

$$\text{是否存在 } x \in \mathbb{Z}^n \text{ 使得 } a^{\mathrm{T}}x \leqslant b,\ l \leqslant x \leqslant u,\ c^{\mathrm{T}}x \geqslant k? \tag{6.10}$$

性质 6.9 问题 (6.10) 为 $\mathcal{NP}$ 完备, 从而一般线性背包问题是 $\mathcal{NP}$ 难问题.

证明 问题 (6.9) 多项式时间可化归到问题 (6.10): $a^{\mathrm{T}}x \leqslant b$, $c^{\mathrm{T}}x \geqslant k$, $x \in \{0,1\}^n$ 有解当且仅当 $a^{\mathrm{T}}x \leqslant b$, $c^{\mathrm{T}}x \geqslant k$, $0 \leqslant x_i \leqslant 1$, $i = 1, \cdots, n$, $x \in \mathbb{Z}^n$ 有解. □

注意到在第 5 章中用动态规划算法求解 0-1 背包问题和一般线性背包问题, 其计算时间是 $O(nb)$. 当 b 固定时, $O(nb)$ 与 n 是线性关系, 但关于问题的输入规模并不是多项式关系的.

第 7 章　分枝定界算法

分枝定界 (branch-and-bound) 算法也称为隐枚举法, 是求解整数规划问题最常用的方法, 目前大部分整数规划商业软件如 CPLEX, Gurobi 和 BARON 等都是基于分枝定界算法框架的. 本章介绍求解整数规划问题的分枝定界算法思想, 包括整数规划的最优性条件和界、0-1 背包问题、线性整数规划和一般非线性整数规划的分枝定界算法等.

7.1　最优性条件和界

求解一般最优化问题的基本策略是先建立该问题的最优性条件, 然后根据最优性条件利用迭代算法寻找满足该条件的可行解. 这种基本策略已经成功地应用于求解许多经典连续优化问题, 如线性规划、二次规划、非线性规划中的无约束优化和约束优化问题. 在第 2 章中讨论了线性规划的最优性条件, 原始单纯性方法和对偶单纯性方法都可以看成是寻求满足最优性条件的原始可行解或对偶可行解的迭代算法. 而大部分非线性规划算法都是寻找满足 KKT 最优性条件的可行解的迭代算法.

然而, 对一般整数规划问题却很难像 KKT 条件那样利用函数的梯度信息刻画其最优性条件. 考虑下列一般线性整数规划问题:

$$\begin{aligned} \text{(IP)} \qquad & \min\ c^{\mathrm{T}}x, \\ & \text{s.t. } Ax \leqslant b, \quad x \in \mathbb{Z}_+^n, \end{aligned} \tag{7.1}$$

这里 $\mathbb{Z}_+^n$ 是 $\mathbb{R}^n$ 中的非负整数集合. 给定 (IP) 的可行点 x^*, 如何验证 x^* 是 (IP) 的最优解?

设 f^* 是 (IP) 的最优值, 假设可以产生 f^* 的下界序列满足

$$\underline{f}_1 \leqslant \underline{f}_2 \leqslant \cdots \leqslant \underline{f}_k \leqslant \cdots \leqslant f^*,$$

同时还可以产生上界序列满足

$$\overline{f}_1 \geqslant \overline{f}_2 \geqslant \cdots \geqslant \overline{f}_k \geqslant \cdots \geqslant f^*.$$

若 $\overline{f}_k - \underline{f}_k \leqslant \varepsilon$ 对一个很小的 $\varepsilon \geqslant 0$ 成立, 则显然有

$$f^* - \varepsilon \leqslant \underline{f}_k \leqslant f^*.$$

问题 (IP) 的任何可行解 x^k 都对应 f^* 的一个上界 $f(x^k)=\overline{f}_k$. 若 $\overline{f}_k-\underline{f}_k\leqslant\varepsilon>0$, 则 x^k 是一个 ε 近似最优解. 显然有下面的定理.

定理 7.1 设 $\{\overline{f}_k\}$ 和 $\{\underline{f}_k\}$ 是 f^* 的上界和下界序列, 若 $\overline{f}_k-\underline{f}_k=0$ 且 x^k 是 (IP) 的可行解, $f(x^k)=\overline{f}_k$, 则 x^k 是 (IP) 的最优解.

常用的求线性整数规划问题下界的方法有两种：线性规划松弛和对偶松弛.

定义 7.1 线性规划

$$
\begin{aligned}
\text{(LP)}\qquad & \min\ c^{\mathrm{T}}x,\\
& \text{s.t. } Ax\leqslant b,\quad x\in\mathbb{R}^n_+
\end{aligned}
$$

称为整数规划 (7.1) 的线性规划松弛, 也称为 (IP) 的连续松弛.

显然, (LP) 的最优值总是 (IP) 的最优值的一个下界, 易证下列性质：

定理 7.2 (i) 若 (LP) 不可行, 则 (IP) 也不可行;

(ii) 设 x^* 是 (LP) 的最优解且 $x^*\in\mathbb{Z}^n$, 则 x^* 也是 (IP) 的最优解.

拉格朗日对偶松弛是另一种很有用的定界方法. 考虑下面的整数规划问题：

$$
\begin{aligned}
\text{(IP)}\qquad & \min\ c^{\mathrm{T}}x,\\
& \text{s.t. } Ax\leqslant b,\quad x\in X,
\end{aligned}
\tag{7.2}
$$

这里 X 是一整数集合, 如 $X=\{0,1\}^n$, $X=\{x\in\mathbb{Z}^n\mid l\leqslant x\leqslant u\}$ 或 $X=\{x\in\mathbb{Z}^n_+\mid Dx\leqslant d\}$. 设 $\lambda\in\mathbb{R}^m_+$, 考虑拉格朗日松弛问题：

$$
d(\lambda)=\min_{x\in X}c^{\mathrm{T}}x+\lambda^{\mathrm{T}}(Ax-b).
$$

则对任意 (7.2) 的可行解 x 和 $\lambda\in\mathbb{R}^m_+$, 有 $d(\lambda)\leqslant c^{\mathrm{T}}x$. 故 $d(\lambda)$ 是 (IP) 的一个下界, 而最优的下界可由下列对偶问题得到：

$$
\text{(D)}\qquad \max_{\lambda\in\mathbb{R}^m_+}\ d(\lambda).
$$

在许多情况下计算拉格朗日松弛界 $d(\lambda)$ 往往很容易, 如当 $X=\{0,1\}^n$ 时,

$$
d(\lambda)=-\lambda^{\mathrm{T}}b+\sum_{i=1}^n\min\{0,c_i+\lambda^{\mathrm{T}}a_i\},
$$

这里 a_i 是 A 的第 i 列. 关于拉格朗日对偶理论的详细讨论见第 10 章.

7.2 分枝定界方法：0-1 背包问题

下面以 0-1 背包问题来说明分枝定界方法的基本思想. 考虑下列 0-1 背包问题：

$$
\begin{aligned}
\text{(0-1KP)} \qquad & \max\ c^{\mathrm{T}}x, \\
& \text{s.t. } a^{\mathrm{T}}x \leqslant b, \\
& \qquad x \in \{0,1\}^n,
\end{aligned}
$$

这里 $c_i > 0, a_i > 0, i = 1, \cdots, n$. 问题 (0-1KP) 的线性规划松弛为

$$
\begin{aligned}
\text{(CKP)} \qquad & \max\ c^{\mathrm{T}}x, \\
& \text{s.t. } a^{\mathrm{T}}x \leqslant b, \\
& \qquad x \in [0,1]^n.
\end{aligned}
$$

由于背包约束的特殊性, 我们可以利用贪婪法来求解线性规划 (CKP), 而不必用单纯形算法. 设 $\left\{\dfrac{c_i}{a_i}\right\}$ 按降序排列, 不妨设

$$
\frac{c_1}{a_1} \geqslant \frac{c_2}{a_2} \geqslant \cdots \geqslant \frac{c_n}{a_n}. \tag{7.3}
$$

设 s 是使下式成立的最大指标 k:

$$
\sum_{j=1}^{k} a_j \leqslant b. \tag{7.4}
$$

定理 7.3 [28] 线性规划问题 (CKP) 的最优解为

$$
\begin{aligned}
& x_j = 1, \quad j = 1, \cdots, s, \\
& x_j = 0, \quad j = s+2, \cdots, n, \\
& x_{s+1} = \left(b - \sum_{j=1}^{s} a_j\right) \bigg/ a_{s+1}.
\end{aligned}
$$

设 f^* 是 (0-1KP) 的最优值, 若 c_j 都是整数, 则 f^* 也是整数, 故 f^* 的一个上界为

$$
z = \sum_{j=1}^{s} c_j + \left\lfloor \left(b - \sum_{j=1}^{s} a_j\right) c_{s+1}/a_{s+1} \right\rfloor.
$$

例 7.1 考虑下列 0-1 背包问题:

$$
\begin{aligned}
& \max\ 8x_1 + 11x_2 + 6x_3 + 4x_4, \\
& \text{s.t. } 5x_1 + 7x_2 + 4x_3 + 3x_4 \leqslant 14, \\
& \qquad x \in \{0,1\}^4.
\end{aligned}
$$

应用定理 7.3, 该问题的线性规划松弛的最优解为 $x = \left(1, 1, \dfrac{1}{2}, 0\right)^{\mathrm{T}}$, 对应的上

界为 22. 选择变量分数 x_3 进行分枝, 固定 $x_3=0$ 和 $x_3=1$, 则得到 2 个子问题:

$$
\begin{aligned}
(\mathrm{P}_1) \qquad & \max\ 8x_1+11x_2+4x_4, \\
& \text{s.t.}\ 5x_1+7x_2+3x_4 \leqslant 14, \\
& \qquad x_1,x_2,x_4 \in \{0,1\}, \\
(\mathrm{P}_2) \qquad & \max\ 6+8x_1+11x_2+4x_4, \\
& \text{s.t.}\ 5x_1+7x_2+3x_4 \leqslant 10, \\
& \qquad x_1,x_2,x_4 \in \{0,1\}.
\end{aligned}
$$

子问题 (P_1) 的线性规划松弛的最优解为 $\left(1,1,\dfrac{2}{3}\right)^{\mathrm{T}}$, 对应的上界为 $z=21.67$, 子问题 (P_2) 的线性规划松弛的最优解为 $x=\left(1,\dfrac{5}{7},0\right)^{\mathrm{T}}$, 对应的上界为 $z=21.86$. 分枝过程见图 7.1.

选择子问题 (P_2), 选择分数变量 x_2 进行分枝, 固定 $x_2=0$ 和 $x_2=1$, 得到 2 个子问题:

$$
\begin{aligned}
(\mathrm{P}_3) \qquad & \max\ 6+8x_1+4x_4, \\
& \text{s.t.}\ 5x_1+3x_4 \leqslant 10, \\
& \qquad x_1,x_4 \in \{0,1\}, \\
(\mathrm{P}_4) \qquad & \max\ 17+8x_1+4x_4, \\
& \text{s.t.}\ 5x_1+3x_4 \leqslant 3, \\
& \qquad x_1,x_4 \in \{0,1\}.
\end{aligned}
$$

子问题 (P_3) 的最优解为 $(1,1)^{\mathrm{T}}$, 对应原问题的一个可行解 $x=(1,0,1,1)^{\mathrm{T}}$, 其目标函数值为 $z=18$, 子问题 (P_4) 的线性规划松弛的最优解为 $\left(1,\dfrac{3}{5}\right)^{\mathrm{T}}$, 对应的上界为 $z=21.80$. 分枝过程见图 7.2.

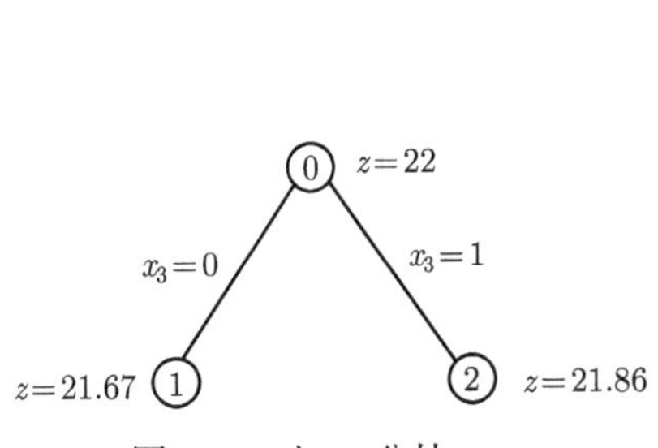

图 7.1 对 x_3 分枝

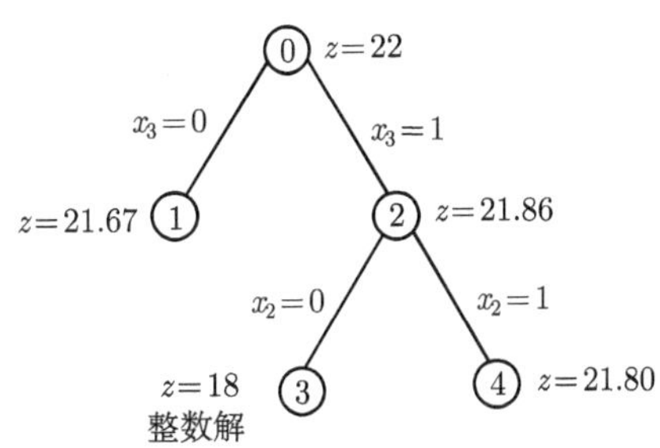

图 7.2 对 x_2 分枝

选择子问题 (P_4) 并对 x_1 进行分枝, 固定 $x_1=0$ 和 $x_1=1$, 得到 2 个子问题:

$$\begin{aligned}
(\mathrm{P}_5) \qquad & \max\ 17+4x_4, \\
& \text{s.t.}\ \ 3x_4 \leqslant 3, \\
& \qquad x_4 \in \{0,1\}, \\
(\mathrm{P}_6) \qquad & \max\ 25+4x_4, \\
& \text{s.t.}\ \ 3x_4 \leqslant -2, \\
& \qquad x_4 \in \{0,1\}.
\end{aligned}$$

易见, 子问题 (P_5) 的最优解为 $x_4=1$, 对应原问题的一个可行解 $x=(1,1,0,1)^{\mathrm{T}}$, 其目标函数值为 $z=21$. 而子问题 (P_6) 不可行. 分枝过程见图 7.3. 因为节点 1 对应的子问题 (P_1) 的上界为 21.67 且原问题的最优值为整数, 故子问题 (P_1) 不可能产生比 $x=(1,1,0,1)^{\mathrm{T}}$ 更好的可行解. 从而推断出所有 $\{0,1\}^4$ 中没有比 $x=(1,1,0,1)^{\mathrm{T}}$ 更好的可行解, 故 $x=(1,1,0,1)^{\mathrm{T}}$ 是原问题的最优解.

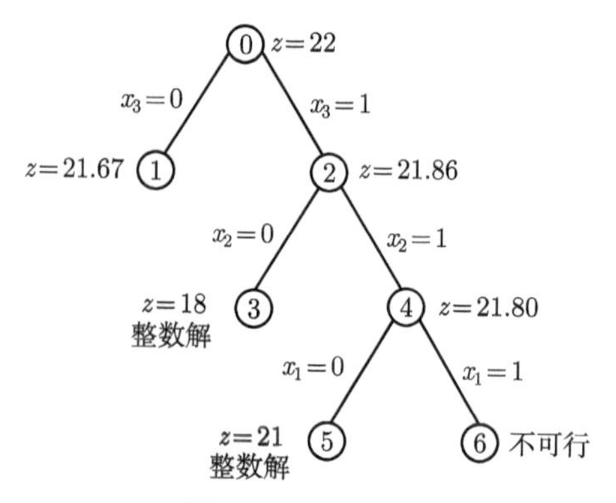

图 7.3　对 x_1 分枝

由上述例子可以看出, 分枝定界过程中产生的子问题之间的关系是一树状结构, 以后称之为分枝定界树或搜索树. 分枝定界求解 0-1 背包问题的基本思想可以总结如下:

算法 7.1 (0-1 背包问题分枝定界算法)

初始步. 求解原问题的线性规划松弛, 若得到整数解则也是原问题的最优解, 否则得到原问题的一个上界.

分枝. 选择适当的变量 x_i, 分别固定 $x_i=0$ 和 $x_i=1$ 得到 2 个子问题.

定界. 选择一个子问题, 求解该子问题的线性规划松弛.

剪枝. 若发生下列情况之一, 则可停止对该子问题进行分枝 (剪枝):

- 子问题的线性规划松弛的最优解是整数解;

• 子问题不可行;

• 子问题的上界等于或小于已知的可行解的目标函数值.

最优性. 重复上述过程直到分枝定界树中没有需要考虑的节点 (子问题), 当前最好的可行解就是原问题的最优解.

7.3 分枝定界方法：一般线性整数规划

本节讨论下列一般线性整数规划问题：

$$\begin{aligned}(\mathrm{IP}) \qquad & \min\ c^{\mathrm{T}}x, \\ & \text{s.t. } Ax \leqslant b, \quad x \in \mathbb{Z}_{+}^{n}.\end{aligned}$$

记 $S=\{x \in \mathbb{Z}_{+}^{n} \mid Ax \leqslant b\}$. 求解 0-1 背包问题的算法 7.1 可以推广到一般整数规划问题, 只要使用适当方法把子问题的可行域剖分为若干个小的子集, 一般是把可行域分成 2 个部分, 从而可以产生类似于 0-1 背包问题的分枝定界树. 设子问题的线性规划松弛解为 $x^0=(x_1^0,\cdots,x_n^0)^{\mathrm{T}}$, 其中至少有一个 x_i^0 是分数. 假设选取变量 x_i 进行分枝, 一种自然的剖分方法是分别设

$$x_i \leqslant \lfloor x_i^0 \rfloor, \quad x_i \geqslant \lfloor x_i^0 \rfloor + 1,$$

这里 $\lfloor p \rfloor$ 记小于或等于 p 的最大整数. 则得到 2 个新的节点 (子问题), 如图 7.4 所示. 显然, 上述对整数规划可行域的剖分并不会丢失任何整数可行点.

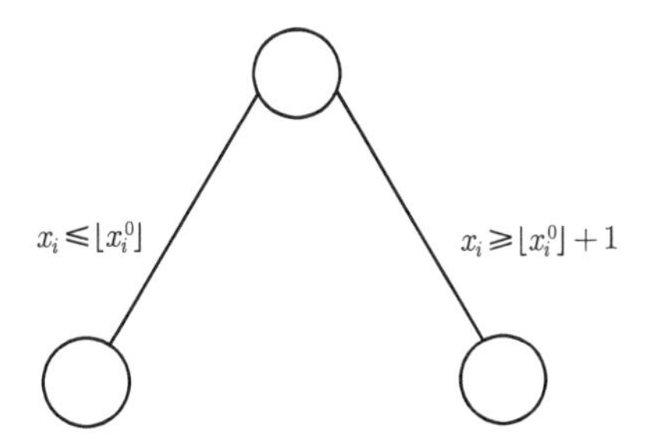

图 7.4 分枝. 通过不等式对整数可行域进行剖分

选择分枝变量的基本策略是使分枝后的 2 个子问题的线性规划松弛界与当前问题的界之间的差别尽可能大, 这样就有可能尽早进行剪枝. 常用的方法是选取

$$i = \arg\max\{\min(x_j^0 - \lfloor x_j^0 \rfloor, \lceil x_j^0 \rceil - x_j^0) \mid x_j^0 \text{ 为分数}\},$$

这里 $\lfloor p \rfloor$ 记小于或等于 p 的最大整数, 即选取具有最大分数部分的变量进行分枝.

在分枝定界过程中, 在剪枝后如何从搜索树中剩下的节点 (子问题) 中选择一个节点继续进行分枝也将影响整个分枝定界的收敛速度. 常用的策略有

- 下界优先: 总是选择下界最小的节点进行分枝, 这里的下界可以是线性规划松弛界, 或者是指该节点继承其父节点的下界.
- 深度优先: 把分枝定界树的层数 (已分枝变量的个数) 定义为节点的深度, 深度优先策略是选择具有最大深度的节点进行分枝, 从而能比较快地找到可行解.

下界优先策略的优点是能使存储节点个数最小, 但选择节点的方式是"跳跃式"的, 对应的子问题的线性规划松弛问题相差很大, 如果要利用父节点的最优单纯形表信息来求解线性规划松弛, 则需要存储的信息很多. 而深度优先在到达搜索树底部前总是选取当前节点的一个子节点进行分枝, 对应的线性规划比前一个节点多一个简单约束 $x_i \leqslant \lfloor x_i^0 \rfloor$ 或 $x_i \geqslant \lfloor x_i^0 \rfloor + 1$, 从而可以应用对偶单纯形方法在前一个节点的线性规划最优单纯形表基础上快速求解当前的线性规划松弛.

例 7.2　考虑下列线性整数规划问题:

图 7.5　分枝定界树 1

$$
\begin{aligned}
\min\ & -4x_1 + x_2, \\
\text{s.t.}\ & 7x_1 - 2x_2 \leqslant 14, \\
& x_2 \leqslant 3, \\
& 2x_1 - 2x_2 \leqslant 3, \\
& x \in \mathbb{Z}_+^2.
\end{aligned}
$$

该问题的线性规划松弛的最优单纯形表见表 7.1. 故线性规划松弛的最优解为 $x = \left(\frac{20}{7}, 3\right)^{\mathrm{T}}$, 问题的下界为 $z = -\frac{59}{7}$. 选择 x_1 进行分枝, 分别加入约束 $x_1 \leqslant 2$ 和 $x_1 \geqslant 3$ 得到 2 个子问题, 如图 7.5 所示. 选择节点 1, 其对应的线性规划是节点 0 的线性规划加上约束 $x_1 \leqslant 2$, 其可以表示为 $x_1 + s = 2$, $s \geqslant 0$. 在表 7.1 中, x_1 是基变量, 可以用非基变量 x_3 和 x_4 表出. 所以约束 $x_1 \leqslant 2$ 可表为

$$
-\frac{1}{7}x_3 - \frac{2}{7}x_4 + s = -\frac{6}{7}.
$$

表 7.1　节点 0 对应的线性规划最优单纯形表

x_1	x_2	x_3	x_4	x_5	rhs
1	0	$\frac{1}{7}$	$\frac{2}{7}$	0	$\frac{20}{7}$
0	1	0	1	0	3
0	0	$-\frac{2}{7}$	$\frac{10}{7}$	1	$\frac{23}{7}$
0	0	$\frac{4}{7}$	$\frac{1}{7}$	0	$\frac{59}{7}$

将上述约束加入表 7.1, 可得单纯形表 7.2. 易见, 以 (x_1, x_2, x_5, s) 为基变量的解对偶可行. 经过 2 次对偶单纯形迭代, 可得到最优单纯形表 7.3. 故节点 1 对应的线性规划最优解为 $x = \left(2, \frac{1}{2}\right)^{\mathrm{T}}$, 最优值为 $z = -\frac{15}{2}$. 选择分数变量 x_2 进行分枝, 加入约束 $x_2 \leqslant 0$ 和 $x_2 \geqslant 1$ 得到 2 个子问题, 见图 7.6. 应用深度优先选择节点 3, 其对应的线性规划的最优解为 $x = \left(\frac{3}{2}, 0\right)^{\mathrm{T}}$, 最优值为 $z = -6$. 继续选择节点 4, 其对应的线性规划具有整数最优解 $x = (2, 1)^{\mathrm{T}}$, 最优值为 -7. 故节点 3 和 4 可以去除 (剪枝), 只剩下节点 2 需要考虑. 把约束 $x_1 \geqslant 3$ 写为 $x_1 - t = 3, t \geqslant 0$. 类似地, 可以把这个约束用表 7.1 中的非基变量 x_3 和 x_4 表示:

$$\frac{1}{7}x_3 + \frac{2}{7}x_4 + t = -\frac{1}{7}.$$

把该约束加入单纯形表 7.1 得表 7.4.

容易看出, 该线性规划不可行. 故分枝定界树里已经没有节点需要考虑, 当前最好的可行解 $x = (2, 1)^{\mathrm{T}}$ 就是原问题的最优解, 见图 7.7.

表 7.2　节点 1 对应的线性规划初始单纯形表

x_1	x_2	x_3	x_4	x_5	s	rhs
1	0	$\frac{1}{7}$	$\frac{2}{7}$	0	0	$\frac{20}{7}$
0	1	0	1	0	0	3
0	0	$-\frac{2}{7}$	$\frac{10}{7}$	1	0	$\frac{23}{7}$
0	0	$-\frac{1}{7}$	$-\frac{2}{7}$	0	1	$-\frac{6}{7}$
0	0	$\frac{4}{7}$	$\frac{1}{7}$	0	0	$\frac{59}{7}$

表 7.3　节点 1 对应的线性规划最优单纯形表

x_1	x_2	x_3	x_4	x_5	s	rhs
1	0	0	0	0	1	2
0	1	0	0	$-\frac{1}{2}$	1	$\frac{1}{2}$
0	0	1	0	-1	-5	1
0	0	0	1	$\frac{1}{2}$	-1	$\frac{5}{2}$
0	0	0	0	$\frac{1}{2}$	3	$\frac{15}{2}$

表 7.4 节点 2 对应的线性规划初始单纯形表

x_1	x_2	x_3	x_4	x_5	t	rhs
1	0	$\frac{1}{7}$	$\frac{2}{7}$	0	0	$\frac{20}{7}$
0	1	0	1	0	0	3
0	0	$-\frac{2}{7}$	$\frac{10}{7}$	1	0	$\frac{23}{7}$
0	0	$\frac{1}{7}$	$\frac{2}{7}$	0	1	$-\frac{1}{7}$
0	0	$\frac{4}{7}$	$\frac{1}{7}$	0	0	$\frac{59}{7}$

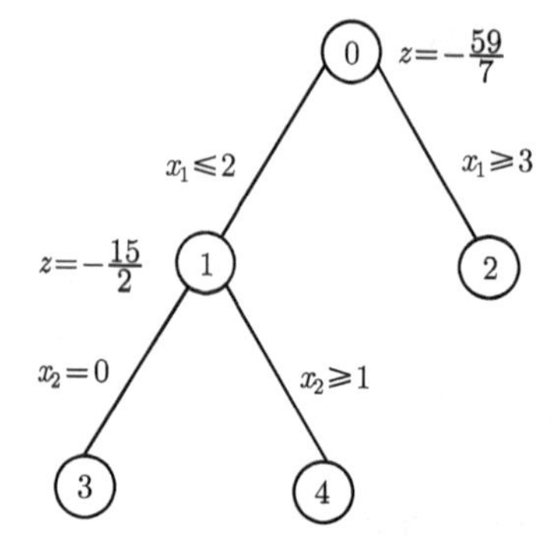

图 7.6 分枝定界树 2

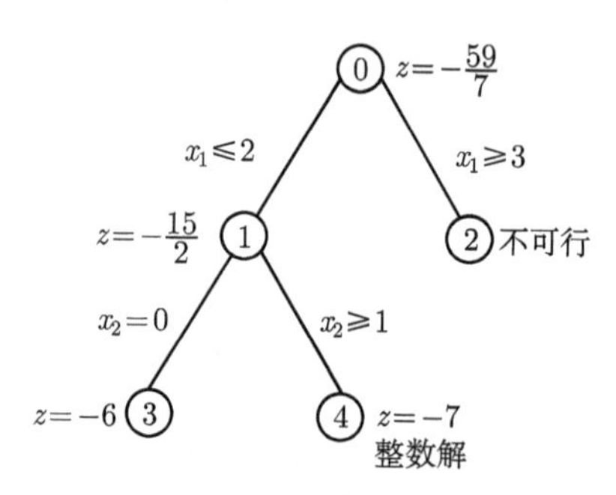

图 7.7 分枝定界树 3

7.4 一般分枝定界方法

在前 2 节讨论的对线性整数规划的分枝定界方法可以推广到一般非线性 (混合) 整数规划问题. 考虑如下非线性整数规划问题:

$$
\begin{aligned}
\text{(P)} \qquad & \min \ f(x), \\
& \text{s.t.} \ \ g_i(x) \leqslant b_i, \quad i=1,\cdots,m, \\
& \qquad\ \ h_k(x) = c_k, \quad k,\cdots,l, \\
& \qquad\ \ x \in X,
\end{aligned}
$$

其中 f, g_i 和 h_k 是 $\mathbb{R}^n$ 中的实值函数, $X \subseteq \mathbb{Z}^n$ 是一个整数集合.

为了应用分枝定界的基本框架, 需要

- 对 (P) 的子问题定界的方法, 如凸整数规划问题的连续松弛、线性下逼近方法, 可分离整数规划的拉格朗日松弛和二次 0-1 规划的半定规划 (SDP) 松弛 (见本书其他章节);

- 求可行解的启发式方法, 如贪婪法和根据问题的特殊结构设计的求可行解程序.

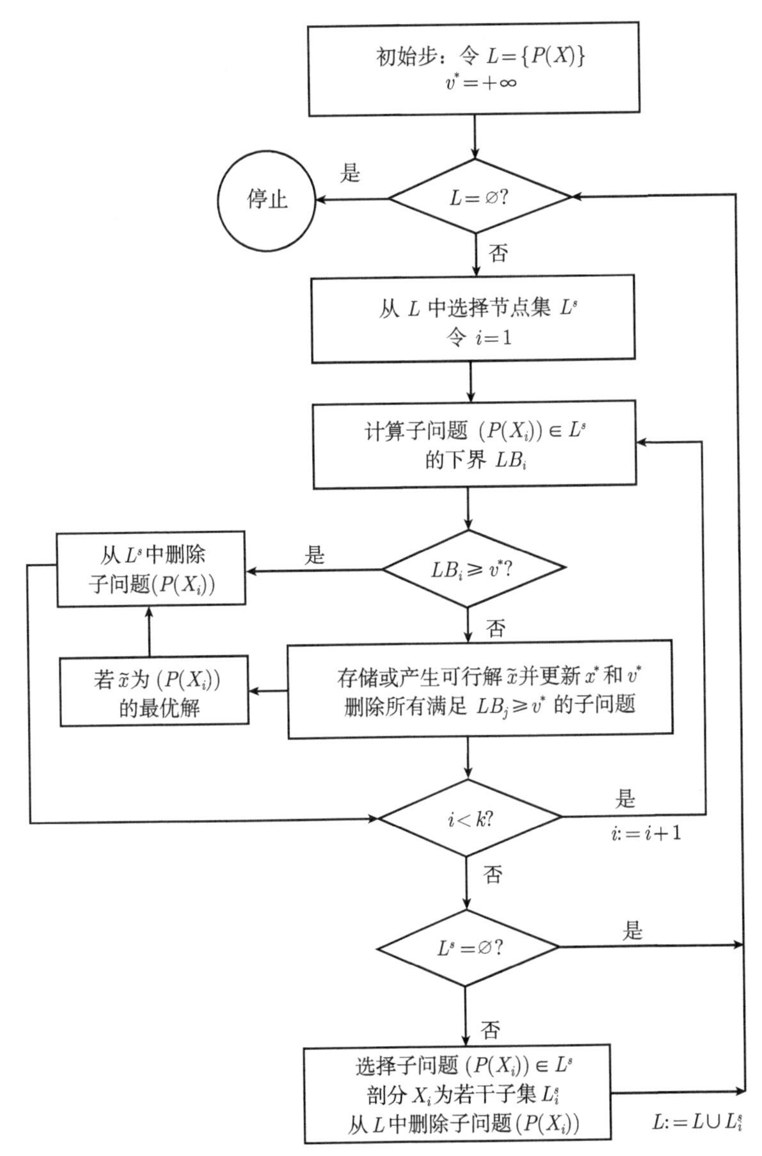

图 7.8 分枝定界算法框图

以下记 $(P(X_i))$ 为 (P) 的一个子问题, 其中 X_i 是 X 剖分后的子集, 用 L 记分枝定界树中存储的节点 (子问题) 集合. 一般分枝定界的基本框架可以描述如下:

算法 7.2 (一般分枝定界算法)

步 0 (初始步). 令 $L = \{P(X)\}$, 利用启发式算法求得问题的一个初始可行点 x^*, $v^* = f(x^*)$. 若无初始可行解则令 $v^* = +\infty$.

步 1 (选择节点). 若 $L = \varnothing$, 停止, x^* 是原问题的最优解. 否则, 从 L 中选择一个或多个节点, 记为 $L^s = \{P(X_1), \cdots, P(X_k)\}$. 令 $i = 1$.

步 2 (定界). 计算子问题 $(P(X_i))$ 的下界 LB_i. 如果 $(P(X_i))$ 不可行, 则记 $LB_i = +\infty$. 若 $LB_i \geqslant v^*$, 转步 5. 若 $(P(X_i))$ 的松弛问题的最优解 $\tilde{x}$ 是整数解, 若 $\tilde{x}$ 是比当前最好的可行解 x^* 更好的解, 更新 x^*, 转步 5. 否则转步 3.

步 3 (可行解). 利用启发式算法寻找可行解, 若有则更新当前最好的可行解 x^* 和上界 v^*. 若 $i < k$, 令 $i := i + 1$, 回到步 2, 否则转步 4.

步 4 (分枝). 如果 $L^s = \varnothing$, 转步 1, 否则, 从 L^s 选择节点 $(P(X_i))$. 剖分 X_i 为若干子集 $L_i^s = \{X_i^1, \cdots, X_i^p\}$ 并在 L^s 中用 L_i^s 对应的子问题替换 $(P(X_i))$. 令 $L := L \cup L^s$. 转步 1.

步 5 (剪枝). 从 L^s 中删除 $(P(X_i))$. 若 $i < k$, 令 $i := i + 1$ 并回到步 2, 否则, 转步 4.

算法 7.2 的计算框图见图 7.8.

定理 7.4 *设 X 是有限整数集, 则算法 7.2 有限步终止于问题 (P) 的最优解.*

证明 注意到 L^s 中 X_i 在步 4 中不会重复产生. 当 X_i 是单点时, 即 $X_i = \{x\}$ 时, x 必为子问题 $(P(X_i))$ 的最优点, 子问题 $(P(X_i))$ 将被删除. 对任意 $x \in X$, 要么在步 5 中 $x \in X_i$ 被删除, 或 $x \in X_i$, X_i 对应的子问题还在节点集 L 中. 由 X 的有限性, 算法必在有限步内停止. 由于算法过程中未删除比当前可行解 x^* 更好的可行点, 故算法终止时当前最好的可行解 x^* 就是原问题的最优解. □

上述分枝定界算法是概念性的, 其算法效率取决于子问题的下界 LB_i 的质量和下界计算方法的效率. 另一方面, 算法的收敛速度与是否可以快速产生可行解也密切相关. 在后面的章节中将介绍一些非线性整数规划的定界方法, 如连续松弛和拉格朗日松弛等.

第 8 章　割平面方法

割平面方法是求解线性整数规划的一种有效途径, 本章将介绍有效不等式的基本理论、Gomory 割平面方法和混合割等内容.

8.1　有效不等式

考虑如下整数规划问题:

$$(\text{IP}) \qquad \min\{c^{\mathrm{T}}x \mid x \in X\},$$

其中 $X = \{x \mid Ax \leqslant b,\ x \in \mathbb{Z}_+^n\}$, A 是 $m \times n$ 维矩阵, b 是 n 维向量. 若能得到 X 的凸包的表达式: $\text{conv}(X) = \{x \mid \bar{A}x \leqslant \bar{b},\ x \geqslant 0\}$, 则求解问题 (IP) 可等价于求解如下线性规划问题:

$$(\text{CP}) \qquad \min\{c^{\mathrm{T}}x \mid \bar{A}x \leqslant \bar{b},\ x \geqslant 0\},$$

即问题 (CP) 的最优解就是整数规划 (IP) 的最优解. 对混合整数规划问题也有同样的结论. 但困难在于要得到多面体 $\bar{A}x \leqslant \bar{b}$ 的线性不等式刻画一般非常困难. 考虑 (IP) 的线性规划问题松弛:

$$(\text{LP}) \qquad \min\{c^{\mathrm{T}}x \mid x \in P\},$$

其中 $P = \{x \in \mathbb{R}_+^n \mid Ax \leqslant b\}$. 由于 $\text{conv}(X) \subseteq P$, 求解 (LP) 不一定能得到 (IP) 的最优解, 然而, 可以通过在 (LP) 中增加线性不等式约束来逐步逼近问题 (CP), 最终达到求解原问题 (IP) 的目的.

定义 8.1　*若对于任意 $x \in X$, 都有 $\pi^{\mathrm{T}}x \leqslant \pi_0$ 成立, 则称不等式 $\pi^{\mathrm{T}}x \leqslant \pi_0$ 是 X 的有效不等式.*

由以上定义可知, 若 $\pi^{\mathrm{T}}x \leqslant \pi_0$ 是 X 的有效不等式, 则 X 必然位于半平面 $\{x \in \mathbb{R}^n \mid \pi^{\mathrm{T}}x \leqslant \pi_0\}$ 内. 记 A 的行向量为 $a_1, a_2, \cdots, a_m$, 则 $a_jx \leqslant b_j\ (j = 1, \cdots, m)$ 都是 X 的有效不等式. 下面是几个有效不等式的示例.

例 8.1　考虑 0-1 背包集合:

$$X = \{x \in \mathbb{B}^n \mid 3x_1 - 4x_2 + 2x_3 - 3x_4 + x_5 \leqslant -2\}.$$

若 $x_2 = x_4 = 0$, 则不等式左端项 $= 3x_1 + 2x_3 + x_5 \geqslant 0$, 右端项是 -2, 不等式不成立. 因此, 所有可行解必然满足 $x_2 + x_4 \geqslant 1$, 即 $x_2 + x_4 \geqslant 1$ 为 X 的有效不等式.

若 $x_1 = 1$, $x_2 = 0$, 则左端项 $= 3 + 2x_3 - 3x_4 + x_5 \geqslant 3 - 3 = 0$ 大于右端项 -2, 不等式不成立. 所以 $x_1 \leqslant x_2$ 也是 X 的有效不等式.

例 8.2　考虑如下混合整数集合:

$$X = \{(x, y) \mid x \leqslant 10y,\ 0 \leqslant x \leqslant 14,\ y \in \mathbb{Z}_+^1\}.$$

图 8.1 中的黑色粗线表示 X 的所有可行点, 从图中可得到集合 X 的凸包, 并且可以验证 $x \leqslant 6 + 4y$ 是 X 的有效不等式.

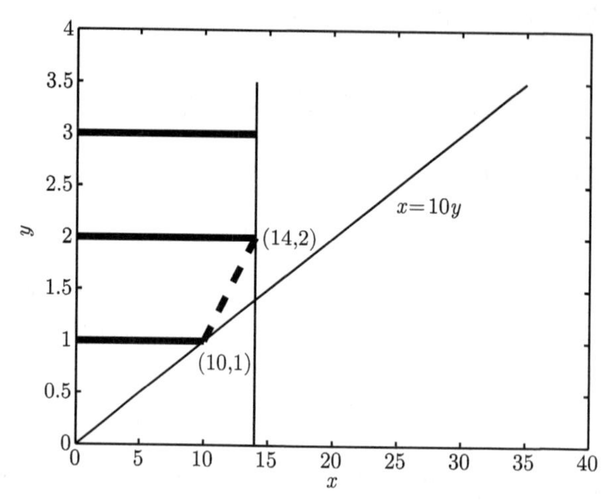

图 8.1　混合整数集合有效不等式

例 8.3　考虑整数集合 $X = \{x \mid Ax \leqslant b,\ x \in \mathbb{Z}_+^2\}$, 其中

$$A = \begin{pmatrix} -1 & 2 \\ 5 & 1 \\ -2 & -2 \end{pmatrix}, \quad b = \begin{pmatrix} 4 \\ 20 \\ -7 \end{pmatrix}.$$

图 8.2 中给出了可行集 X 中的点, X 的凸包络 $\text{conv}(X)$, 以及由 $Ax \leqslant b$, $x \in \mathbb{R}_+^2$ 定义的多面体. 借助于图形, 容易看出

$$X = \left\{ \begin{pmatrix} 2 \\ 2 \end{pmatrix}, \begin{pmatrix} 2 \\ 3 \end{pmatrix}, \begin{pmatrix} 3 \\ 1 \end{pmatrix}, \begin{pmatrix} 3 \\ 2 \end{pmatrix}, \begin{pmatrix} 3 \\ 3 \end{pmatrix}, \begin{pmatrix} 4 \\ 0 \end{pmatrix} \right\} = \{x^1, x^2, \cdots, x^6\}.$$

由于

$$\begin{pmatrix} 3 \\ 2 \end{pmatrix} = \frac{1}{2}\begin{pmatrix} 3 \\ 1 \end{pmatrix} + \frac{1}{2}\begin{pmatrix} 3 \\ 3 \end{pmatrix}, \quad \begin{pmatrix} 3 \\ 1 \end{pmatrix} = \frac{1}{2}\begin{pmatrix} 2 \\ 2 \end{pmatrix} + \frac{1}{2}\begin{pmatrix} 4 \\ 0 \end{pmatrix},$$

因此 $\text{conv}(X)$ 是由四个顶点定义的多胞形, 这四个顶点分别是

$$\begin{pmatrix} 2 \\ 2 \end{pmatrix}, \quad \begin{pmatrix} 2 \\ 3 \end{pmatrix}, \quad \begin{pmatrix} 3 \\ 3 \end{pmatrix}, \quad \begin{pmatrix} 4 \\ 0 \end{pmatrix}.$$

由相邻顶点的连线易得到 $\text{conv}(X)=\{x \mid \bar{A}x\leqslant \bar{b},\ x\in\mathbb{R}_+^2\}$, 其中

$$\bar{A}=\begin{pmatrix}-1&0\\0&1\\-1&-1\\3&1\end{pmatrix},\quad \bar{b}=\begin{pmatrix}-2\\3\\-4\\12\end{pmatrix}.$$

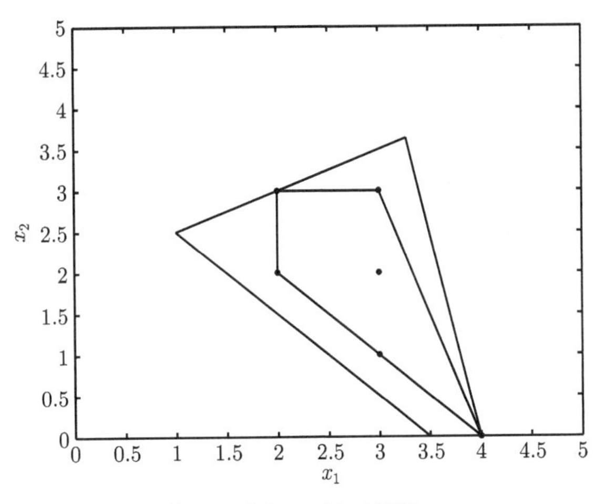

图 8.2 例 8.3 的可行集 X

借助于图形, 低维整数集合的凸包往往比较容易求得. 而多变量的整数集合并不容易找到凸包的精确刻画, 因此需要利用逐步添加有效不等式的方法来对凸包进行逼近.

Chvátal-Gomory 方法是一种常用的产生有效不等式的方法, 它基于一个简单的性质: 若 $a\leqslant b$, 且 a 是整数, 则 $a\leqslant\lfloor b\rfloor$. 我们用下例进行简单说明:

例 8.4 设整数规划问题的可行域 $X=P\cap\mathbb{Z}^2$, 其中

$$P=\{x=(x_1,x_2)^{\mathrm{T}} \mid 7x_1-2x_2\leqslant 14,\ x_2\leqslant 3,\ 2x_1-2x_2\leqslant 3,\ x\geqslant 0\}.$$

对该例进行如下操作:

(1) 取非负向量 $u=\left(\dfrac{2}{7},\dfrac{37}{63},0\right)$, 对 P 中三个不等式进行加权求和, 得集合 P 的有效不等式

$$2x_1+\frac{1}{63}x_2\leqslant\frac{121}{21}.$$

(2) 缩小上述不等式左端项系数, 得集合 P 的新的有效不等式

$$2x_1+0x_2\leqslant\frac{121}{21}.$$

(3) 由于对于 X 中任意元素, 不等式左端项为整数, 则缩小右端常数项至其最大整数部分, 不影响可行集 X 中的点, 故得到 X 的一个有效不等式:

$$2x_1 \leqslant \left\lfloor \frac{121}{21} \right\rfloor = 5.$$

以上产生有效不等式的方法就是 Chvátal-Gomory 方法. 不妨设整数规划问题的可行域为

$$X = \{x \mid Ax \leqslant b,\ x \in \mathbb{Z}_+^n\},$$

其中 $A = (a_1, \cdots, a_n)$ 是 $m \times n$ 矩阵. 令 $P = \{x \mid Ax \leqslant b,\ x \in \mathbb{R}_+^n\}$, $X = P \cap \mathbb{Z}^n$. 产生 X 有效割平面的 Chvátal-Gomory 方法 (以下简称 C-G 方法) 需进行如下三个步骤:

步 1. 构造集合 P 的有效不等式 $\sum\limits_{j=1}^{n} \mu^{\mathrm{T}} a_j x_j \leqslant \mu^{\mathrm{T}} b$, 其中 $\mu \in \mathbb{R}_+^m$;

步 2. 由于 $x \geqslant 0$, 可构造集合 P 的新的有效不等式 $\sum\limits_{j=1}^{n} \lfloor \mu^{\mathrm{T}} a_j \rfloor x_j \leqslant \mu^{\mathrm{T}} b$;

步 3. 若 x 是整数, 则 $\sum\limits_{j=1}^{n} \lfloor \mu^{\mathrm{T}} a_j \rfloor x_j$ 是整数, 缩小上述有效不等式的右端项至其最大整数部分, 得整数集合 X 的有效不等式 $\sum\limits_{j=1}^{n} \lfloor \mu^{\mathrm{T}} a_j \rfloor x_j \leqslant \lfloor \mu^{\mathrm{T}} b \rfloor$.

对例 8.3 使用 C-G 方法, 在步 1 中取非负向量 $\mu = \left(\dfrac{5}{11}, \dfrac{3}{22}, 0\right)$, 得

$$\frac{5}{22}x_1 + \frac{23}{22}x_2 \leqslant \frac{100}{22}.$$

由步 2 得

$$x_2 \leqslant \frac{100}{22}.$$

由步 3 可得 X 的有效不等式

$$x_2 \leqslant 4.$$

以上方法也可通过几何方法解释. 仍考虑例 8.3, 在 C-G 方法步 1 中取非负向量 $\mu = \left(\dfrac{4}{11}, \dfrac{3}{11}, 0\right)$ 得不等式 $x_1 + x_2 \leqslant \dfrac{76}{11}$. 由于 X 中所有的整数点都不满足 $x_1 + x_2 = \dfrac{76}{11}$, 因此可将该超平面平移使其恰好与 X 中的整数点相切. 由步 3 得有效不等式 $x_1 + x_2 \leqslant 6$, 并且 $x_1 + x_2 = 6$ 与 X 中的一个整数点相切, 参考图 8.3. 然而, 当 x_1 和 x_2 的整系数不互质时, C-G 方法步骤不一定能达到这样的效果. 如对不等式 $2x_1 + 2x_2 \leqslant \dfrac{152}{11}$ 进行步 3, 得到 X 的有效不等式 $2x_1 + 2x_2 \leqslant 13$, 但

$2x_1+2x_2=13$ 却并不与 X 的点相切.

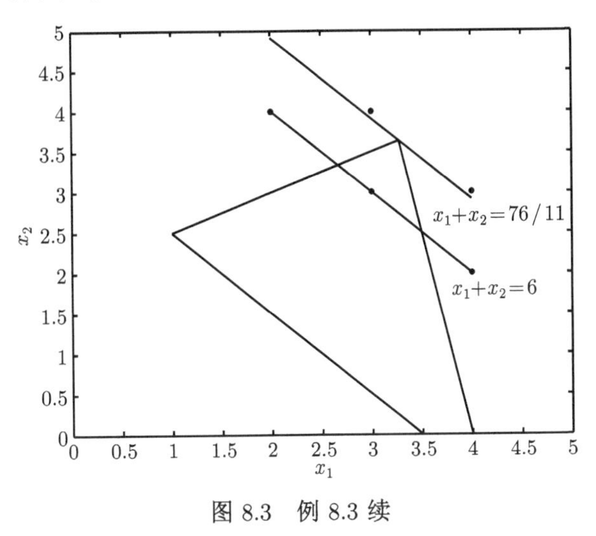

图 8.3 例 8.3 续

令 $gcd\{a,b\}$ 表示整数 a 和 b 的最大公约数. 通过上述讨论可得到如下结论 [16]:

性质 8.1 设 $X=\left\{x\in\mathbb{Z}_+^n\left|\sum_{j\in N}a_jx_j\leqslant b\right.\right\}$, 其中 $a_j\in\mathbb{Z}^1$, $j\in N$. 令 $k=gcd\{a_1,a_2,\cdots,a_n\}$. 则 $\operatorname{conv}(X)=\left\{x\in\mathbb{R}_+^n\left|\sum_{j\in N}(a_j/k)x_j\leqslant\lfloor b/k\rfloor\right.\right\}$.

Chvátal-Gomory 方法易于理解, 容易实现, 并且在理论上可以证明如下结论:

定理 8.1 整数集合 X 的任意有效不等式都可通过有限次使用 Chvátal-Gomory 方法得到.

8.2 Gomory 割平面方法

求解整数规划的一个重要方法就是基于有效不等式理论的割平面方法. 考虑如下整数规划问题:

$$\text{(IP)}\qquad \min\{c^{\mathrm{T}}x\mid x\in X\},$$

其中 $X=\{x\in\mathbb{Z}_+^n\mid Ax\leqslant b\}$, A 是 $m\times n$ 维矩阵, b 是 n 维向量. 记 $P=\{x\in\mathbb{R}_+^n\mid Ax\leqslant b\}$. 求解上述整数规划问题的割平面方法可表述如下:

算法 8.1 (割平面方法)

初始化. 令 $t=0$, $P^0=P$.

迭代步. 求解线性规划问题

$$\bar{z}^t = \min\{c^{\mathrm{T}}x \mid x \in P^t\}.$$

令 x^t 表示其最优解. 若 $x^t \in \mathbb{Z}^n$, 则算法终止, x^t 即整数规划问题 (IP) 的最优解. 否则, 寻找有效不等式 $\pi_t^{\mathrm{T}}x \leqslant \pi_{t0}$ 使其割掉线性规划的最优解 x^t, 即成立 $\pi_t^{\mathrm{T}}x^t > \pi_{t0}$. 令 $P^{t+1} = P^t \cap \{x \mid \pi_t^{\mathrm{T}}x \leqslant \pi_{t0}\}$. 令 $t := t+1$, 转迭代步.

上述算法框架中的一个关键的环节是如何构造能割去线性规划松弛问题的非整数最优点的有效不等式. Gomory 分数割平面是一种比较常用且容易构造的有效不等式. 设整数集合 $X = \left\{x \in \mathbb{Z}_+^n \,\middle|\, \sum_{i=1}^{n} a_i x_i = b\right\}$, 其中 $b \in \mathbb{R}^1$, $a_i \in \mathbb{R}^1$, $i = 1, \cdots, n$. 对 X 使用 C-G 方法得到有效不等式

$$\sum_{i=1}^{n} \lfloor a_i \rfloor x_i \leqslant \lfloor b \rfloor.$$

联合 $\sum_{i=1}^{n} a_i x_i = b$ 可得如下不等式:

$$\sum_{i=1}^{n} (a_i - \lfloor a_i \rfloor) x_i \geqslant b - \lfloor b \rfloor. \tag{8.1}$$

(8.1) 式称为 Gomory 分数割平面.

下面介绍基于 Gomory 分数割的割平面方法. Gomory 割平面方法的基本思想是先求解该问题的线性规划松弛得到最优基, 选择松弛问题最优解中的非整数基本变量, 利用其相应的约束构造 Gomory 分数割平面. 考虑如下整数规划问题:

$$\min\{c^{\mathrm{T}}x \mid Ax = b,\ x \in \mathbb{Z}_+^n\}. \tag{8.2}$$

假设已知松弛问题 $\min\{c^{\mathrm{T}}x \mid Ax = b,\ x \in \mathbb{R}_+^n\}$ 的最优基 B, $A = (B, N)$, 则问题 (8.2) 可写成以下形式:

$$\begin{aligned}
\min\ & \bar{a}_{00} + \sum_{j \in NB} \bar{a}_{0j} x_j, \\
\text{s.t.}\ & x_{B_u} + \sum_{j \in NB} \bar{a}_{uj} x_j = \bar{a}_{u0}, \quad u = 1, \cdots, m, \\
& x \in \mathbb{Z}_+^n.
\end{aligned}$$

其中 $\bar{a}_{0j} \geqslant 0$, $j \in NB$, $\bar{a}_{u0} \geqslant 0$, $u = 1, \cdots, m$, NB 是非基变量指标集.

如果线性规划松弛问题的最优解 x^* 不是整数解, 则必存在某行的右端项 $\bar{a}_{u0}$ 是非整数. 利用 C-G 方法得到有效不等式

$$x_{B_u} + \sum_{j \in NB} \lfloor \bar{a}_{uj} \rfloor x_j \leqslant \lfloor \bar{a}_{u0} \rfloor. \tag{8.3}$$

(8.3) 式两端乘 -1 并与等式 $x_{B_u}+\sum_{j\in NB}\bar{a}_{uj}x_j=\bar{a}_{u0}$ 相加, 得 Gomory 割平面如下:

$$\sum_{j\in NB}(\bar{a}_{uj}-\lfloor\bar{a}_{uj}\rfloor)x_j \geqslant \bar{a}_{u0}-\lfloor\bar{a}_{u0}\rfloor > 0, \tag{8.4}$$

由于 x^* 中所有非基变量 $x_j^*=0,\ j\in NB$, 因此 x^* 不满足以上不等式, 因此在松弛问题中加入有效不等式 (8.4) 就可以割掉 x^*. (8.4) 式也可以等价表达为

$$\sum_{j\in NB}(\bar{a}_{uj}-\lfloor\bar{a}_{uj}\rfloor)x_j - s = \bar{a}_{u0}-\lfloor\bar{a}_{u0}\rfloor,$$

其中 $s\geqslant 0$ 是松弛变量. 因为当 x 是整数向量时, (8.3) 式两端都是整数, 故 (8.4) 两端之差仍然是整数, 故松弛变量 s 是整数变量.

实际上, 若将 Gomory 割平面 (8.4) 写成原变量的表达式, 可知 Gomory 割平面的实质就是 C-G 有效不等式:

性质 8.2 设 $A=(a_1,\cdots,a_n)$. 记 β 为逆基矩阵 B^{-1} 的第 u 行, 并令 $q_i=\beta_i-\lfloor\beta_i\rfloor,\ i=1,\cdots,m$. 用原变量表示的 Gomory 割平面 $\sum_{j\in NB}(\bar{a}_{uj}-\lfloor\bar{a}_{uj}\rfloor)x_j\geqslant\bar{a}_{u0}-\lfloor\bar{a}_{u0}\rfloor$ 可重新表达为以 $q=(q_1,\cdots,q_m)^{\mathrm{T}}$ 为权重的 C-G 不等式:

$$\sum_{j=1}^{n}\lfloor q^{\mathrm{T}}a_j\rfloor x_j\leqslant\lfloor q^{\mathrm{T}}b\rfloor.$$

下面举例说明如何用 Gomory 割平面方法求解线性整数规划问题.

例 8.5 考虑如下整数规划问题:

$$\begin{aligned}
\min\ & -4x_1+x_2,\\
\text{s.t.}\ & 7x_1-2x_2\leqslant 14,\\
& x_2\leqslant 3,\\
& 2x_1-2x_2\leqslant 3,\\
& x_1,\ x_2\in\mathbb{Z}_+^1.
\end{aligned}$$

对上述问题添加松弛变量 $x_3,\ x_4,\ x_5$, 可得到带等式约束的线性规划问题:

$$\begin{aligned}
\min\ & -4x_1+x_2,\\
\text{s.t.}\ & 7x_1-2x_2+x_3=14,\\
& x_2+x_4=3,\\
& 2x_1-2x_2+x_5=3,\\
& x_i\in\mathbb{Z}_+^1,\quad i=1,\cdots,5.
\end{aligned}$$

由于约束条件中系数及右端项都是整数, 所以松弛变量为整数变量. 求解其线性松弛问题得最优单纯形表:

x_1	x_2	x_3	x_4	x_5	rhs
1	0	$\frac{1}{7}$	$\frac{2}{7}$	0	$\frac{20}{7}$
0	1	0	1	0	3
0	0	$-\frac{2}{7}$	$\frac{10}{7}$	1	$\frac{23}{7}$
0	0	$\frac{4}{7}$	$\frac{1}{7}$	0	$\frac{59}{7}$

该线性规划问题最优解是 $x=\left(\frac{20}{7},3,0,0,\frac{23}{7}\right)^{\mathrm{T}} \notin \mathbb{Z}_+^5$. 利用单纯形表可得原整数规划的等价问题如下:

$$\begin{aligned}
\min\ & -\frac{59}{7}+\frac{4}{7}x_3+\frac{1}{7}x_4,\\
\text{s.t. } & x_1+\frac{1}{7}x_3+\frac{2}{7}x_4=\frac{20}{7},\\
& x_2+x_4=3,\\
& -\frac{2}{7}x_3+\frac{10}{7}x_4+x_5=\frac{23}{7},\\
& x_j\in\mathbb{Z}_+^1,\quad j=1,\cdots,5.
\end{aligned}$$

利用以上问题中第一个约束构造 Gomory 割平面:

$$\frac{1}{7}x_3+\frac{2}{7}x_4-s=\frac{6}{7}. \tag{8.5}$$

对添加该割平面后的线性松弛问题重新用单纯形法求解, 得最优单纯形表:

x_1	x_2	x_3	x_4	x_5	s	rhs
1	0	0	0	0	1	2
0	1	0	0	$-\frac{1}{2}$	1	$\frac{1}{2}$
0	0	1	0	-1	-5	1
0	0	0	1	$\frac{1}{2}$	-1	$\frac{5}{2}$
0	0	0	0	$\frac{1}{2}$	3	$\frac{15}{2}$

新的线性规划问题最优解为 $x=\left(2,\frac{1}{2},1,\frac{5}{2},0\right)^{\mathrm{T}}$, 仍然不是整数解. 原整数规划问题可等价表述为

$$
\begin{aligned}
\min\ & -\frac{15}{2}+\frac{1}{2}x_5+3s,\\
\text{s.t. } & x_1+s=2,\\
& x_2-\frac{1}{2}x_5+s=\frac{1}{2},\\
& x_3-x_5-5s=1\\
& x_4+\frac{1}{2}x_5-s=\frac{5}{2},\\
& s,\ x_j\in\mathbb{Z}_+^1,\quad j=1,\cdots,5.
\end{aligned}
$$

利用第二个约束构造 Gomory 割:

$$\frac{1}{2}x_5-t=\frac{1}{2}. \tag{8.6}$$

添加割平面, 重新计算线性规划松弛问题得

x_1	x_2	x_3	x_4	x_5	s	t	rhs
1	0	0	0	0	1	0	2
0	1	0	0	0	1	−1	1
0	0	1	0	0	−5	−2	2
0	0	0	1	0	−1	1	2
0	0	0	0	1	0	−2	1
0	0	0	0	0	3	1	7

该松弛问题最优解为 $x=(2,1,2,2,1)^{\mathrm{T}}$, 是整数解, 因此原整数规划问题的最优解是 $(x_1,\ x_2)=(2,1)^{\mathrm{T}}$.

将割平面 (8.5) 中 x_3, x_4 用原变量替换可得 $x_1\leqslant 2$. 类似地, 割平面 (8.6) 用原变量可表示为 $x_1-x_2=1$. 图 8.4 中给出了 Gomory 割对线性规划松弛可行域的影响.

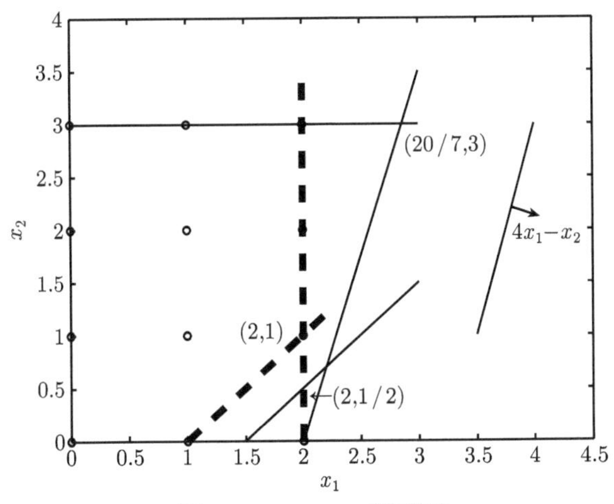

图 8.4 Gomory 割平面

8.3 混合整数割

混合线性整数规划的可行集合一般可以表述为

$$X=\{x\in\mathbb{Z}_+^n,\ y\in\mathbb{R}_+^p \mid Ax+Gy\leqslant b\},$$

其中 A 是 $m\times n$ 维矩阵, G 是 $m\times p$ 维矩阵, b 是 m 维向量. 对于以上混合整数集合, 利用 C-G 方法不一定能得到有效不等式. 本节主要讨论如何得到混合整数集合的有效不等式, 先讨论简单的二维混合整数集合.

性质 8.3　设 $X=\{(x,y)\in\mathbb{R}_+^1\times\mathbb{Z}^1 \mid x+y\geqslant b\}$. 若 $f=b-\lfloor b\rfloor>0$, 则不等式

$$x\geqslant f(\lceil b\rceil-y) \tag{8.7}$$

是 X 的有效不等式, 这里 $\lceil b\rceil$ 表示大于或等于 b 的最小整数.

证明　若 $y\geqslant\lceil b\rceil$, 则 $x\geqslant 0\geqslant f(\lceil b\rceil-y)$. 若 $y<\lceil b\rceil$, 则

$$\begin{aligned}x&\geqslant b-y=f+(\lfloor b\rfloor-y)\\&\geqslant f+f(\lfloor b\rfloor-y)\ (\text{因为}f=b-\lfloor b\rfloor\leqslant 1)\\&=f(\lceil b\rceil-y).\end{aligned}$$

所以, $x\geqslant f(\lceil b\rceil-y)$ 是集合 X 的有效不等式. □

图 8.5 表示了 $b=2.2$ 时性质 8.3 中的集合 X 和有效不等式.

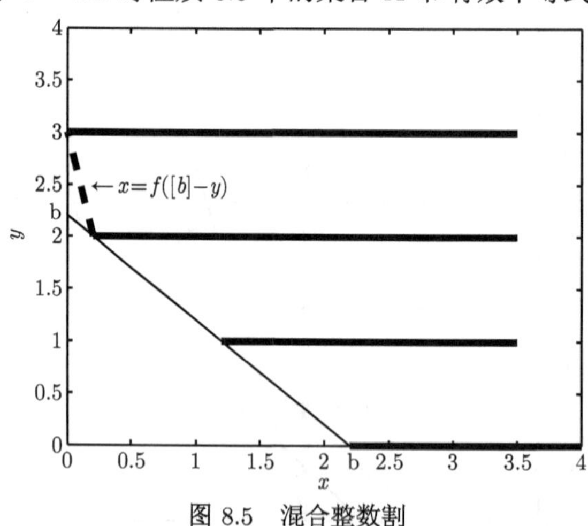

图 8.5　混合整数割

推论 8.1　设 $X=\{(x,y)\in\mathbb{R}_+^1\times\mathbb{Z}^1 \mid y\leqslant b+x\}$. 若 $f=b-\lfloor b\rfloor>0$, 则不等式

$$y \leqslant \lfloor b \rfloor + \frac{x}{1-f}$$

是集合 X 的有效不等式.

下面考虑如下混合整数集合 $X = \{(x, y) \in \mathbb{R}^1_+ \times \mathbb{Z}^2_+ \mid a_1 y_1 + a_2 y_2 \leqslant b + x\}$, 其中 b 非整数.

性质 8.4 设 $f = b - \lfloor b \rfloor > 0$, $f_i = a_i - \lfloor a_i \rfloor$, $i = 1, 2$. 假设 $f_1 \leqslant f \leqslant f_2$, 则

$$\lfloor a_1 \rfloor y_1 + \left(\lfloor a_2 \rfloor + \frac{f_2 - f}{1-f} \right) y_2 \leqslant \lfloor b \rfloor + \frac{x}{1-f} \tag{8.8}$$

是集合 X 的有效不等式.

证明 由于 $y_1 \geqslant 0$, 任意 $(x, y) \in X$ 必满足 $\lfloor a_1 \rfloor y_1 + \lceil a_2 \rceil y_2 \leqslant b + x + (1 - f_2) y_2$. 由推论 8.1 得到不等式

$$\lfloor a_1 \rfloor y_1 + \lceil a_2 \rceil y_2 \leqslant \lfloor b \rfloor + [x + (1 - f_2) y_2]/(1-f),$$

移项即得所求的有效不等式. □

以上几个性质给出了简单的低维混合整数集合的有效不等式, 下面考虑如何构造一般的单约束混合整数集合的有效不等式.

性质 8.5 设 $X = \left\{ x \in \mathbb{Z}^n_+,\ y \in \mathbb{R}^p_+ \mid \sum_{j \in N} a_j x_j + \sum_{j \in J} g_j y_j \leqslant b \right\}$, $N = \{1, \cdots, n\}$, $J = \{1, \cdots, p\}$, 并且所有的 a_j, g_j, $b \in \mathbb{R}^1$, 则不等式

$$\sum_{j \in N} \lfloor a_j \rfloor x_j + \frac{1}{1-f_0} \sum_{j \in J^-} g_j y_j \leqslant \lfloor b \rfloor \tag{8.9}$$

是集合 X 的有效不等式, 其中 $J^- = \{j \in J \mid g_j < 0\}$, $f_0 = b - \lfloor b \rfloor$.

证明 若 $\sum_{j \in J} g_j y_j > f_0 - 1$, 则

$$\sum_{j \in N} \lfloor a_j \rfloor x_j \leqslant \sum_{j \in N} a_j x_j \leqslant b - \sum_{j \in J} g_j x_j < b - (f_0 - 1) = \lfloor b \rfloor + 1.$$

由于 $\sum_{j \in N} \lfloor a_j \rfloor x_j$ 是整数, 则必有 $\sum_{j \in N} \lfloor a_j \rfloor x_j \leqslant \lfloor b \rfloor$, 因此

$$\sum_{j \in N} \lfloor a_j \rfloor x_j + \frac{1}{1-f_0} \sum_{j \in J^-} g_j y_j \leqslant \lfloor b \rfloor.$$

若 $\sum_{j \in J} g_j y_j \leqslant f_0 - 1$, 则 $\sum_{j \in J^-} g_j y_j \leqslant f_0 - 1$, 所以

$$
\begin{aligned}
\sum_{j\in N}\lfloor a_j\rfloor x_j+\frac{1}{1-f_0}\sum_{j\in J^-}g_jy_j &\leqslant \sum_{j\in N}a_jx_j+\frac{1}{1-f_0}\sum_{j\in J^-}g_jy_j\\
&\leqslant b-\sum_{j\in J}g_jy_j+\frac{1}{1-f_0}\sum_{j\in J^-}g_jy_j\\
&\leqslant b+\left(\sum_{j\in J^-}g_jy_j\right)\left(\frac{1}{1-f_0}-1\right)\\
&=b+\frac{f_0}{1-f_0}\left(\sum_{j\in J^-}g_jy_j\right)\\
&\leqslant b-f_0=\lfloor b\rfloor.
\end{aligned}
$$

因此, $\sum_{j\in N}\lfloor a_j\rfloor x_j+\frac{1}{1-f_0}\sum_{j\in J^-}g_jy_j\leqslant\lfloor b\rfloor$ 是 X 的有效不等式. □

考虑混合整数规划

$$
\min\left\{c^{\mathrm{T}}x+d^{\mathrm{T}}y \mid \sum_{j\in N}a_jx_j+\sum_{j\in J}g_jx_j\leqslant b,\ x\in\mathbb{Z}_+^n,\ y\in\mathbb{R}_+^p\right\}.
$$

通常求解其线性规划松弛问题 $\min\{c^{\mathrm{T}}x+d^{\mathrm{T}}y \mid x\in P\}$ 获得求解原问题的有用信息, 其中

$$
P=\left\{(x,y)\in\mathbb{R}_+^{n+p} \mid \sum_{j\in N}a_jx_j+\sum_{j\in J}g_jx_j\leqslant b\right\}.
$$

下例说明性质 8.5 中的有效不等式 (8.9) 对集合 P 产生的影响.

例 8.6　设 $X=\left\{x_1\in\mathbb{Z}_+^1,\ y_1\in\mathbb{R}_+^1 \mid x_1+y_1\leqslant\frac{5}{2}\right\}$. 由性质 8.5 可得有效不等式 $x_1\leqslant 2$, 见图 8.6, 阴影部分是 $x_1\leqslant 2$ 割掉的区域. 由图可知

$$
\left\{(x_1,y_1) \mid x_1+y_1\leqslant\frac{5}{2},\ x_1\leqslant 2,\ y_1\geqslant 0\right\}=\operatorname{conv}\left\{x_1\in\mathbb{Z}_+^1,\ y_1\in\mathbb{R}_+^1 \mid x_1+y_1\leqslant\frac{5}{2}\right\}.
$$

设 $X=\left\{x_1\in\mathbb{Z}_+^1,\ y_1\in\mathbb{R}_+^1 \mid x_1-y_1\leqslant\frac{5}{2}\right\}$. 利用性质 8.5 可得有效不等式 $x_1-2y_1\leqslant 2$, 参见图 8.7. 由图可得

$$
\left\{(x_1,y_1) \mid x_1-y_1\leqslant\frac{5}{2},x_1-2y_1\leqslant 2,y_1\geqslant 0\right\}=\operatorname{conv}\left\{x_1\in\mathbb{Z}_+^1,y_1\in\mathbb{R}_+^1 \mid x_1-y_1\leqslant\frac{5}{2}\right\}.
$$

对于上例中的两个集合 X, 由性质 8.5 得到的有效不等式恰好能够定义其凸包 $\operatorname{conv}(X)$ 的一个刻面 (关于刻面的定义见下一章). 事实上, 混合整数集合的有效不等式 (8.9) 具有如下性质:

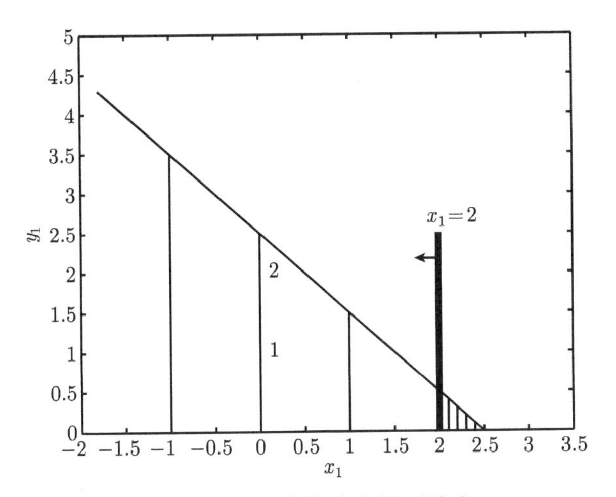

图 8.6 混合整数集合有效不等式 1

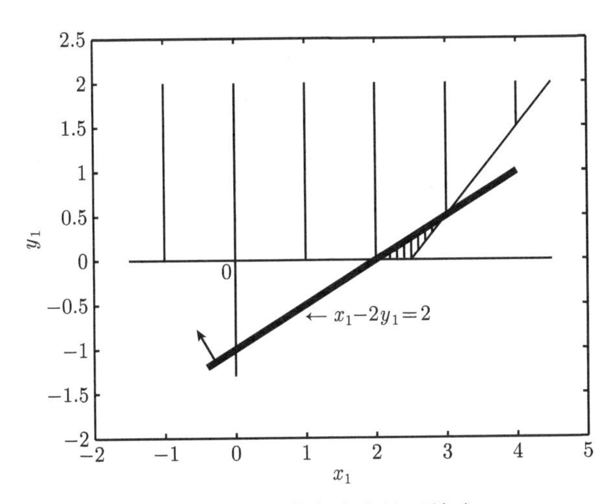

图 8.7 混合整数集合有效不等式 2

性质 8.6 令 $X=\left\{x\in\mathbb{Z}^n, y\in\mathbb{R}_+^p\,\middle|\,\sum_{j\in N}a_jx_j+\sum_{j\in J}g_jy_j\leqslant b\right\}$, 若整数变量的系数是整数且满足 $gcd\{a_1,\cdots,a_n\}=1$, 并且 b 是非整数, 则不等式 (8.9) 定义了 $\mathrm{conv}(X)$ 的一个刻面.

证明 已知 (8.9) 式是 X 的有效不等式, 为了证明该式定义 $\mathrm{conv}(X)$ 的刻面, 只要找到 X 中 $n+p$ 个仿射无关的点使得该式等号成立即可. 由于 $gcd\{a_1,\cdots,a_n\}=1$, 可取到满足 $\sum_{j\in N}a_jx_j=\lfloor b\rfloor$ 的 n 个仿射无关整数点, 分别记为 $\bar{x}^1,\bar{x}^2,\cdots,\bar{x}^n\in\mathbb{Z}^n$. 令 $p_1=|J\backslash J^-|$, 记 X 中的点为 (u,v,w), $u\in\mathbb{Z}^n$, $v\in\mathbb{R}_+^{p_1}$, $w\in\mathbb{R}_+^{p-p_1}$. 令

$u^i = \bar{x}^i$, $v^i = 0$, $w^i = 0, i = 1, \cdots, n$, 易知这 n 个点是 X 中的仿射无关点, 并且恰好使得不等式 (8.9) 取等号. 取 $\varepsilon > 0$, 令 $u^i = \bar{x}^1$, $v^i = \varepsilon e_i$, $w^i = 0$, $i = 1, \cdots, p_1$, 得到 p_1 个仿射无关点, 其中 $e_i \in \mathbb{R}_+^{p_1}$ 是第 i 个单位向量. 由于 b 是非整数, 可适当选取 ε, 使得这些点属于集合 X, 并且同样满足不等式 (8.9) 取到等号. 另外, 令 $\hat{x} \in \mathbb{Z}^n$ 是 $\sum\limits_{j \in N} a_j x_j = \lfloor b \rfloor + 1$ 的一个可行解. 下面利用 $\hat{x}$ 构造 $p - p_1$ 个点, 令 $u^i = \hat{x}$, $v^i = 0, w^i = \gamma_i e_i$, 其中 $\gamma_i = (f_0 - 1)/g_i$, $e_i \in \mathbb{R}_+^{p-p_1}$ 表示第 i 个单位向量. 由于

$$\sum_{j \in N} a_j \hat{x}_j + \left(\frac{f_0 - 1}{g_i}\right) g_i = \lfloor b \rfloor + 1 + f_0 - 1 = b,$$

所以这些点都是集合 X 中的点, 并且容易验证这些点刚好使得不等式 (8.9) 取到等号. 由此得到集合 X 中 $n + p$ 个仿射无关点恰好使不等式 (8.9) 等号成立, 因此不等式 (8.9) 定义了 $\mathrm{conv}X$ 的一个刻面. □

上节中用于求解整数规划的 Gomory 割平面方法也适用于混合整数规划, 同样利用线性规划松弛最优解中未取到整数值的整数基变量, 可以构造割平面以割掉松弛问题最优解. 设整数基变量 x_{B_u} 对应的等式约束具有如下形式:

$$X^G = \left\{(y_{B_u}, y, x) \in \mathbb{Z}_+^1 \times \mathbb{Z}_+^{n_1} \times \mathbb{R}_+^{n_2} \mid y_{B_u} + \sum_{j \in N_1} \bar{a}_{uj} y_j + \sum_{j \in N_2} \bar{a}_{uj} x_j = \bar{a}_{u0}\right\},$$

其中 $N = N_1 \cup N_2$ 是非基变量指标集, N_1 对应非基变量中的整数变量, N_2 对应非基变量中的实数变量, $n_i = |N_i|$, $i = 1, 2$.

性质 8.7　设 $f_j = \bar{a}_{uj} - \lfloor \bar{a}_{uj} \rfloor$, $j \in N_1 \cup N_2$, $f_0 = \bar{a}_{u0} - \lfloor \bar{a}_{u0} \rfloor$. 若 $f_0 > 0$, 则

$$\sum_{f_j \leqslant f_0} f_j y_j + \sum_{f_j > f_0} \frac{f_0(1 - f_j)}{1 - f_0} y_j + \sum_{\bar{a}_{uj} > 0} \bar{a}_{uj} x_j + \sum_{\bar{a}_{uj} < 0} \frac{f_0}{1 - f_0} \bar{a}_{uj} x_j \geqslant f_0$$

是 X^G 的有效不等式, 称为 Gomory 混合整数割.

证明　利用性质 8.4, 对 X^G 产生如下有效不等式:

$$y_{B_u} + \sum_{f_j \leqslant f_0} \lfloor \bar{a}_{uj} \rfloor y_j + \sum_{f_j > f_0} \left(\lfloor \bar{a}_{uj} \rfloor + \frac{f_j - f_0}{1 - f_0}\right) y_j + \sum_{\bar{a}_{uj} < 0} \frac{\bar{a}_{uj}}{1 - f_0} x_j \leqslant \lfloor \bar{a}_{u0} \rfloor.$$

利用 X^G 的定义, 将上式中基变量 y_{B_u} 用非基变量替换, 就可得到欲证结果. □

例 8.7　考虑以下混合整数规划问题:

$$\begin{aligned} &\min\ -4x_1 + x_2, \\ &\text{s.t. } 7x_1 - 2x_2 \leqslant 14, \\ &\qquad x_2 \leqslant 3, \end{aligned}$$

$$
\begin{aligned}
&2x_1 - 2x_2 \leqslant 3, \\
&x_1 \in \mathbb{Z}_+^1, \quad x_2 \geqslant 0.
\end{aligned}
$$

上例与例 8.5 相似, 唯一的不同的是上例中决策变量 $x_2 \geqslant 0$ 是实数变量, 而例 8.5 中 x_2 是整数变量. 求解以上问题的线性规划松弛问题可得

$$
\begin{aligned}
\min\ & -\frac{59}{7} + \frac{4}{7}x_3 + \frac{1}{7}x_4, \\
\text{s.t.}\ & x_1 + \frac{1}{7}x_3 + \frac{2}{7}x_4 = \frac{20}{7}, \\
& x_2 + x_4 = 3, \\
& -\frac{2}{7}x_3 + \frac{10}{7}x_4 + x_5 = \frac{23}{7}, \\
& x_1 \in \mathbb{Z}_+^1,\ x_2,\ x_3,\ x_4,\ x_5 \geqslant 0.
\end{aligned}
$$

由于最优解中基变量 x_1 是分数, 根据性质 8.7, 可利用第一个等式约束构造 Gomory 混合整数割

$$
\frac{1}{7}x_3 + \frac{2}{7}x_4 \geqslant \frac{6}{7}.
$$

将该割平面加到线性规划问题中, 重新求解可得到最优解 $x = \left(2,\ \frac{1}{2}\right)^{\mathrm{T}}$. 该解是原混合整数规划问题的可行解, 因此是其最优解.

第 9 章　多面体和强有效不等式理论

本章进一步讨论多面体和有效不等式理论, 本章的基本问题是: 如何寻找强有效不等式刻画整数集合 X 的凸包 $\text{conv}(X)$? 我们将讨论强有效不等式基本理论, 0-1 背包约束的强有效不等式以及混合 0-1 约束的强有效不等式.

9.1　多面体理论及强有效不等式

在第 2 章中, 定义多面体是有限个半空间的交集, 它可以用有限个等式或者不等式来表示. 下面讨论多面体与强有效不等式的关系.

定义 9.1　给定一组向量 $x^1, x^2, \cdots, x^k \in \mathbb{R}^n$. 若 $x^2-x^1, x^3-x^1, \cdots, x^k-x^1$ 线性无关, 或向量 $(x^1,1), (x^2,1), \cdots, (x^k,1) \in \mathbb{R}^{n+1}$ 线性无关, 则称 $x^1, x^2, \cdots, x^k$ 是仿射无关的.

容易验证, 线性无关必然仿射无关, 反之不一定成立.

定义 9.2　若多面体 P 中仿射无关的点的最大个数为 k, 则定义集合 P 的维数为 $k-1$, 记为 $\dim(P)=k-1$.

定义 9.3　(i) 若 $\pi^{\mathrm{T}}x \leqslant \pi_0$ 是集合 P 的有效不等式, 则称 $F=\{x\in P \mid \pi^{\mathrm{T}}x=\pi_0\}$ 定义多面体 P 的一个面 (face), 该面记为 (π,π_0).

(ii) 若 F 是多面体 P 的一个面, 并且 $\dim(F)=\dim(P)-1$, 则称 F 是多面体 P 的一个刻面 (facet).

(iii) 若 $F=\{x\in P \mid \pi^{\mathrm{T}}x=\pi_0\}$ 是多面体 P 的一个面, 则称有效不等式 $\pi^{\mathrm{T}}x\leqslant\pi_0$ 代表或定义该面.

若多面体 $P\subset\mathbb{R}^n$ 中包含 $n+1$ 个仿射无关的点, 即 $\dim(P)=n$, 则称该多面体是满维的. 显然, 对满维多面体 P, 不存在等式 $a^{\mathrm{T}}x=b$ 对于所有 $x\in P$ 成立. 事实上, 可以证明如下结果[16]:

定理 9.1　若 P 是满维多面体, 则 P 必有唯一的最小刻画

$$P=\{x\in\mathbb{R}^n \mid a_i^{\mathrm{T}}x\leqslant b_i,\ i=1,\cdots,m\}.$$

多面体最小刻画中每一个不等式都是不可缺少的, 若从最小刻画 $\{x\in\mathbb{R}^n \mid a_i^{\mathrm{T}}x\leqslant b_i,\ i=1,\cdots,m\}$ 中去掉一个不等式, 多面体 P 将发生改变.

若 $\max\{\pi^{\mathrm{T}}x \mid x\in P\}=\pi_0$, 则面 (π,π_0) 非空, 称该面支撑多面体 P. 由线性规划理论可知, 线性规划最优解集是其可行域的一个面, 并且该面支撑可行域.

下例说明多面体的面及刻面的几何特征.

例 9.1 考虑由以下不等式定义的多面体 P:

$$
\begin{aligned}
x_1 &\leqslant 2,\\
x_1+x_2 &\leqslant 4,\\
x_1+2x_2 &\leqslant 10,\\
x_1+2x_2 &\leqslant 6,\\
x_1+x_2 &\geqslant 2,\\
x_1 &\geqslant 0,\\
x_2 &\geqslant 0.
\end{aligned}
$$

见图 9.1. 由于 P 中点 $(2,0),(1,1),(2,2)$ 仿射无关, 所以集合 P 是满维的.

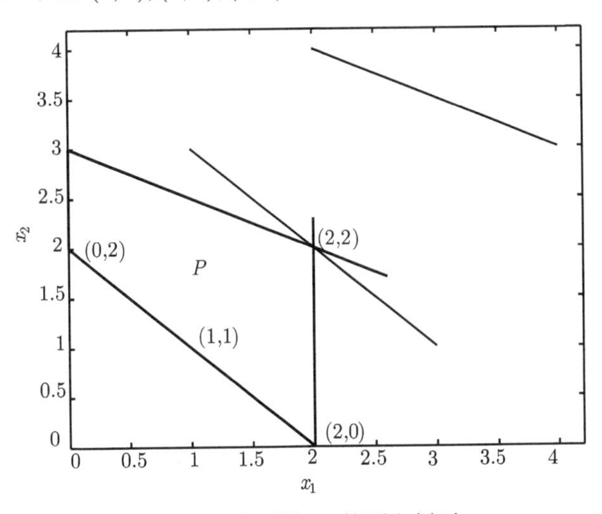

图 9.1 多面体 P 的面和刻面

不等式 $x_1 \leqslant 2$ 是 P 的有效不等式, 并且 $(2,0),(2,2)$ 满足等式 $x_1=2$, 所以 $x_1 \leqslant 2$ 定义 P 的一个刻面, 如图 9.1 所示. 同样可以看出 $x_1+2x_2 \leqslant 6$, $x_1+x_2 \geqslant 2$, $x_1 \geqslant 0$ 也分别定义 P 的刻面. 而有效不等式 $x_1+x_2 \leqslant 4$ 定义了 P 的一个面, 且该面只包含 P 的一个点 $(2,2)$.

在图 9.1 中黑粗线表示的不等式给出了集合 P 的最紧刻画. 不同有效不等式对于刻画多面体具有不同的作用, 因此给出以下定义.

定义 9.4 (i) 若存在 $\lambda>0$ 使 $(\gamma,\gamma_0)=\lambda(\pi,\pi_0)$, 则称有效不等式 $\pi^{\mathrm{T}}x \leqslant \pi_0$ 与 $\gamma^{\mathrm{T}}x \leqslant \gamma_0$ 等价.

(ii) 若存在 $\mu>0$ 使得 $\gamma \geqslant \mu\pi$, $\gamma_0 \leqslant \mu\pi_0$, 则称不等式 $\gamma^{\mathrm{T}}x \leqslant \gamma_0$ 强于不等式

$\pi^{\mathrm{T}}x \leqslant \pi_0$; 此时, 必有 $\{x \in \mathbb{R}_+^n \mid \gamma^{\mathrm{T}}x \leqslant \gamma_0\} \subseteq \{x \in \mathbb{R}_+^n \mid \pi^{\mathrm{T}}x \leqslant \pi_0\}$.

(iii) 若 $\pi^{\mathrm{T}}x \leqslant \pi_0$ 是有效不等式, 且不存在有效不等式强于 $\pi^{\mathrm{T}}x \leqslant \pi_0$, 则称 $\pi^{\mathrm{T}}x \leqslant \pi_0$ 为强有效不等式.

由定义可知, 集合 X 的任意强有效不等式必然定义其凸包 $\mathrm{conv}(X)$ 的一个非空面, 而定义 $\mathrm{conv}(X)$ 刻面的不等式必然是强有效不等式.

性质 9.1　设 $\pi^{\mathrm{T}}x \leqslant \pi_0$ 是集合 $P = \{x \in \mathbb{R}_+^n \mid Ax \leqslant b\}$ 的有效不等式, 若以下条件其中之一满足, 则必存在形如 $\mu^{\mathrm{T}}Ax \leqslant \mu^{\mathrm{T}}b$, $\mu \in \mathbb{R}_+^m$ 的有效不等式等价于或者强于 $\pi^{\mathrm{T}}x \leqslant \pi_0$:

(i) $P \neq \varnothing$;

(ii) $\{\mu \in \mathbb{R}_+^m \mid A^{\mathrm{T}}\mu \geqslant \pi\} \neq \varnothing$;

(iii) $A = \begin{pmatrix} A' \\ I \end{pmatrix}$, 其中 I 为 $n \times n$ 矩阵.

证明　(i) 由于 $P \neq \varnothing$ 并且 $\pi^{\mathrm{T}}x \leqslant \pi_0$ 是 P 的有效不等式, 线性规划问题

$$\pi^* = \max\{\pi^{\mathrm{T}}x \mid Ax \leqslant b,\ x \in \mathbb{R}_+^n\}$$

有可行解并且 $\pi^* \leqslant \pi_0$. 由线性规划对偶理论可知, 对偶问题必存在可行解 $\mu \in \mathbb{R}_+^m$ 满足 $A^{\mathrm{T}}\mu \geqslant \pi$, 且 $\mu^{\mathrm{T}}b = \pi^* \leqslant \pi_0$. 因此, 对于任意 $x \in P$, $\pi^{\mathrm{T}}x \leqslant (\mu^{\mathrm{T}}A)x \leqslant \mu^{\mathrm{T}}b \leqslant \pi_0$ 成立.

(ii) 若 $P \neq \varnothing$, 由上部分可得结论. 若 $P = \varnothing$, 设 $\hat{\mu} \in \mathbb{R}_+^m$ 满足 $A^{\mathrm{T}}\hat{\mu} \geqslant \pi$. 若 $\hat{\mu}^{\mathrm{T}}b \leqslant \pi_0$, 结论成立. 否则, 由对偶问题无界可知, 存在 $\bar{\mu} \in \mathbb{R}_+^n$ 满足 $A^{\mathrm{T}}\bar{\mu} \geqslant 0$ 同时满足 $\bar{\mu}^{\mathrm{T}}b < 0$. 适当选取 $\beta > 0$, 使得 $A^{\mathrm{T}}(\hat{\mu} + \beta\bar{\mu}) \geqslant \pi$ 及 $(\hat{\mu} + \beta\bar{\mu})^{\mathrm{T}}b \leqslant \pi_0$, 得证.

(iii) 此时多面体 P 有界, 由线性规划对偶理论可知, 对于任意 π, 必然存在 $\mu \in \mathbb{R}_+^m$ 使得 $A^{\mathrm{T}}\mu \geqslant \pi$, 再由 (ii) 即得证. □

由以上性质可知, 若 (i)~(iii) 之一满足, 则集合 P 的强有效不等式可由 P 中约束的非负线性组合得到, 即形如 $\mu^{\mathrm{T}}Ax \leqslant \mu^{\mathrm{T}}b$, $\mu \in \mathbb{R}_+^m$. 若 $P = \varnothing$, 则任意不等式都是 P 的有效不等式. 若条件 (i)~(ii) 都不满足, 则线性规划原问题及对偶问题皆不可行, 约束不等式的非负线性组合不能得到有效不等式.

定义 9.5　设不等式 $\pi^{\mathrm{T}}x \leqslant \pi_0$ 是多面体 P 的有效不等式, 若存在 k $(k \geqslant 2)$ 个 P 的有效不等式 $\pi_i^{\mathrm{T}}x \leqslant \pi_{i0}$, 及 $u_i > 0$, $i = 1, \cdots, k$, 使得

$$\sum_{i=1}^{k} u_i\pi_i^{\mathrm{T}}x \leqslant \sum_{i=1}^{k} u_i\pi_{i0}$$

强于不等式 $\pi^{\mathrm{T}}x \leqslant \pi_0$, 则称有效不等式 $\pi^{\mathrm{T}}x \leqslant \pi_0$ 是冗余的; 否则称该有效不等式是必要的.

在例 9.1 中, 取权重 $u=\left(\frac{1}{2},\frac{1}{2}\right)$, 对不等式 $x_1\leqslant 2$ 和 $x_1+2x_2\leqslant 6$ 进行加权求和可得到不等式 $x_1+x_2\leqslant 4$, 所以 $x_1+x_2\leqslant 4$ 是冗余的, 去掉该不等式不会对集合 P 造成影响.

设满维多面体 P 有最小刻画 $P=\{x\in\mathbb{R}^n \mid a_i^{\mathrm{T}}x\leqslant b_i,\ i=1,\cdots,m\}$. 若有效不等式 $\pi^{\mathrm{T}}x\leqslant\pi_0$ 是必要的, 则该不等式必为某个 $a_i^{\mathrm{T}}x\leqslant b_i$ 的正倍数, 即与某个 $a_i^{\mathrm{T}}x\leqslant b_i$ 等价, 并且该不等式必定义 P 的某个刻面, 即存在 P 的 n 个仿射无关点满足 $\pi^{\mathrm{T}}x=\pi_0$. 因此, 若给定整数集合 $X\subset\mathbb{Z}_+^n$ 及其有效不等式 $\pi^{\mathrm{T}}x\leqslant\pi_0$, 可通过寻找 X 中满足 $\pi^{\mathrm{T}}x=\pi_0$ 的 n 个仿射无关点来判断该有效不等式是否定义 $\mathrm{conv}(X)$ 的刻面, 或是否是冗余的.

下面是另一种常用且有效的验证方法:

(i) 从 X 中选择 t $(t>n)$ 个满足 $\pi^{\mathrm{T}}x=\pi_0$ 的点 $x^1,\cdots,x^t$. 假设它们位于同一平面 $\mu^{\mathrm{T}}x=\mu_0$ 上.

(ii) 以 (μ,μ_0) 为 $n+1$ 个未知数, 求解线性方程组:

$$\sum_{j=1}^{n}\mu_j x_j^k=\mu_0,\quad k=1,\cdots,t.$$

(iii) 若方程组的唯一解 $(\mu,\mu_0)=\lambda(\pi,\pi_0),\ \lambda\neq 0$, 则有效不等式 $\pi^{\mathrm{T}}x\leqslant\pi_0$ 定义了 $\mathrm{conv}(X)$ 的某个刻面.

例 9.2 考虑集合

$$X=\left\{(x,y)\in\mathbb{R}_+^m\times\{0,1\}\left|\sum_{i=1}^{m}x_i\leqslant my\right.\right\},$$

已知 $\dim(\mathrm{conv}(X))=m+1$. 我们用以上方法说明有效不等式 $x_i\leqslant y$ 定义了集合 $\mathrm{conv}(X)$ 的一个刻面.

选择满足 $x_i=y$ 的 $m+1$ 个点 $(0,0),(e_i,1),(e_i+e_j,1),j\neq i$, 并假设这些点位于超平面 $\sum_{i=1}^{m}\mu_i x_i+\mu_{m+1}y=\mu_0$ 上.

- 由 $(0,0)$ 点满足 $\sum_{i=1}^{m}\mu_i x_i+\mu_{m+1}y=\mu_0$, 可得 $\mu_0=0$;
- 由 $(e_i,1)$ 点满足 $\sum_{i=1}^{m}\mu_i x_i+\mu_{m+1}y=0$, 可得 $\mu_i=-\mu_{m+1}$;
- 由 $(e_i+e_j,1)$ 点满足 $\sum_{i=1}^{m}\mu_i x_i-\mu_{m+1}y=0$, 可得 $\mu_j=0,\ j\neq i$.

可知该超平面为 $\mu_i x_i-\mu_i y=0$, 因此不等式 $x_i\leqslant y$ 定义了 $\mathrm{conv}(X)$ 的刻面.

9.2 0-1 背包不等式

考虑 0-1 背包集合

$$X=\left\{x\in\{0,1\}^n\left|\sum_{j=1}^{n}a_jx_j\leqslant b\right.\right\},\tag{9.1}$$

其中 $a_j\in\mathbb{Z}_+^1$, $j=1,\cdots,n$, $b\in\mathbb{Z}_+^1$. 若 $a_j\geqslant b$, 则必有 $x_j=0$, 所以假设 $a_j\leqslant b$, $j=1,\cdots,n$. 不妨设 $a_1\leqslant a_2\leqslant\cdots\leqslant a_n$. 利用背包集合 X 及其凸包 $\text{conv}(X)$ 的特点, 可以得到定义 $\text{conv}(X)$ 刻面的有效不等式.

令 $N=\{1,2,\cdots,n\}$, 由于 0, $e_1,\cdots,e_n\in\text{conv}(X)$ 是 $n+1$ 个仿射无关点, 所以 $\dim(\text{conv}(X))=n$. 对于任意 $k\in N$, $x_k\geqslant 0$ 是 $\text{conv}(X)$ 的有效不等式, 由于 0, e_i, $i\in N\setminus\{k\}$ 是 n 个仿射无关点并且满足 $x_k=0$, 所以不等式 $x_k\geqslant 0$ 定义 $\text{conv}(X)$ 的一个刻面. 若背包约束中系数 $a_i, i\in N$ 满足一定条件, 还可得到更多的定义刻面的有效不等式.

定理 9.2 对于某个 $k\in N$, 若 $a_j+a_k\leqslant b$, $j\in N\setminus\{k\}$, 则 $x_k\leqslant 1$ 定义 $\text{conv}(X)$ 的一个刻面.

证明 由于 $e_k, e_j+e_k, j\in N\setminus\{k\}$ 是 n 个仿射无关点, 并且满足 $x_k=1$, 得证. □

通过以上方法得到的有效不等式并不能准确刻画 $\text{conv}(X)$, 我们将继续寻找更多 $\text{conv}(X)$ 的强有效不等式.

定义 9.6 若指标集合 $C\subset N$ 满足 $\sum\limits_{j\in C}a_j>b$, 则称 C 是一个覆盖. 若覆盖集合 C 中去掉任何一个元素都不再是覆盖, 则称 C 为最小覆盖.

利用覆盖集合 C 可得到有效不等式.

性质 9.2 若 $C\subset N$ 是一个覆盖, 则覆盖不等式

$$\sum_{j\in C}x_j\leqslant|C|-1\tag{9.2}$$

是 X 的有效不等式.

证明 不妨设 $x^R\in X$ 不满足上述不等式, 其中 $R\subset N$, x^R 如下定义: 若 $j\in R$, $x_j^R=1$, 否则 $x_j^R=0$. 若 $\sum\limits_{j\in C}x_j^R\geqslant|C|$, 则 $|R\cap C|=|C|$, 所以 $C\subseteq R$,

$$\sum_{j=1}^{n}a_jx_j^R=\sum_{j\in R}a_j\geqslant\sum_{j\in C}a_j>b,$$

因此 $x^R\notin X$, 矛盾. □

例 9.3　考虑如下背包集合

$$X=\{x\in\{0,1\}^7 \mid 11x_1+6x_2+6x_3+5x_4+5x_5+4x_6+x_7\leqslant 19\}.$$

利用性质 9.2, 可得到上面的背包集合 X 的最小覆盖不等式:

$$\begin{aligned}&x_1+x_2+x_3\leqslant 2,\\&x_1+x_2+x_6\leqslant 2,\\&x_1+x_5+x_6\leqslant 2,\\&x_3+x_4+x_5+x_6\leqslant 3.\end{aligned}$$

虽然有效不等式 (9.2) 比较简单, 但却能割掉集合

$$P=\left\{x\in\mathbb{R}^n_+\left|\sum_{j\in N}a_jx_j\leqslant b,\ x_j\leqslant 1,\ j\in N\right.\right\}$$

的非整数顶点. 若 $\sum\limits_{j\in N}a_j>b$, 则集合 P 的每一个非整数顶点 $\hat{x}$ 有如下形式:

$$\begin{aligned}&\hat{x}_j=1,\quad j\in C\backslash\{k\},\\&\hat{x}_j=0,\quad j\in N\backslash C,\\&\hat{x}_k=\left(b-\sum_{j\in C\backslash\{k\}}a_j\right)\Big/a_k>0,\end{aligned}$$

其中 C 为覆盖, $k\in C$ 并且 $C\backslash\{k\}$ 不再是覆盖. 容易验证 $\hat{x}$ 不满足不等式 (9.2). 然而, 性质 (9.2) 中的覆盖不等式不一定是强有效不等式. 令 $E(C)$ 表示覆盖 C 的拓展, $E(C)=C\cup\{j\mid a_j\geqslant a_i,$ 对所有 $i\in C\}$. 利用拓展覆盖可得到如下有效不等式:

性质 9.3　若 C 是集合 X 的覆盖, 则不等式

$$\sum_{j\in E(C)}x_j\leqslant |C|-1 \tag{9.3}$$

是集合 X 的有效不等式.

上述性质的证明与性质 (9.2) 的证明类似. 有效不等式 (9.3) 要强于有效不等式 (9.2), 且当最小覆盖 C 以及 $E(C)$ 满足一定条件时, 有效不等式 (9.3) 能够定义 $\text{conv}(X)$ 的一个刻面.

定理 9.3　令 $C=\{j_1,j_2,\cdots,j_t\}$ 是集合 X 的最小覆盖, $j_1\leqslant j_2\leqslant\cdots\leqslant j_t$. 若以下条件之一成立, 则由式 (9.3) 可知, 该有效不等式定义 $\text{conv}(X)$ 的一个刻面:

(i) $C = N$;

(ii) $E(C) = N$, 且 $(C\backslash\{j_1, j_2\}) \cup \{1\}$ 非覆盖;

(iii) $E(C) = C$, 且 $(C\backslash\{j_1\}) \cup \{p\}$ 非覆盖; 其中 $p = \min\{j \mid j \in N\backslash E(C)\}$;

(iv) $C \subset E(C) \subset N$, 并且 $(C\backslash\{j_1, j_2\}) \cup \{1\}$ 及 $(C\backslash\{j_1\}) \cup \{p\}$ 非覆盖.

证明　考虑以下 n 个指标集合:

(1) $I_i = C\backslash\{j_i\}, j_i \in C$, 共 $|C|$ 个集合.

(2) $I'_k = (C\backslash\{j_1, j_2\}) \cup \{k\}, k \in E(C)\backslash C$, 易知 $|I'_k \cap E(C)| = |C| - 1$. 这样的集合共有 $|E(C)\backslash C|$ 个.

(3) $\tilde{I}_j = (C\backslash\{j_1\}) \cup \{j\}, j \in N\backslash E(C)$, $|\tilde{I}_j \cap E(C)| = |C| - 1$. 共有 $|N\backslash E(C)|$ 个这样的集合.

记集合 I 对应的点为 x^I, 该点满足 $x_j = 1, j \in I$, $x_j = 0, j \notin I$. 则容易证明 (1)~(3) 定义的 n 个指标集合对应的点都是集合 X 中仿射无关点, 而且满足 $\sum\limits_{j\in E(C)} x_j = |C| - 1$, 因此 (9.3) 式定义 $\text{conv}(X)$ 的刻面. □

以上定理说明, 若最小覆盖 C 以及 $E(C)$ 满足一定条件, 有效不等式 (9.3) 定义了 $\text{conv}(X)$ 的一个刻面. 下面讨论如何改进一般的覆盖不等式, 并最终使改进后的不等式能够定义 $\text{conv}(X)$ 的刻面.

对例 9.3 中的背包集合

$$X = \{x \in \{0,1\}^7 \mid 11x_1 + 6x_2 + 6x_3 + 5x_4 + 5x_5 + 4x_6 + x_7 \leqslant 19\}.$$

考虑其覆盖 $C = \{3, 4, 5, 6\}$. 若 $x_1 = x_2 = x_7 = 0$, 则不等式 $x_3 + x_4 + x_5 + x_6 \leqslant 3$ 是集合 $\{x \in \{0,1\}^4 \mid 6x_3 + 5x_4 + 5x_5 + 4x_6 \leqslant 19\}$ 的有效不等式. 令 $x_2 = x_7 = 0$, 可选择适当 α_1, 使得不等式

$$\alpha_1 x_1 + x_3 + x_4 + x_5 + x_6 \leqslant 3 \tag{9.4}$$

是 $X' = \{x \in \{0,1\}^5 \mid 11x_1 + 6x_3 + 5x_4 + 5x_5 + 4x_6 \leqslant 19\}$ 的有效不等式. 若 $x_1 = 0$, 取任意 α_1 都可使不等式 (9.4) 是 X' 的有效不等式; 若 $x_1 = 1$, 则不等式 (9.4) 是 X' 的有效不等式当且仅当

$$\alpha_1 + \max\{x_3 + x_4 + x_5 + x_6 \mid 6x_3 + 5x_4 + 5x_5 + 4x_6 \leqslant 8,\ x \in \{0,1\}^4\} \leqslant 3.$$

易知背包问题

$$\eta = \max\{x_3 + x_4 + x_5 + x_5 \mid 6x_3 + 5x_4 + 5x_5 + 4x_6 \leqslant 8,\ x \in \{0,1\}^4\}$$

在 $x = (0,0,0,1)^{\mathrm{T}}$ 处取到最优值 1. 因此当 $\alpha_1 \leqslant 2$ 时, 不等式 (9.4) 是 X' 的有效不等式, 并且当 $\alpha_1 = 2$ 时, 不等式 (9.4) 是强有效不等式.

由以上的讨论可知, 对于每个 $j \in N\backslash C$, 可寻找适当 α_j 使得不等式

$$\sum_{j\in C} x_j + \sum_{j\in N\backslash C} \alpha_j x_j \leqslant |C| - 1$$

是背包集合 X 的有效不等式.

算法 9.1(改进覆盖不等式)

步 1. 设 C 是背包集合的最小覆盖, $N\backslash C = \{j_1, \cdots, j_r\}$. 令 $t = 1$.

步 2. 假设已求得有效不等式:

$$\sum_{i=1}^{t-1} \alpha_{j_i} x_{ji} + \sum_{j\in C} x_j \leqslant |C| - 1.$$

求解背包问题

$$\begin{aligned} \eta_t = \max\ & \sum_{i=1}^{t-1} \alpha_{j_i} x_{j_i} + \sum_{j\in C} x_j, \\ \text{s.t.}\ & \sum_{i=1}^{t-1} a_{j_i} x_{j_i} + \sum_{j\in C} a_j x_j \leqslant b - a_{j_t}, \\ & x \in \{0,\ 1\}^{|C|+t-1}. \end{aligned}$$

令 $\alpha_{j_t} = |C| - 1 - \eta_t$, 得有效不等式 $\displaystyle\sum_{i=1}^{t} \alpha_{j_i} x_{j_i} + \sum_{j\in C} x_j \leqslant |C| - 1$.

步 3. 若 $t < r$, 令 $t := t + 1$, 转步 2; 否则, 终止.

定理 9.4 算法 9.1 得到的有效不等式定义了 $\text{conv}(X)$ 的一个刻面.

证明 首先, 令 $X^C = \left\{x \in \{0,1\}^{|C|} \,\middle|\, \displaystyle\sum_{j\in C} a_j x_j \leqslant b\right\}$, 证明不等式 $\displaystyle\sum_{j\in C} x_j \leqslant |C| - 1$ 定义多面体 $\text{conv}(X^C)$ 的一个刻面. 易证 $\dim(\text{conv}(X^C)) = |C|$. 令 I^j $(j \in C)$ 表示第 j 个元素为 0, 其他元素为 1 的 $|C|$ 维向量. 由于 C 是最小覆盖, 则 I^j, $j \in C$ 是 X^C 的可行点. 由 I^j $(\in C)$ 的取法可知 I^j $(j \in C)$ 仿射无关, 并且满足 $\displaystyle\sum_{i=1}^{|C|} I_i^j = |C| - 1$, 所以不等式 $\displaystyle\sum_{j\in C} x_j \leqslant |C| - 1$ 定义了 $\text{conv}(X^C)$ 的一个刻面.

定义新的集合 $X^{C\cup\{j_1\}} = \left\{x \in \{0,1\}^{|C|+1} \mid a_{j_1} x_{j_1} + \displaystyle\sum_{j\in C} a_j x_j \leqslant b\right\}$. 考察算法 9.1 的第一次迭代, 记步 2 中背包问题的最优解为 x^*, 得到不等式 $\alpha_{j_1} x_{j_1} + \displaystyle\sum_{j\in C} x_j \leqslant |C| - 1$. 下面说明该不等式定义集合 $\text{conv}(X^{C\cup\{j_1\}})$ 的一个刻面. 令 $J_{j_1} = (1, x^*)$, $J^j = (0, I^j)$, $j \in C$, 易知 J_{j_1}, J^j $(j \in C)$ 是集合 $X^{C\cup\{j_1\}}$ 的可行点, 并且对于任意 $j \in C$, J^j 满足

$$\alpha_{j_1}x_{j_1}+\sum_{j\in C}x_j=|C|-1.$$

由 α_{j_1} 的取法可知, $J_{j_1}=(1,x^*)$ 也满足以上等式. 由 J_{j_1}, J^j $(j\in C)$ 的仿射无关性, 可知不等式 $\alpha_{j_1}x_{j_1}+\sum\limits_{j\in C}x_j\leqslant|C|-1$ 定义集合 $X^{C\cup\{j_1\}}$ 的一个刻面.

用同样的方法考察算法 9.1 的每一次迭代, 最终可得到背包集合的凸包 $\mathrm{conv}(X)$ 的有效不等式 $\sum\limits_{i=1}^{r}\alpha_{j_i}x_{j_i}+\sum\limits_{j\in C}x_j\leqslant|C|-1$, 并且该不等式定义了 $\mathrm{conv}(X)$ 的一个刻面. □

考察例 9.3, 取最小覆盖 $C=\{3,4,5,6\}$, 令 $j_1=1$, $j_2=2$, $j_3=7$, 通过之前的讨论可知取 $\alpha_1=2$. 添加变量 x_2 继续对不等式进行改进, 求解

$$\begin{aligned}&\max\ 2x_1+x_3+x_4+x_5+x_6,\\&\text{s.t. } 11x_1+6x_3+5x_4+5x_5+4x_6\leqslant 19-6=3,\\&\qquad x\in\{0,1\}^5,\end{aligned}$$

得 $\eta_2=2$, 取 $\alpha_{j_2}=3-\eta_2=1$. 用同样的方法计算得到 $\eta_3=3$, $\alpha_{j_3}=3-\eta_3=0$. 最终得到不等式 $2x_1+x_2+x_3+x_4+x_5+x_6\leqslant 3$, 该不等式定义了 $\mathrm{conv}(X)$ 的一个刻面.

0-1 背包集合的有效不等式也能应用于求解多个约束的 0-1 线性规划问题. 若 0-1 线性规划问题的可行集为

$$P=\{x\in\{0,1\}^n\mid Ax\leqslant b\},$$

则 $P_i=\{x\in\{0,1\}^n\mid a_ix\leqslant b_i\}$ 是集合 P 的松弛, 其中 a_i 是矩阵 A 的行向量. 松弛集合 P_i 的有效不等式必然是原集合 P 的有效不等式, 若 P_i 能较好地逼近集合 P, 则 P_i 的有效不等式就可以为求解原问题提供有用信息.

9.3 混合 0-1 不等式

考虑单节点流问题, 设总供应量为 b, 有 n 条流出边. 对于任意流出边 $j\in N=\{1,2,\cdots,n\}$, 该边若有流量, 则流量 x_j 不能超过该边最大容量 a_j $(a_j\geqslant 0)$, 并且所有边的总流出量 $\sum\limits_{j\in N}x_j\leqslant b$. 该问题可表示为如下混合 0-1 集合:

$$X=\left\{(x,y)\in\mathbb{R}_+^n\times\{0,1\}^n\,\middle|\,\sum_{j\in N}x_j\leqslant b,\ x_j\leqslant a_jy_j,\ j\in N\right\}.$$

令 $x_j=a_jy_j$, $j\in N$, 可知上节讨论的背包集合是混合 0-1 集合的一个特例.

令

$$P=\left\{(x,y)\in\mathbb{R}_+^{2n}\left|\sum_{j\in N}x_j\leqslant b,\ x_j\leqslant a_jy_j,\ y_j\leqslant 1,\ j\in N\right.\right\},$$

则 $X=P\cap\{x\in\mathbb{R}^n,y\in\{0,1\}^n\}$, 多面体 P 是集合 X 的松弛. 以下定理说明多面体 P 的非整数顶点具有的特点.

性质 9.4 设 $C\subset N$ 是集合 $S=\{y\in\{0,1\}^n\left|\sum_{j\in N}a_jy_j\leqslant b\right.\}$ 的覆盖, 并且存在 $k\in C$ 使得 $C\backslash\{k\}$ 不再是覆盖, 则多面体 P 的非整数顶点都具有以下形式:

$$\begin{aligned}&\hat{x}_j=a_j,\quad \hat{y}_j=1,\quad j\in C\backslash\{k\},\\&\hat{x}_k=b-\sum_{j\in C\backslash\{k\}}a_j,\quad \hat{y}_k=\frac{1}{a_k}\left(b-\sum_{j\in C\backslash\{k\}}a_j\right)>0,\\&\hat{x}_j=0,\ \hat{y}_j\in\{0,1\},\quad j\notin C.\end{aligned}$$

令 $\lambda=\sum_{j\in C}a_j-b$ 表示覆盖 C 的超容量值, 对于任意 $k\in C$, 集合 $C\backslash\{k\}$ 的容量是

$$\min\left\{\sum_{j\in C\backslash\{k\}}a_j,b\right\}=b-(a_k-\lambda)^+,$$

这里记 $a^+=\max(0,a)$. 对任意 C 的子集 C', 集合 $C\backslash C'$ 的容量是

$$b-\left(\sum_{j\in C'}a_j-\lambda\right)^+\leqslant b-\sum_{j\in C'}(a_j-\lambda)^+.\tag{9.5}$$

利用上式可证明由集合 S 的覆盖可得到混合 0-1 集合的有效不等式:

性质 9.5 若 $C\subset N$ 是 $S=\left\{x\in\{0,1\}^n\left|\sum_{j\in N}a_jx_j\leqslant b\right.\right\}$ 的覆盖, 令 $\lambda=\sum_{j\in C}a_j-b$, 则不等式

$$\sum_{j\in C}x_j\leqslant b-\sum_{j\in C}(a_j-\lambda)^+(1-y_j)\tag{9.6}$$

是集合 X 的有效不等式.

证明 任意取 X 中元素记为 (x^R,y^R), 其中 $R\subset N$ 表示 y_i 取值为 1 的下标集. 取 $C'=C\cap R$, 则

$$\sum_{j\in C}(x_j^R+(a_j-\lambda)^+(1-y_j^R))$$

$$
\begin{aligned}
&= \sum_{j\in C'}(x_j^R + (a_j-\lambda)^+(1-y_j^R)) + \sum_{j\in C\setminus C'}(x_j^R + (a_j-\lambda)^+(1-y_j^R)) \\
&= \sum_{j\in C'} x_j^R + \sum_{j\in C\setminus C'}(a_j-\lambda)^+. \qquad (9.7)
\end{aligned}
$$

注意到 $\sum_{j\in C'} x_j^R$ 的值不超过 C' 的容量 $b-\left(\sum_{j\in C\setminus C'} a_j-\lambda\right)^+$. 故利用式 (9.5) 和 (9.7) 得

$$
\sum_{j\in C}(x_j^R + (a_j-\lambda)^+(1-y_j^R)) \leqslant b - \sum_{j\in C\setminus C'}(a_j-\lambda)^+ + \sum_{j\in C\setminus C'}(a_j-\lambda)^+ = b.
$$

因此, 不等式 (9.6) 是集合 X 的有效不等式. □

根据性质 9.4 中非整数顶点具有的形式, 容易验证有效不等式 (9.6) 割掉多面体 P 的非整数顶点.

例 9.4　混合 0-1 集合 X 由下式给出:

$$
X = \left\{ x\in\mathbb{R}^4, y\in\{0,1\}^4 \,\middle|\, \sum_{j\in N} x_j \leqslant 9,\ x_1\leqslant 5y_1,\ x_2\leqslant 5y_2, x_3\leqslant y_3,\ x_4\leqslant 3y_4 \right\}.
$$

取覆盖 $C=\{1,2,3,4\}$, 得 $\lambda=5$, 由式 (9.6) 得有效不等式

$$
x_1+x_2+x_3+x_4\leqslant 9.
$$

取覆盖 $C=\{1,2,4\}$, 得 $\lambda=4$, 由式 (9.6) 得有效不等式

$$
x_1+x_2+x_4\leqslant 9-(1-y_1)-(1-y_2).
$$

取覆盖 $C=\{1,2,3\}$, 得 $\lambda=2$, 由式 (9.6) 得有效不等式

$$
x_1+x_2+x_3\leqslant 9-3(1-y_1)-3(1-y_2).
$$

取覆盖 $C=\{1,2\}$, 得 $\lambda=1$, 由式 (9.6) 得有效不等式

$$
x_1+x_2\leqslant 9-4(1-y_1)-4(1-y_2).
$$

可将单节点流问题的混合 0-1 集合推广到更一般的形式:

$$
X = \left\{ (x,y)\in\mathbb{R}_+^n\times\{0,1\}^n \,\middle|\, \sum_{j\in N_1} x_j \leqslant b + \sum_{j\in N_2} x_j,\ x_j\leqslant a_j y_j,\ j\in N_1\cup N_2 \right\}, \qquad (9.8)
$$

其中 $N_1\cup N_2=\{1,2,\cdots,n\}$. 针对以上形式的混合 0-1 集合, 给出广义覆盖的定义, 并利用广义覆盖将有效不等式 (9.6) 推广到更一般的混合 0-1 集合.

定义 9.7 设集合 $C=C_1\cup C_2$, $C_1\in N_1$, $C_2\in N_2$. 若 $\sum_{j\in C_1}a_j-\sum_{j\in C_2}a_j=b+\lambda$, 其中 $\lambda>0$, 则称集合 C 为 X 的广义覆盖, 称 λ 为该广义覆盖的余量.

性质 9.6 设 C 为集合 X 的广义覆盖, λ 为相应的余量, 则流覆盖不等式

$$\sum_{j\in C_1}x_j+\sum_{j\in C_1}(a_j-\lambda)^+(1-y_j)\leqslant b+\sum_{j\in C_2}a_j+\lambda\sum_{j\in L_2}y_j+\sum_{j\in N_2\backslash(C_2\cup L_2)}x_j \tag{9.9}$$

是集合 X 的有效不等式, 其中 $L_2\subset N_2\backslash C_2$.

证明 令 $C_1^+=\{j\in C_1\mid a_j>\lambda\}$. 取 X 中任意一点 (x,y), 证明该点 (x,y) 必然满足以上不等式. 令 $T=\{j\in N_1\cup N_2\mid y_j=1\}$, 分以下两种情况讨论:

情形 1. 若 $|C_1^+\backslash T|+|L_2\cap T|=0$, 则

$$\begin{aligned}
&\sum_{j\in C_1}x_j+\sum_{j\in C_1}(a_j-\lambda)^+(1-y_j)\\
=&\sum_{j\in C_1\cap T}x_j+\sum_{j\in C_1^+\backslash T}(a_j-\lambda)\\
=&\sum_{j\in C_1\cap T}x_j \qquad (\text{因为 } |C_1^+\backslash T|=0)\\
\leqslant&\sum_{j\in N_1}x_j \qquad (\text{因为 } x_j\geqslant 0)\\
\leqslant&\ b+\sum_{j\in N_2}x_j\\
=&\ b+\sum_{j\in C_2}x_j+\sum_{j\in L_2\cap T}x_j+\sum_{j\in N_2\backslash(C_2\cup L_2)}x_j\\
\leqslant&\ b+\sum_{j\in C_2}a_j+\sum_{j\in N_2\backslash(C_2\cup L_2)}x_j \qquad (\text{因为 } |L_2\cap T|=0)\\
=&\ b+\sum_{j\in C_2}a_j+\lambda\sum_{j\in L_2}y_j+\sum_{j\in N_2\backslash(C_2\cup L_2)}x_j.
\end{aligned}$$

情形 2. 若 $|C_1^+\backslash T|+|L_2\cap T|\geqslant 1$, 则

$$\begin{aligned}
&\sum_{j\in C_1}x_j+\sum_{j\in C_1}(a_j-\lambda)^+(1-y_j)\\
=&\sum_{j\in C_1\cap T}x_j+\sum_{j\in C_1^+\backslash T}(a_j-\lambda)\\
\leqslant&\sum_{j\in C_1}a_j-|C_1^+\backslash T|\lambda \qquad (\text{因为 } x_j\leqslant a_j)\\
\leqslant&\sum_{j\in C_1}a_j-\lambda+\lambda|L_2\cap T| \qquad (\text{因为 } -|C_1^+\backslash T|\leqslant|L_2\cap T|-1)
\end{aligned}$$

$$
\begin{aligned}
&= b+\sum_{j\in C_2}a_j+\lambda\sum_{j\in L_2}y_j\\
&\leqslant b+\sum_{j\in C_2}a_j+\lambda\sum_{j\in L_2}y_j+\sum_{j\in N_2\setminus(C_2\cup L_2)}x_j.
\end{aligned}
\qquad \square
$$

当 $N_2=\varnothing$ 时, 不等式 (9.6) 成为不等式 (9.9) 的特殊情况. 若集合 X 表达式中参数满足一定条件时, 由广义覆盖得到的有效不等式 (9.9) 能够给出 $\mathrm{conv}(X)$ 的一个刻面, 详细讨论见文献 [16].

例 9.5 考虑以下集合

$$
\begin{aligned}
X=\{(x,y)\in\mathbb{R}_+^6\times\{0,1\}^6\mid\ & x_1+x_2+x_3\leqslant 4+x_4+x_5+x_6,\\
& x_1\leqslant 3y_1,\ x_2\leqslant 3y_2,\ x_3\leqslant 6y_3,\ x_4\leqslant 3y_4,\ x_5\leqslant 5y_5,\ x_6\leqslant y_6\}.
\end{aligned}
$$

取 $C_1=\{1,3\}$, $C_2=\{4\}$, 则 $C=(C_1,C_2)$ 是 X 的广义覆盖, $\lambda=2$. 若取 $L_2=\{5\}$, 则相应的流覆盖不等式为

$$
x_1+x_3+1(1-y_1)+4(1-y_3)\leqslant 7+2y_5+x_6.
$$

实际上, 很多经典的数学规划问题的可行集都是混合 0-1 集合 (9.8) 的特殊形式, 因此可利用性质 9.6 得到有效不等式.

0-1 背包问题 若取 $N^-=\varnothing$, $x_j=a_jy_j$, $j\in N_+=N$, 则混合 0-1 集合 (9.8) 退化为 0-1 背包集合 $X=\left\{x\in\{0,1\}^n\,\middle|\,\sum_{j\in N}a_jx_j\leqslant b\right\}$. 令 C 表示其最小覆盖, $\lambda=\sum_{j\in C}a_j-b>0$, 并且对于任意 $j\in C$, $a_j>\lambda$, 因此由不等式 (9.9) 可得

$$
\sum_{j\in C}(a_jx_j+(a_j-\lambda)(1-x_j))\leqslant b.
$$

上式等价于

$$
\lambda\sum_{j\in C}x_j\leqslant b-\sum_{j\in C}a_j+\lambda|C|=\lambda|C|-\lambda,
$$

即是 0-1 背包集合的覆盖不等式 (9.2).

设施选址问题 考虑混合 0-1 整数集合

$$
X'=\left\{x\in\mathbb{R}_+^n,\ y_0\in\{0,1\}\,\middle|\,\sum_{j\in N^+}x_j\leqslant a_0y_0,\ x_j\leqslant a_j,\ j\in N^+\right\},
$$

其中 $0\leqslant a_j\leqslant a_0$, $j\in N^+$, a_0 是该设施总供应量, 若该设施被选择, 则 $y_0=1$, 否则 $y_0=0$. x_j 表示从该设施提供给第 j 个客户的供应量, a_j 表示第 j 个客户的需

求量. 集合 X' 实际上是当 $b=0$, $N^-=\{0\}$, $x_0=a_0y_0$ 时混合 0-1 集合 (9.8) 的特殊形式. 取 $C=\{j\}$, $L=N^-$, $\lambda=a_j$, 则由 (9.9) 式可得

$$x_j \leqslant a_j y_0, \quad j \in N^+,$$

上式表示若该设施被选择, 则 $x_j \leqslant a_j$, 否则 $x_j=0$.

机器调度问题 设有两项工作只能使用同一台机器完成. 执行第 i 项工作的最早开始时间为 l_i, 整个执行过程需要时间 $p_i>0$, $i=1, 2$. 这台机器不能同时执行两项工作. 令

$$\delta = \begin{cases} 1, & \text{若工作 1 在工作 2 之前执行,} \\ 0, & \text{否则.} \end{cases}$$

令 t_i 表示机器开始处理第 i 项工作的时刻, 则该问题的可行方案可表示为

$$\begin{aligned} & t_1 - t_2 \geqslant p_2 - \omega\delta, \\ & -t_1 + t_2 \geqslant p_1 - \omega(1-\delta), \\ & t_i \geqslant l_i, \quad i = 1, 2, \\ & \delta \in \{0, 1\}, \end{aligned}$$

其中 ω 为适当大的数以保证当 $\delta=1$ 时第一个约束是有效不等式, 当 $\delta=0$ 时第二个约束是有效不等式.

假设 $l_2+p_2>l_1$, 令 $x_i=t_i-l_i$, $y_3=\delta$, 则第一个约束等价于

$$x_2 \leqslant l_1 - l_2 - p_2 + x_1 + \omega y_3,$$

其中 $x_1, x_2 \geqslant 0$, $y_3 \in \{0,1\}$. 若取 $N^+=\{2\}$, $N^-=\{1,3\}$, $x_3=\omega y_3$, $b=l_1-l_2-p_2<0$, 则该约束形成的集合是混合 0-1 整数集合的特例. 取覆盖 $C=\varnothing$, $\lambda=-b>0$, 及 $L=\{3\}$, 则利用 (9.9) 式可得

$$0 \leqslant -\lambda + \lambda y_3 + x_1.$$

替换成原变量, 可得

$$t_1 \geqslant l_1 + (l_2 + p_2 - l_1)(1-\delta),$$

上式表明 $t_1 \geqslant l_1$, 若 $\delta=0$, 则 $t_1 \geqslant l_2 + p_2$.

第 10 章　整数规划对偶理论

对偶理论和方法是最优化的基本工具，也是整数规划中内容最丰富、应用最广泛的松弛方法之一. 在第 7 章中已经对利用拉格朗日松弛和对偶产生线性整数规划的界进行了初步的讨论，本章将深入讨论整数规划的对偶理论和方法，主要介绍的内容有整数规划的拉格朗日松弛、对偶搜索方法和替代对偶方法介绍等.

10.1　拉格朗日对偶

考虑一般最优化问题：

$$\begin{aligned}
\min\ & c(x),\\
\text{s.t. } & g_i(x) \leqslant 0, \quad i=1,\cdots,m,\\
& h_i(x) = 0, \quad i=1,\cdots,l,\\
& x \in X,
\end{aligned}$$

其中 c, g_i 和 h_i 都是实值函数, X 是一有界 (有限) 或无界集合. 在不同的应用模型中, 函数 c, g_i, h_i 以及 X 可能具有不同的结构和特殊性质. 假设约束 $g_i(x) \leqslant 0$ 和 $h_i(x) = 0$ 是所谓的 "难" 处理约束, 即他们的存在使最优化问题很难求解, 而 X 是所谓的 "容易" 处理约束. 拉格朗日松弛的基本思想是把难处理的约束通过乘子移到目标函数上去, 只在优化问题中保留容易处理的约束, 从而得到原问题的一个松弛问题, 而最优的松弛问题可通过以乘子为变量的对偶问题来求得.

本节主要讨论线性整数规划的拉格朗日对偶, 对 0-1 二次规划和一般非线性整数规划的对偶也将作简单介绍.

10.1.1　线性整数规划的对偶

考虑如下线性整数规划:

$$\begin{aligned}
\text{(IP)} \qquad \min\ & c^{\mathrm{T}} x,\\
\text{s.t. } & Dx \leqslant d,\\
& x \in X,
\end{aligned}$$

其中 $X \subseteq \mathbb{Z}^n$ 是有限整数集合, $Dx \leqslant d$ 是 m 个线性约束. 例如, X 是由不等式 $Ax \leqslant b$ 定义的整数集合:

$$X = \{x \in \mathbb{Z}^n \mid Ax \leqslant b\}.$$

不等式约束 $Ax \leqslant b$ 可以看作是容易处理的约束条件, 而不等式 $Dx \leqslant d$ 可以看作是难处理的约束条件.

设 $u = (u_1, \cdots, u_m) \in \mathbb{R}_+^m$, 定义如下问题:

$$(\mathrm{IP}_u) \qquad z(u) = \min\ c^{\mathrm{T}}x + u^{\mathrm{T}}(Dx - d),$$
$$\text{s.t. } x \in X.$$

显然, 对于任意 $u \in \mathbb{R}_+^m$ 和 (IP) 的可行解 x, $z(u) \leqslant c^{\mathrm{T}}x$ 成立, 故 $(\mathrm{IP_u})$ 是问题 (IP) 的松弛问题, 称之为**拉格朗日松弛**, 称 u 为**拉格朗日乘子**, $z(u)$ 为**对偶函数**. 对乘子变量 $u \in \mathbb{R}_+^m$, 最大化对偶函数 $z(u)$, 得如下**拉格朗日对偶问题**:

$$(\mathrm{D}) \qquad \max_{u \in \mathbb{R}_+^m} z(u).$$

若约束条件为等式约束 $Dx = d$, 则相应的对偶问题为

$$\max_{u \in \mathbb{R}^m} z(u).$$

定理 10.1(弱对偶定理) $v(\mathrm{D}) \leqslant v(\mathrm{IP})$.

证明 对任意 $u \in \mathbb{R}_+^m$ 和 $x \in X$ 满足 $Dx \leqslant d$, 有 $c^{\mathrm{T}}x + u^{\mathrm{T}}(Dx - d) \leqslant c^{\mathrm{T}}x$, 所以 $z(u) \leqslant c^{\mathrm{T}}x$. 从而 $v(\mathrm{D}) = \max_{u \in \mathbb{R}_+^m} z(u) \leqslant \min\{c^{\mathrm{T}}x \mid Dx \leqslant d,\ x \in X\} = v(\mathrm{IP})$. □

定理 10.1 表明对偶问题 (D) 为原问题 (IP) 的最优值提供了一个下界. 在某些情况下, 可通过求解对偶问题 (D) 找到原问题 (IP) 的最优解.

定理 10.2(强对偶定理) *设 $u^* \in \mathbb{R}_+^n$, 若下列条件成立:*

(i) $x^* \in X$ 是松弛问题 (IP_{u^*}) 的最优解;

(ii) x^* 是 (IP) 的可行解, 即 $Dx^* \leqslant d$;

(iii) 互补松弛条件成立, 即 $u_i^*(Dx^* - d)_i = 0,\ i = 1, \cdots, m$.

则 x^* 是原问题 (IP) 的最优解, 且 $v(\mathrm{IP}) = v(\mathrm{D})$.

证明 由 (i) 和 (iii) 可得 $v(\mathrm{D}) \geqslant z(u^*) = c^{\mathrm{T}}x^* + (u^*)^{\mathrm{T}}(Dx^* - d) = c^{\mathrm{T}}x^*$. 由 (ii) 可知, x^* 是问题 (IP) 的可行解, 所以, $c^{\mathrm{T}}x^* \geqslant v(\mathrm{IP})$. 因此 $v(\mathrm{D}) \geqslant c^{\mathrm{T}}x^* \geqslant v(\mathrm{IP})$. 又由定理 10.1 知, $v(\mathrm{IP}) \geqslant v(\mathrm{D})$, 所以 $v(\mathrm{IP}) = v(\mathrm{D})$ 成立, 并且 x^* 是问题 (IP) 的最优解. □

10.1.2 线性整数规划对偶松弛应用

下面举例说明拉格朗日松弛和对偶方法在一些具体的线性整数规划中的应用.

1. 0-1 **整数规划**

考虑下列 0-1 整数规划问题：

$$
\text{(0-1IP)} \qquad \begin{aligned} &\min\ c^{\mathrm{T}}x, \\ &\text{s.t. } Ax \leqslant b, \\ &\quad\ x \in \{0,1\}^n. \end{aligned}
$$

对约束 $Ax \leqslant b$ 进行松弛, 引进对偶变量 $u \in \mathbb{R}^m_+$, 则拉格朗日松弛问题为

$$
\begin{aligned}
z(u) &= \min\{c^{\mathrm{T}}x + u^{\mathrm{T}}(Ax-b) \mid x \in \{0,1\}^n\} \\
&= -u^{\mathrm{T}}b + \min\{(c+A^{\mathrm{T}}u)^{\mathrm{T}}x \mid x \in \{0,1\}^n\} \\
&= -u^{\mathrm{T}}b + \sum_{i=1}^{n} \min\{(c+A^{\mathrm{T}}u)_i x_i \mid x_i \in \{0,1\}\} \\
&= -u^{\mathrm{T}}b + \sum_{i=1}^{n} \min\{(c+A^{\mathrm{T}}u)_i, 0\}.
\end{aligned}
$$

故 $z(u)$ 可以在 $O(n)$ 时间内快速求出. 容易看出, 上述松弛计算过程还可以推广到箱子整数约束集合 $X = \{x \in \mathbb{Z}^n \mid l \leqslant x \leqslant u\}$ 的情形.

2. **选址问题** (UFL)

给定 n 个可供选择的地址 $N = \{1, \cdots, n\}$ 用于开设某种服务点 (如仓库、维修中心和分销中心等), 以服务 m 个客户 $M = \{1, \cdots, m\}$. 设开设点 j 的固定费用是 f_j, 客户 i 的订货需求全部从 j 获得的利润是 c_{ij}. 选址问题 (uncapacitated facility location) 是要决定开设哪些服务点和如何确定服务点和客户之间的服务方案使总收入最大.

设 $y_j \in \{0,1\}$ 表示服务点选址的决策变量, x_{ij} 表示客户 i 的需求从 j 处获得的比例值. 则选址问题可归结为下列混合整数规划问题：

$$
\text{(UFL)} \qquad \begin{aligned} &\max \sum_{i\in M}\sum_{j\in N} c_{ij}x_{ij} - \sum_{j\in N} f_j y_j, \\ &\text{s.t. } \sum_{j\in N} x_{ij} = 1, \quad i \in M \\ &\qquad x_{ij} - y_j \leqslant 0, \quad i \in M, j \in N, \\ &\qquad x \in \mathbb{R}^{|M|\times|N|}, \quad y \in \{0,1\}^{|N|}. \end{aligned}
$$

选择第一个约束进行拉格朗日松弛, 设乘子向量为 $u \in \mathbb{R}^{|M|}$, 可得下面的松弛问题

$$
z(u) = \max \sum_{i\in M}\sum_{j\in N}(c_{ij} - u_i)x_{ij} - \sum_{j\in N} f_j y_j + \sum_{i\in M} u_i,
$$

$$\text{s.t. } x_{ij} - y_j \leqslant 0, \quad i \in M, \ j \in N,$$
$$x \in \mathbb{R}^{|M| \times |N|}, \quad y \in \{0,1\}^{|N|}.$$

注意到 $z(u)$ 可分解为

$$z(u) = \sum_{j \in N} z_j(u) + \sum_{i \in M} u_i,$$

其中

$$\begin{aligned} z_j(u) = \max & \sum_{i \in M} (c_{ij} - u_i) x_{ij} - f_j y_j, \\ \text{s.t. } & x_{ij} - y_j \leqslant 0, \quad i \in M, \\ & x_{ij} \geqslant 0, \quad i \in M, \ y_j \in \{0,1\}. \end{aligned}$$

$z_j(u)$ 是关于地址 j 的子问题, 容易看出

$$z_j(u) = \max \left\{ 0, \sum_{i \in M} \max(c_{ij} - u_i, 0) - f_j \right\}.$$

所以, 通过拉格朗日松弛方法, 我们得到了一个容易求解的松弛问题.

3. 广义指派问题

给定 m 台机器和 n 个工件, 工件 j 在机器 i 上加工的费用为 c_{ij}, 需要 a_{ij} 个单位的工时, 机器 i 的可用的总工时为 b_i. 广义指派问题是指如何安排加工方案使费用最小. 设 $x_{ij} \in \{0,1\}$ 是工件 j 在机器 i 上加工的决策变量, 则广义指派问题 (GAP) 的整数规划问题为

$$(\text{GAP}) \quad Z = \min \sum_{i=1}^{m} \sum_{j=1}^{n} c_{ij} x_{ij},$$

$$\text{s.t. } \sum_{i=1}^{m} x_{ij} = 1, \quad j = 1, \cdots, n, \tag{10.1}$$

$$\sum_{j=1}^{n} a_{ij} x_{ij} \leqslant b_i, \quad i = 1, \cdots, m, \tag{10.2}$$

$$x_{ij} \in \{0,1\}, \quad i = 1, \cdots, m, j = 1, \cdots, n. \tag{10.3}$$

松弛方法 1 对约束 (10.1) 进行拉格朗日松弛. 设乘子向量为 $u \in \mathbb{R}^n$, 则松弛问题为

$$Z^1(u) = \min \sum_{i=1}^{m} \sum_{j=1}^{n} c_{ij} x_{ij} + \sum_{j=1}^{n} u_j \left(\sum_{i=1}^{m} x_{ij} - 1 \right)$$

$$\text{s.t. } \sum_{j=1}^{n} a_{ij} x_{ij} \leqslant b_i, \quad i = 1, \cdots, m$$

$$
\begin{aligned}
& x_{ij} \in \{0,1\}, \quad i=1,\cdots,m,\ j=1,\cdots,n \\
= & \min \sum_{i=1}^{m}\sum_{j=1}^{n}(c_{ij}+u_j)x_{ij} - \sum_{j=1}^{n} u_j \\
& \text{s.t.} \ \sum_{j=1}^{n} a_{ij}x_{ij} \leqslant b_i, \quad i=1,\cdots,m \\
& \quad x_{ij} \in \{0,1\}, \quad i=1,\cdots,m,\ j=1,\cdots,n \\
= & \sum_{i=1}^{m} z_i(u) - \sum_{j=1}^{n} u_j,
\end{aligned}
$$

其中 $z_i(u)$ 是如下问题的最优值:

$$
\begin{aligned}
z_i(u) \quad = \quad & \min \sum_{j=1}^{n}(c_{ij}+u_j)x_{ij}, \\
& \text{s.t.} \ \sum_{j=1}^{n} a_{ij}x_{ij} \leqslant b_i, \\
& \quad x_{ij} \in \{0,1\}, \quad j=1,\cdots,n.
\end{aligned}
$$

故计算 $Z^1(u)$ 相当于求解 m 个 0-1 线性背包问题, 利用动态规划求解的计算复杂性为 $O(nB)$, 其中 $B=\sum_{i=1}^{m} b_i$. 故松弛问题的计算复杂性与 n 成线性关系, 当 B 不大时可以有效求解.

松弛方法 2　对约束 (10.2) 进行松弛. 设乘子向量为 $v \in \mathbb{R}_{+}^{m}$, 则松弛问题为

$$
\begin{aligned}
Z^2(v) = & \min \sum_{i=1}^{m}\sum_{j=1}^{n} c_{ij}x_{ij} + \sum_{i=1}^{m} v_i \left(\sum_{j=1}^{n} a_{ij}x_{ij} - b_i \right) \\
& \text{s.t.} \ \sum_{i=1}^{m} x_{ij} = 1, \quad j=1,\cdots,n \\
& \quad x_{ij} \in \{0,1\}, \quad i=1,\cdots,m,\ j=1,\cdots,n \\
= & \min \sum_{j=1}^{n}\sum_{i=1}^{m}(c_{ij}+v_i a_{ij})x_{ij} - \sum_{i=1}^{m} v_i b_i \\
& \text{s.t.} \ \sum_{i=1}^{m} x_{ij} = 1, \quad j=1,\cdots,n \\
& \quad x_{ij} \in \{0,1\}, \quad i=1,\cdots,m,\ j=1,\cdots,n \\
= & \sum_{j=1}^{n} z_j(v) - \sum_{i=1}^{m} v_i b_i,
\end{aligned}
$$

这里

$$\begin{aligned} z_j(v) = \min & \sum_{i=1}^m (c_{ij} + v_i a_{ij}) x_{ij}, \\ \text{s.t.} & \sum_{i=1}^m x_{ij} = 1, \\ & x_{ij} \in \{0,1\}, \quad i = 1, \cdots, m. \end{aligned}$$

容易看出, $z_j(v) = \min_{i=1,\cdots,m}(c_{ij} + v_i a_{ij})$. 故 $Z^2(v)$ 的计算复杂性为 $O(mn)$.

10.1.3 二次约束 0-1 二次规划对偶

考虑下列 0-1 二次规划:

$$\begin{aligned} \text{(0-1QCQP)} \qquad & \min \ f_0(x) = x^{\mathrm{T}} A_0 x + b_0^{\mathrm{T}} x, \\ & \text{s.t.} \ f_i(x) = x^{\mathrm{T}} A_i x + b_i^{\mathrm{T}} x + c_i \leqslant 0, \quad i = 1, \cdots, m, \\ & \quad x \in \{0,1\}^n, \end{aligned}$$

这里 A_i 是 $n \times n$ 对称矩阵. 注意到 $x_i \in \{0,1\} \Leftrightarrow x_i^2 = x_i$. 设 $\lambda \in \mathbb{R}_+^m$ 和 $\mu \in \mathbb{R}^n$ 分别是对应与 (0-1QCQP) 中两个约束的乘子向量, 则拉格朗日松弛问题可表为

$$(\mathrm{L}_\lambda) \quad d(\lambda, \mu) = \min_{x \in \mathbb{R}^n} \left\{ x^{\mathrm{T}} \left[A_0 + \sum_{i=1}^m \lambda_i A_i + \mathrm{diag}(\mu) \right] x + \left(b_0 + \sum_{i=1}^m \lambda_i b_i - \mu \right)^{\mathrm{T}} x + \sum_{i=1}^m \lambda_i c_i \right\},$$

这里 $\mathrm{diag}(\mu)$ 表示以 μ 为主对角元的对角矩阵. 故拉格朗日对偶问题为

$$\text{(D)} \qquad \max_{\lambda \in \mathbb{R}_+^m, \mu \in \mathbb{R}^n} d(\lambda, \mu).$$

令 $\tau = d(\lambda, \mu)$, 由 $d(\lambda, \mu)$ 的定义知, (D) 等价于下列问题:

$$\begin{aligned} & \max \ \tau, \\ & \text{s.t.} \ x^{\mathrm{T}} \left[A_0 + \sum_{i=1}^m \lambda_i A_i + \mathrm{diag}(\mu) \right] x + \left(b_0 + \sum_{i=1}^m \lambda_i b_i - \mu \right)^{\mathrm{T}} x \\ & \qquad + \sum_{i=1}^m \lambda_i c_i \geqslant \tau, \quad \forall x \in \mathbb{R}^n, \\ & \qquad \tau \in \mathbb{R}, \ \lambda \in \mathbb{R}_+^m, \ \mu \in \mathbb{R}^n. \end{aligned}$$

注意到 n 元二次函数 $x^{\mathrm{T}} Q x + b^{\mathrm{T}} x + c \geqslant 0, \forall x \in \mathbb{R}^n$ 当且仅当 $n+1$ 元二次函数 $x^{\mathrm{T}} Q x + b^{\mathrm{T}} x t + c t^2 \geqslant 0, \forall (x,t) \in \mathbb{R}^{n+1}$. 而后一性质等价于

$$\begin{pmatrix} Q & \frac{1}{2} b \\ \frac{1}{2} b^{\mathrm{T}} & c \end{pmatrix} \succeq 0.$$

所以, 对偶问题 (D) 等价于下面的半定规划问题:

$$
\begin{aligned}
(\mathrm{D}_s)\qquad & \max\ \tau,\\
& \text{s.t.}\ \begin{pmatrix} A_0+\sum_{i=1}^m \lambda_i A_i+\operatorname{diag}(\mu) & \frac{1}{2}(b_0+\sum_{i=1}^m \lambda_i b_i-\mu) \\ \frac{1}{2}(b_0+\sum_{i=1}^m \lambda_i b_i-\mu)^{\mathrm{T}} & -\tau+\sum_{i=1}^m \lambda_i c_i \end{pmatrix} \succeq 0,\\
& \tau\in\mathbb{R},\ \lambda\in\mathbb{R}_+^m,\ \mu\in\mathbb{R}^n.
\end{aligned}
$$

关于半定规划的介绍可见 11.1.3 节, 半定规划理论和算法的详细讨论参见文献 [24]. 利用锥对偶理论可知 (D_s) 的对偶为

$$
\begin{aligned}
(\mathrm{D}_p)\qquad & \min\ A_0\bullet X+b_0^{\mathrm{T}}x,\\
& \text{s.t.}\ A_i\bullet X+b_i^{\mathrm{T}}x+c_i\leqslant 0,\quad i=1,\cdots,m,\\
& X_{ii}=x_i,\quad i=1,\cdots,n,\\
& \begin{pmatrix} X & x\\ x^{\mathrm{T}} & 1\end{pmatrix}\succeq 0,
\end{aligned}
$$

其中 X 是 $n\times n$ 对称矩阵. 注意到 (D_p) 即为直接对原问题进行提升 (lift) 得到的半定规划松弛.

10.1.4 非线性整数规划对偶问题

考虑一般整数规划问题:

$$
\begin{aligned}
(\mathrm{P})\qquad & \min\ f(x),\\
& \text{s.t.}\ g_i(x)\leqslant b_i,\quad i=1,2,\cdots,m,\\
& x\in X\subseteq\mathbb{Z}^n,
\end{aligned}
$$

其中 X 是有限整数集. 令 $g(x)=(g_1(x),\cdots,g_m(x))^{\mathrm{T}}$, $b=(b_1,\cdots,b_m)^{\mathrm{T}}$.

问题 (P) 的可行域可定义为 $S=\{x\in X\mid g(x)\leqslant b\}$. 对于 $\lambda\in\mathbb{R}_+^m$, 构造拉格朗日函数如下:

$$L(x,\lambda)=f(x)+\lambda^{\mathrm{T}}(g(x)-b).$$

极小化 $L(x,\lambda)$ 可得问题 (P) 的拉格朗日松弛问题:

$$(\mathrm{L}_\lambda)\qquad d(\lambda)=\min_{x\in X} L(x,\lambda):=f(x)+\lambda^{\mathrm{T}}(g(x)-b),\tag{10.4}$$

称 $d(\lambda)$ 为对偶函数. 拉格朗日对偶问题可表示如下:

$$(\mathrm{D})\qquad \max_{\lambda\in\mathbb{R}_+^m} d(\lambda).$$

类似于线性整数规划的情况, 弱对偶性 $v(\mathrm{D}) \leqslant v(\mathrm{P})$ 成立, 故 $v(\mathrm{D})$ 总是能提供原问题的一个下界. 然而, 在一般情况下求解 $d(\lambda)$ 是很困难的, 甚至和原问题同样难. 只有当 $f(x)$ 和 $g(x)$ 具有一些特殊的结构和性质时, 上述对偶松弛方法才有实际应用价值.

下面的定理表明一般整数规划问题的对偶函数是分片线性凹函数, 这为对偶问题的求解提供了很好的性质.

定理 10.3 对偶函数 $d(\lambda)$ 在 $\mathbb{R}_+^m$ 上是分片线性凹函数.

证明 由 $d(\lambda)$ 的定义可知, 对于 $\lambda \in \mathbb{R}_+^n$,

$$d(\lambda) = \min_{x \in X}[f(x) + \lambda^{\mathrm{T}}(g(x) - b)].$$

由于 X 是有限集合, 故 $d(\lambda)$ 是有限个 λ 的线性函数的最小值, 因此, $d(\lambda)$ 是分片线性凹函数. □

考虑问题 (P) 中 f, g, X 具有可分离结构的特殊情况:

$$\begin{aligned}
\min\ & f(x) = \sum_{j=1}^{n} f_j(x_j), \\
\text{s.t.}\ & g_i(x) = \sum_{j=1}^{n} g_{ij}(x_j) \leqslant b_i, \quad i = 1, \cdots, m, \\
& x \in X_1 \times X_2 \times \cdots \times X_n \subseteq \mathbb{Z}^n,
\end{aligned} \tag{10.5}$$

其中 $X_i = \{x_i \in \mathbb{Z} \mid l_i \leqslant x_i \leqslant u_i\}$. 问题 (10.5) 的拉格朗日函数可表示为 n 个单变量函数的和:

$$L(x, \lambda) = \sum_{j=1}^{n} L_j(x_j, \lambda) - \lambda^{\mathrm{T}} b,$$

其中

$$L_j(x_j, \lambda) = f_j(x_j) + \sum_{i=1}^{m} \lambda_i g_{ij}(x_j).$$

求解拉格朗日松弛问题 (L_λ) 可分解求解为 n 个一维子问题,

$$\begin{aligned}
d(\lambda) &= \min_{x \in X} L(x, \lambda) \\
&= \min_{x \in X} \sum_{j=1}^{n} L_j(x_j, \lambda) - \lambda^{\mathrm{T}} b \\
&= \sum_{j=1}^{n} [\min_{x_j \in X_j} L_j(x_j, \lambda)] - \lambda^{\mathrm{T}} b.
\end{aligned}$$

故利用枚举法求解分解后的 $d(\lambda)$ 需要计算量 $O\left(\sum_{j=1}^{n}(u_j-l_j+1)\right)$, 因此, 拉格朗日对偶方法在处理可分离整数规划问题时也是很有效的.

10.2　对偶搜索方法

本节讨论如何求解拉格朗日对偶问题. 从上节看到, 如果有限整数集合 X 保留在松弛问题中, 则不论原问题是什么形式, 对偶函数总是一个分片凹函数, 故对偶问题是一个非光滑凸优化问题. 本节将介绍常用的几种对偶搜索方法：次梯度法、外逼近法和 Bundle 方法.

10.2.1　次梯度方法

与光滑函数的梯度不同, 非光滑凹函数的次梯度方向不一定是上升方向. 然而, 可以证明沿次梯度方向能得到更靠近最优解的迭代点[22].

定义 10.1　设 $f(x)$ 是 $\mathbb{R}^n$ 上的凹函数, $x_0\in\mathbb{R}^n$, 若 $f(x)\leqslant f(x_0)+\xi^{\mathrm{T}}(x-x_0)$, $\forall x\in\mathbb{R}^n$, 则称 ξ 是函数 $f(x)$ 在 x_0 处的次梯度, 记为 $\xi\in\partial f(x_0)$.

性质 10.1　考虑一般整数规划问题的拉格朗日松弛问题 (L_λ), 设 x_λ 是 (L_λ) 的最优解, 则 $\xi=g(x_\lambda)-b$ 是 $d(\lambda)$ 在 λ 处的次梯度.

证明　因 x_λ 是 (L_λ) 的最优解, 则对任意 $\mu\in\mathbb{R}_+^m$ 有

$$
\begin{aligned}
d(\mu)&=\min_{x\in X}[f(x)+\mu^{\mathrm{T}}(g(x)-b)]\\
&\leqslant f(x_\lambda)+\mu^{\mathrm{T}}(g(x_\lambda)-b)\\
&=f(x_\lambda)+\lambda^{\mathrm{T}}(g(x_\lambda)-b)+(g(x_\lambda)-b)^{\mathrm{T}}(\mu-\lambda)\\
&=d(\lambda)+\xi^{\mathrm{T}}(\mu-\lambda).
\end{aligned}
$$

因此, $\xi=g(x_\lambda)-b$ 是对偶函数在 λ 处的次梯度. □

定义函数 d 在 λ 处的所有次梯度组成的集合

$$
\partial d(\lambda)=\{\xi\mid d(\mu)\leqslant d(\lambda)+\xi^{\mathrm{T}}(\mu-\lambda),\ \forall\mu\in\mathbb{R}_+^m\}.
$$

可以证明 $\partial d(\lambda)$ 是所有形如 $g(x_\lambda)-b$ 的点的凸包[9], 即有如下关系：

$$
\partial d(\lambda)=\mathrm{conv}\{g(x)-b\mid d(\lambda)=f(x)+\lambda^{\mathrm{T}}(g(x)-b),\ x\in X\}.
$$

算法 10.1(次梯度算法)

步 0. 选择 $\lambda^1\geqslant 0$. 令 $v^1=-\infty$, $k=1$.

步 1. 求解拉格朗日松弛问题

$$(\mathrm{L}_{\lambda^k}) \qquad d(\lambda^k) = \min_{x \in X} L(x, \lambda^k),$$

并记最优解为 x^k. 令 $\xi^k = g(x^k) - b$, $v^{k+1} = \max(v^k, d(\lambda^k))$. 如果 $\xi^k = 0$, 则算法终止, λ^k 是问题 (D) 的最优解.

步 2. 计算

$$\lambda^{k+1} = P^+(\lambda^k + s_k \xi^k / \|\xi^k\|),$$

其中 $s_k > 0$ 是步长, P^+ 是 $\mathbb{R}^m$ 到 $\mathbb{R}_+^m$ 的投影,

$$P^+(\lambda) = (\max(0, \lambda_1), \cdots, \max(0, \lambda_m))^{\mathrm{T}}.$$

步 3. 令 $k := k + 1$, 转步 1.

次梯度方法的思想易于理解和实现, 在每次迭代过程中沿次梯度方向前进适当步长即可. 算法 10.1 的难点在于如何选择步长 s_k.

引理 10.1 若 $\lambda^* \geqslant 0$ 为 (D) 的最优解, 则对于任意 k, 下式成立:

$$d(\lambda^*) - v^k \leqslant \frac{\|\lambda^1 - \lambda^*\|^2 + \sum_{i=1}^{k} s_i^2}{2 \sum_{i=1}^{k} (s_i / \|\xi^i\|)}. \tag{10.6}$$

证明 由于 ξ^i 是 d 在 λ^i 处的次梯度, 则

$$d(\lambda^*) \leqslant d(\lambda^i) + (\xi^i)^{\mathrm{T}}(\lambda^* - \lambda^i).$$

因此

$$\begin{aligned}
\|\lambda^{i+1} - \lambda^*\|^2 &= \|P^+(\lambda^i + s_i \xi^i / \|\xi^i\|) - P^+(\lambda^*)\|^2 \\
&\leqslant \|\lambda^i + s_i \xi^i / \|\xi^i\| - \lambda^*\|^2 \\
&= \|\lambda^i - \lambda^*\|^2 + (2 s_i / \|\xi^i\|)(\xi^i)^{\mathrm{T}}(\lambda^i - \lambda^*) + s_i^2 \\
&\leqslant \|\lambda^i - \lambda^*\|^2 + (2 s_i / \|\xi^i\|)[d(\lambda^i) - d(\lambda^*)] + s_i^2.
\end{aligned} \tag{10.7}$$

将 (10.7) 式两端对 $i = 1, \cdots, k$ 求和得

$$0 \leqslant \|\lambda^{k+1} - \lambda^*\|^2 \leqslant \|\lambda^1 - \lambda^*\|^2 + 2 \sum_{i=1}^{k} (s_i / \|\xi^i\|)[d(\lambda^i) - d(\lambda^*)] + \sum_{i=1}^{k} s_i^2.$$

因此

$$\begin{aligned}
d(\lambda^*) - v^k &= d(\lambda^*) - \max_{i=1,\cdots,k} d(\lambda^i) \\
&\leqslant \frac{\sum\limits_{i=1}^{k} (s_i/\|\xi^i\|)[d(\lambda^*) - d(\lambda^i)]}{\sum\limits_{i=1}^{k} (s_i/\|\xi^i\|)} \\
&\leqslant \frac{\|\lambda^1 - \lambda^*\|^2 + \sum\limits_{i=1}^{k} s_i^2}{2\sum\limits_{i=1}^{k} (s_i/\|\xi^i\|)}.
\end{aligned}$$

□

根据引理 10.1, 可适当选取步长, 算法 10.1 就能产生收敛于最优值的点列 $\{\lambda_k\}$. 选取步长的方法有多种:

(i) $s_k = \varepsilon$, 其中 $\varepsilon > 0$ 是常数;

(ii) $\sum\limits_{k=1}^{+\infty} s_k^2 < +\infty$, 且 $\sum\limits_{k=1}^{+\infty} s_k = +\infty$;

(iii) $s_k \to 0,\ k \to +\infty$, 且 $\sum\limits_{k=1}^{+\infty} s_k = +\infty$.

采用步长 (ii) 和 (iii) 的次梯度方法都具有收敛性, 但收敛速度较慢, 其收敛性证明可参见文献 [13]. 除此以外, 还有另一种步长的取法:

$$s_k = \rho \frac{w_k - d(\lambda^k)}{\|\xi^k\|}, \quad 0 < \rho < 2, \tag{10.8}$$

其中 $\xi^k \neq 0$, w_k 是对偶问题最优值 $v(\mathrm{D})$ 的近似, 并且 $w_k \geqslant d(\lambda^k)$.

定理 10.4　假设算法 10.1 采用 (10.8) 式选择步长, $\{\lambda^k\}$ 是其迭代产生的序列. 若 $\{w_k\}$ 单调上升, 且 $\lim_{k\to+\infty} w_k = w \leqslant v(\mathrm{D})$, 则有

$$\lim_{k\to+\infty} d(\lambda^k) = w, \quad \lim_{k\to+\infty} \lambda^k = \lambda^*, \quad 并且\ d(\lambda^*) = w.$$

证明　对于任意 $\lambda \in \Lambda(w) = \{\lambda \in \mathbb{R}_+^m \mid d(\lambda) \geqslant w\}$,

$$\begin{aligned}
\|\lambda - \lambda^{k+1}\|^2 &= \|P^+(\lambda) - P^+(\lambda^k + s_k\xi^k/\|\xi^k\|)\|^2 \\
&\leqslant \|\lambda - \lambda^k - s_k(\xi^k/\|\xi^k\|)\|^2 \\
&= \|\lambda - \lambda^k\|^2 + s_k^2 - 2(s_k/\|\xi^k\|)(\xi^k)^{\mathrm{T}}(\lambda - \lambda^k) \\
&\leqslant \|\lambda - \lambda^k\|^2 + s_k^2 - 2(s_k/\|\xi^k\|)(d(\lambda) - d(\lambda^k)) \\
&\leqslant \|\lambda - \lambda^k\|^2 + s_k^2 - 2s_k(w_k - d(\lambda^k))/\|\xi^k\| \\
&= \|\lambda - \lambda^k\|^2 - \rho(2-\rho)(w_k - d(\lambda^k))^2/\|\xi^k\|^2.
\end{aligned} \tag{10.9}$$

因此, $\{\|\lambda-\lambda^k\|\}$ 是单调递减序列所以收敛. 由于 $\{\|\xi^k\|\}$ 是有界序列, 对上述不等式两边取极限可得

$$\lim_{k\to+\infty} d(\lambda^k)=w.$$

令 λ^* 是有界序列 $\{\lambda^k\}$ 的一个极限点. 由 d 的连续性可得 $d(\lambda^*)=w$. 因此 $\lambda^*\in\Lambda(w)$. 由于 $\{\|\lambda^*-\lambda^k\|\}$ 是单调递减的, 所以有 $\lim_{k\to+\infty}\lambda^k=\lambda^*$. □

若已知对偶问题最优值 $v(\mathrm{D})$, 则令 (10.8) 中 $w^k=w=v(\mathrm{D})$, 就可得到次梯度方法的收敛性.

10.2.2 外逼近方法

利用 X 是有限整数集的性质, 对偶问题 (D) 可等价地表为如下线性规划问题:

$$\begin{aligned}
(\mathrm{LD})\qquad & \max\ \mu,\\
& \text{s.t.}\ \ \mu\leqslant f(x)+\lambda^{\mathrm{T}}(g(x)-b),\quad \forall x\in X,\\
& \qquad\ \lambda\geqslant 0.
\end{aligned}$$

由于问题 (LD) 中约束个数等于整数集合 X 中元素个数, 当 n 较大时, X 中的整数点的个数一般都很大 (例如 $X=\{0,1\}^n$), 直接求解 (LD) 是不可能的. 我们可用如下问题对其进行逼近:

$$\begin{aligned}
(\mathrm{LD}^k)\qquad & \max\ \mu,\\
& \text{s.t.}\ \ \mu\leqslant f(x^j)+\lambda^{\mathrm{T}}(g(x^j)-b),\quad \forall x^j\in T^k\subseteq X,\\
& \qquad\ \lambda\geqslant 0.
\end{aligned}$$

通过不断对 (LD^k) 添加线性约束 (割平面), 可以逐步逼近 (LD).

算法 10.2(线性外逼近算法)

步 0. 从 X 中取子集 T^1, 使 T^1 至少包含一个可行解 x^0. 令 $k=1$.

步 1. 求解线性规划问题 (LD^k), 记最优解为 (μ^k,λ^k).

步 2. 求解拉格朗日松弛问题 (L_{λ^k}), 记最优值及最优解为 $d(\lambda^k)$ 和 $x^k\in X$.

步 3. 若

$$(\lambda^k)^{\mathrm{T}}[g(x^k)-b]=0,\quad g(x^k)\leqslant b, \tag{10.10}$$

则算法终止, x^k 是 (P) 的最优解, λ^k 是问题 (D) 的最优解, 并且 $v(\mathrm{P})=v(\mathrm{D})$. 若

$$\mu^k\leqslant d(\lambda^k), \tag{10.11}$$

则算法终止, λ^k 是问题 (D) 的最优解, 并且 $\mu^k=v(\mathrm{D})$.

步 4. 把 x^k 添加到 T^k,

$$T^{k+1} = T^k \cup \{x^k\}.$$

令 $k := k+1$, 转步 1.

上述算法称为外逼近方法, 算法的每次迭代增加一个约束, 从几何上看是用超平面将不包含最优解的部分割掉. 因此, 该方法也称为割平面法, 其收敛结果如下:

定理 10.5　*算法 10.2 在有限步内终止, 且找到对偶问题 (D) 的最优解.*

证明　对任意 k, 由于 T^k 至少包含 (P) 的一个可行解, 则问题 (LD^k) 必有有限解. 若算法在步 3 满足 (10.10) 终止, 则强对偶定理成立, x^k 是 (P) 的最优解, λ^k 是 (D) 的最优解, 且 $v(\mathrm{P}) = v(\mathrm{D})$. 若算法在步 3 满足 (10.11) 终止, 则

$$v(\mathrm{D}) \geqslant d(\lambda^k) = f(x^k) + (\lambda^k)^{\mathrm{T}}(g(x^k) - b) \geqslant \mu^k.$$

另一方面, 由于 (LD) 的可行域是 (LD^k) 可行域的子集, $\mu^k \geqslant v(\mathrm{D})$. 因此 $\mu^k = v(\mathrm{D})$, 且 λ^k 是 (D) 的最优解.

若算法在步 3 未终止, 式 (10.11) 不成立, 则必有 $x^k \notin T^k$, 可将点 x^k 加入到 T^{k+1} 中, 进入下一步迭代. 因为 X 是有限集合, 所以算法必然在有限步内终止. □

由于线性规划问题 (LD^{k+1}) 是由问题 (LD^k) 增加一个线性约束得到, 则子问题 (LD^k) ($k = 1, 2, \cdots$) 可利用对偶单纯形方法求解.

例 10.1　考虑下面的整数规划:

$$\begin{aligned}
&\min\ f(x) = 3x_1^2 + 2x_2^2,\\
&\text{s.t. } g_1(x) = 10 - 5x_1 - 2x_2 \leqslant 7,\\
&\qquad g_2(x) = 15 - 2x_1 - 5x_2 \leqslant 12,\\
&\qquad x \in X = \left\{\begin{array}{c} \text{整数} \\ 0 \leqslant x_1 \leqslant 1, 0 \leqslant x_2 \leqslant 2 \\ 8x_1 + 8x_2 \geqslant 1 \end{array}\right\}.
\end{aligned}$$

X 的所有元素为: $X = \{(0,1)^{\mathrm{T}}, (0,2)^{\mathrm{T}}, (1,0)^{\mathrm{T}}, (1,1)^{\mathrm{T}}, (1,2)^{\mathrm{T}}\}$. 容易验证, $(0,2)^{\mathrm{T}}$, $(1,1)^{\mathrm{T}}$ 和 $(1,2)^{\mathrm{T}}$ 是可行解, 最优解是 $x^* = (1,1)^{\mathrm{T}}$, 最优值是 $f(x^*) = 5$.

以下是用算法 10.2 求解上述问题的对偶问题的具体步骤:

步 0. 选取初始点 $x^0 = (1,1)^{\mathrm{T}}$, $T^1 = \{x^0\}$. 令 $k = 1$.

第一次迭代

步 1. 求解线性规划子问题:

$$\begin{aligned}
(\mathrm{LD}^1)\qquad &\max\ \mu,\\
&\text{s.t. } \mu \leqslant 5 - 4\lambda_1 - 4\lambda_2,\\
&\qquad \lambda_1 \geqslant 0,\ \lambda_2 \geqslant 0.
\end{aligned}$$

得最优解 $\mu^1 = 5$, $\lambda^1 = (0,0)^{\mathrm{T}}$.

步 2. 求解拉格朗日松弛问题 (L_{λ^1}), 其最优解为 $x^1 = (0,1)^{\mathrm{T}}$, $d(\lambda^1) = 2$.

步 3. $\mu^1 = 5 > 2 = d(\lambda^1)$.

步 4. 令 $T^1 = \{x^0, x^1\}$.

第二次迭代

步 1. 求解线性规划子问题:

$$
\begin{aligned}
(\mathrm{LD}^2) \qquad & \max\ \mu, \\
& \text{s.t.}\ \ \mu \leqslant 5 - 4\lambda_1 - 4\lambda_2, \\
& \qquad \mu \leqslant 2 + \lambda_1 - 2\lambda_2, \\
& \qquad \lambda_1 \geqslant 0,\ \lambda_2 \geqslant 0.
\end{aligned}
$$

得其最优解 $\mu^2 = 2.6$, $\lambda^2 = (0.6, 0)^{\mathrm{T}}$.

步 2. 求解拉格朗日松弛问题 (L_{λ^2}), 得其最优值为 $d(\lambda^2) = 1.8$, 最优解为 $x^2 = (1,0)^{\mathrm{T}}$.

步 3. $\mu^2 = 2.6 > 1.8 = d(\lambda^2)$.

步 4. 令 $T^2 = \{x^0, x^1, x^2\}$.

第三次迭代

步 1. 求解线性规划子问题

$$
\begin{aligned}
(\mathrm{LD}^3) \qquad & \max\ \mu, \\
& \text{s.t.}\ \ \mu \leqslant 5 - 4\lambda_1 - 4\lambda_2, \\
& \qquad \mu \leqslant 2 + \lambda_1 - 2\lambda_2, \\
& \qquad \mu \leqslant 3 - 2\lambda_1 + \lambda_2, \\
& \qquad \lambda_1 \geqslant 0,\ \lambda_2 \geqslant 0.
\end{aligned}
$$

得其最优解 $\mu^3 = 2\dfrac{1}{3}$, $\lambda^3 = \left(\dfrac{1}{3}, 0\right)^{\mathrm{T}}$.

步 2. 求解拉格朗日松弛问题 (L_{λ^3}), 得 $d(\lambda^3) = 2\dfrac{1}{3}$, 最优解为 $x^3 = (0,1)^{\mathrm{T}}$.

步 3. 由于 $\mu^3 = 2\dfrac{1}{3} = d(\lambda^3)$, 算法终止, 对偶最优值为 $2\dfrac{1}{3}$.

虽然外逼近方法在迭代过程中只需求解线性规划问题, 然而它也存在一定的局限性: 初始可行解往往不容易找到, 另外, 当迭代次数 k 较大时, 问题 (L_{λ^k}) 的约束个数太多, 使得线性规划求解较困难.

10.2.3 Bundle 方法

次梯度方向不一定是上升方向, 且次梯度方法收敛速度较慢. Bundle 方法在某种程度上能克服上述缺点, 其主要思想是利用之前迭代点及其次梯度信息构造分片线性函数来逼近对偶函数 $d(\lambda)$, 并通过求解二次规划子问题寻找当前迭代点处的上升方向.

假设已知迭代点 λ_j 及该点处次梯度 ξ_j, $j=1,\cdots,k$. 构造如下分片线性函数 $\hat{d}_k(\lambda)$ 来逼近 $d(\lambda)$:

$$\hat{d}_k(\lambda)=\min_{j=1,\cdots,k}\{d(\lambda_j)+\xi_j^{\mathrm{T}}(\lambda-\lambda_j)\}.$$

令 p_j^k 表示割平面 $d(\lambda_j)+\xi_j^{\mathrm{T}}(\lambda-\lambda_j)$ 与 $d(\lambda)$ 在 λ_k 处的误差,

$$p_j^k=d(\lambda_j)+\xi_j^{\mathrm{T}}(\lambda_k-\lambda_j)-d(\lambda_k),\quad j=1,\cdots,k,$$

则函数 $\hat{d}_k(\lambda)$ 可表为

$$\hat{d}_k(\lambda)=\min_{j=1,\cdots,k}\{d(\lambda_k)+\xi_j^{\mathrm{T}}(\lambda-\lambda_k)+p_j^k\}. \tag{10.12}$$

将 $h=\lambda-\lambda_k$ 代入式 (10.12), 重新记作

$$\hat{d}_k(\lambda_k;h)=\min_{j\in\{1,\cdots,k\}}\{d(\lambda_k)+\xi_j^{\mathrm{T}}h+p_j^k\}. \tag{10.13}$$

当离 λ_k 较远时, $d_k(\lambda_k;h)$ 对 $d(\lambda)$ 的逼近效果不能得到保证, 所以在式 (10.13) 中加入二次项 $-\dfrac{1}{2\alpha_k}h^{\mathrm{T}}h$, α_k 取适当小的正数, 以确保 $d_k(\lambda_k;h)$ 的最大值在 λ_k 附近取到. 若 $d_k(\lambda_k;h)$ 在 λ_k 处较好地逼近 $d(\lambda)$, 则 $d(\lambda)$ 在 λ_k 处上升方向可由下式得到:

$$h_k=\arg\max_{h\in\mathbb{R}^m}\left\{d_k(\lambda_k;h)-\frac{1}{2\alpha_k}h^{\mathrm{T}}h\right\}. \tag{10.14}$$

由于 $d_k(\lambda_k;h)$ 是分片线性函数, 所以问题 (10.14) 等价于

$$\begin{aligned}(\mathrm{B}_k)\qquad &\max\ \omega-\frac{1}{2\alpha_k}\|h\|^2,\\ &\text{s.t.}\quad \xi_j^{\mathrm{T}}h+p_j^k\geqslant\omega,\quad j=1,\cdots,k.\end{aligned}$$

易知, (B_k) 的对偶是如下二次规划问题:

$$\begin{aligned}(\mathrm{DB}_k)\qquad &\min\ \frac{1}{2}\left\|\sum_{j=1}^k\theta_j\xi_j\right\|^2+\frac{1}{\alpha_k}\sum_{j=1}^k\theta_jp_j^k,\\ &\text{s.t.}\quad \sum_{j=1}^k\theta_j=1,\\ &\qquad\ \ \theta_j\geqslant 0,\quad j=1,\cdots,k,\end{aligned}$$

性质 10.2 问题 (B_k) 和 (DB_k) 分别存在唯一解 $(\omega_k,\ h_k)$ 和 $\theta_j^k,\ j=1,\cdots,k,$ 并且

$$h_k=\sum_{j=1}^{k}\theta_j^k\xi_j.$$

下面叙述 Bundle 方法的算法过程.

算法 10.3(Bundle 方法)

步 0. 取初始点 λ_1, ξ_1 为 $d(\lambda)$ 在该点处的次梯度. 令 $k=1$.

步 1. 求解子问题 (DB_k), 记其最优解为 $\theta_j^k,\ j=1,\cdots,k$. 令 $h_k=\sum\limits_{j=1}^{k}\theta_j^k\xi_j$. 若 $h_k=0$, 则算法终止, λ_k 为对偶问题 (D) 最优解.

步 2. 以 h_k 为搜索方向进行线搜索. 若线搜索能使对偶函数 $d(\lambda)$ 有充分改进, 则令

$$\lambda_{k+1}=\lambda_k+\gamma_k h_k,$$

其中 $\gamma_k=\arg\max\{d(\lambda_k+\gamma h_k)\mid\gamma\geqslant 0\}$. 计算 $\xi_{k+1}\in\partial d(\lambda_{k+1})$, 以及

$$p_j^{k+1}=d(\lambda_j)+\xi_j^{\mathrm{T}}(\lambda_{k+1}-\lambda_j)-d(\lambda_{k+1}),\quad j=1,\cdots,k+1.$$

若线搜索能不能使 $d(\lambda)$ 充分改进, 令 $\lambda_{k+1}=\lambda_k$, 并计算 $\xi_{k+1}\in\partial d(\lambda_k+\gamma h_k)$, 其中 γ 为适当小的正数.

$$\begin{aligned}&p_j^{k+1}=p_j^k,\quad j=1,\cdots,k,\\&p_{k+1}^{k+1}=d(\lambda_{k+1})+\xi_{k+1}^{\mathrm{T}}(\lambda_{k+1}-\lambda_{k+1})-d(\lambda_{k+1})=0.\end{aligned}$$

转步 1.

Bundle 方法的收敛性证明可参考文献 [9,12]. 由于每次迭代需要求解二次规划子问题, Bundle 方法尽管有较好的收敛性质, 但计算时间也较长.

以上介绍了三种求解对偶问题 (D) 的搜索方法, 即使利用搜索方法得到对偶最优解 λ^*, 求解其相应拉格朗日松弛问题 (L_{λ^*}) 却不一定能得到原问题 (P) 的可行解:

例 10.2 考虑下面的整数规划:

$$\begin{aligned}&\min\ f(x)=3x_1+2x_2-1.5x_1^2,\\&\text{s.t. } g_1(x)=15-7x_1+2x_2\leqslant 12,\\&\qquad g_2(x)=15+2x_1^2-7x_2\leqslant 12,\\&\qquad x\in X=\{(0,1)^{\mathrm{T}},(0,2)^{\mathrm{T}},(1,0)^{\mathrm{T}},(1,1)^{\mathrm{T}},(2,0)^{\mathrm{T}}\}.\end{aligned}$$

该问题的最优解是 $x^* = (1,1)^{\mathrm{T}}$, 最优值为 $f(x^*) = 3.5$. 对偶问题 (D) 的最优解是 $\lambda^* = (0.1951, 0.3415)^{\mathrm{T}}$, 对偶最优值为 $d(\lambda^*) = 1.6095$. 拉格朗日松弛问题 $(\mathrm{L}_{1.6095})$ 有三个最优解, 分别是：$(0,1)^{\mathrm{T}}$, $(0,2)^{\mathrm{T}}$, $(2,0)^{\mathrm{T}}$, 皆不可行.

然而, 若整数规划问题只有一个约束, 则求解其相应拉格朗日松弛问题 (L_{λ^*}) 能得到原问题 (P) 的可行解[13].

定理 10.6　*若 $m = 1$, 则松弛问题 (L_{λ^*}) 至少存在一个最优解是原问题的可行解.*

虽然求解拉格朗日对偶问题 (D) 并不一定能获得原问题 (P) 的最优解, 甚至不能得到其可行解. 但在利用分支定界等全局优化方法求解整数规划时, 对偶方法能为原问题提供较好的下界, 是最常用松弛方法之一.

10.3　对偶松弛与连续松弛

本节讨论一般凸整数规划问题的连续松弛界和对偶松弛界的关系. 考虑

$$
\begin{aligned}
(\mathrm{P}) \qquad & \min\ f(x), \\
& \text{s.t. } g_i(x) \leqslant b_i, \quad i = 1, 2, \cdots, m, \\
& \qquad x \in X \subseteq \mathbb{Z}^n,
\end{aligned}
$$

其中函数 f, g_i, $i = 1, \cdots, m$ 是连续可微凸函数, 其拉格朗日对偶问题 (D) 在 10.1 节中已给出. 问题 (P) 的连续松弛为

$$
\begin{aligned}
(\mathrm{CP}) \qquad & \min\ f(x), \\
& \text{s.t. } g_i(x) \leqslant b_i, \quad i = 1, 2, \cdots, m, \\
& \qquad x \in \mathrm{conv}(X),
\end{aligned}
$$

其中 $\mathrm{conv}(X)$ 是整数集合 X 的凸包. 假设 (CP) 的可行域满足一定的约束品性, 如线性独立或 Slater 内点约束品性.

定理 10.7　$v(\mathrm{D}) \geqslant v(\mathrm{CP})$.

证明　因为 $X \subseteq \mathrm{conv}(X)$, 且凸规划的强对偶定理成立, 故有

$$
\begin{aligned}
v(\mathrm{D}) &= \max_{\lambda \in \mathbb{R}_+^m} \min_{x \in X} L(x, \lambda) \\
&\geqslant \max_{\lambda \in \mathbb{R}_+^m} \min_{x \in \mathrm{conv}(X)} L(x, \lambda) \\
&= v(\mathrm{CP}).
\end{aligned}
$$

□

以上定理表明, 拉格朗日对偶问题得到的下界往往比连续松弛界更好. 下面考虑如下线性整数规划问题：

$$\begin{aligned}
\text{(IP)} \qquad & \min c^{\mathrm{T}}x, \\
& \text{s.t. } Dx \leqslant d, \\
& \quad x \in X \subseteq \mathbb{Z},
\end{aligned}$$

其中 X 包含有限个整数点. (IP) 的一种连续松弛为

$$\begin{aligned}
\text{(CIP)} \qquad & \min c^{\mathrm{T}}x, \\
& \text{s.t. } Dx \leqslant d, \\
& \quad x \in \mathrm{conv}(X),
\end{aligned}$$

定理 10.8 $v(\mathrm{D}) = v(\mathrm{CIP})$.

证明 不妨设 X 中的整数点分别为 $x^i, i = 1, \cdots, T$, 则有

$$\begin{aligned}
v(\mathrm{D}) &= \max_{\lambda \geqslant 0} \ d(\lambda) \\
&= \max_{\lambda \geqslant 0} \min_{x \in X} [c^{\mathrm{T}}x + \lambda^{\mathrm{T}}(Dx - d)] \\
&= \max_{\lambda \geqslant 0} \min_{i=1,\cdots,T} [c^{\mathrm{T}}x^i + \lambda^{\mathrm{T}}(Dx^i - b)] \\
&= \max \ \eta, \\
&\quad \text{s.t. } c^{\mathrm{T}}x^i + \lambda^{\mathrm{T}}(Dx^i - b) \geqslant \eta, \quad i = 1, \cdots, T, \\
&\qquad \lambda \geqslant 0, \quad \eta \in \mathbb{R}.
\end{aligned} \tag{10.15}$$

上式最后一个问题的线性规划对偶为

$$\begin{aligned}
\min \ & \sum_{i=1}^{T} \mu_i (c^{\mathrm{T}}x^i) \\
\text{s.t. } & \sum_{i=1}^{T} \mu_i (Dx^i - d) \leqslant 0, \\
& \sum_{i=1}^{T} \mu_i = 1, \quad \mu_i \geqslant 0.
\end{aligned}$$

令 $x = \sum_{i=1}^{T} \mu_i x^i$, 其中 $\sum_{i=1}^{T} \mu_i = 1$, $\mu_i \geqslant 0$, 则上述问题可等价表述为

$$\begin{aligned}
\min \ & c^{\mathrm{T}}x, \\
\text{s.t. } & Dx \leqslant d, \\
& x \in \mathrm{conv}(X),
\end{aligned}$$

上述问题即是 (CIP). 由线性规划的强对偶定理和 (10.15) 知 $v(\mathrm{D}) = v(\mathrm{CIP})$. □

在问题 (CIP) 中, 凸包 $\mathrm{conv}(X)$ 一般很难刻画, 从而无法得到可以有效求解的线性规划松弛. 设集合 $X = \{x \in \mathbb{Z}^n \mid Ax \leqslant b\}$, 可将 X 松弛为 $\bar{X} = \{x \in \mathbb{R}^n \mid Ax \leqslant b\}$, 故 (IP) 的线性规划松弛为

$$\begin{aligned} (\mathrm{LP}) \qquad & \min\ c^{\mathrm{T}}x, \\ & \text{s.t. } Dx \leqslant d, \\ & \qquad Ax \leqslant b, \quad x \in \mathbb{R}^n. \end{aligned}$$

推论 10.1　$v(\mathrm{D}) \geqslant v(\mathrm{LP})$.

证明　由于 $\mathrm{conv}(X) \subseteq \bar{X}$, 所以 $v(\mathrm{LP}) \leqslant v(\mathrm{CIP})$. 故由定理 10.8 知 $v(\mathrm{LP}) \leqslant v(\mathrm{D})$. □

10.4 替代对偶

替代对偶的基本思想是把规划问题中的多个不等式约束用非负线性组合化成单个约束, 产生单约束整数规划松弛问题. 考虑带有多个不等式约束的整数规划问题:

$$\begin{aligned} (\mathrm{IP}) \qquad & \min\ f(x), \\ & \text{s.t. } g_i(x) \leqslant b_i, \quad i = 1, 2, \cdots, m, \\ & \qquad x \in X \subseteq \mathbb{Z}^n, \end{aligned}$$

其中 $m \geqslant 2$, X 包含有限个元素. 令 $g(x) = (g_1(x), \cdots, g_m(x))^{\mathrm{T}}$, $b = (b_1, \cdots, b_m)^{\mathrm{T}}$. 定义问题 (IP) 的可行域为 $S = \{x \in X \mid g(x) \leqslant b\}$.

将 (IP) 中的多个约束用非负线性组合形成单个替代约束, 可得如下替代松弛问题:

$$\begin{aligned} (\mathrm{IP}_\mu) \qquad & p(\mu) = \min\ f(x), \\ & \qquad \text{s.t. } \mu^{\mathrm{T}}(g(x) - b) \leqslant 0, \\ & \qquad\qquad x \in X, \end{aligned}$$

其中 $\mu = (\mu_1, \cdots, \mu_m)^{\mathrm{T}} \in \mathbb{R}_+^m$ 是替代乘子向量. 问题 (IP_μ) 的可行域为

$$S(\mu) = \{x \in X \mid \mu^{\mathrm{T}}(g(x) - b) \leqslant 0\}. \tag{10.16}$$

容易验证, 若 x 满足 $g(x) \leqslant b$, 必有 $\mu^{\mathrm{T}}(g(x) - b) \leqslant 0$ 成立, 即 $S \subseteq S(\mu)$. 所以, 对任意 $\mu \in \mathbb{R}_+^m$, (IP_μ) 是 (IP) 的松弛问题, 即有

$$v(\mathrm{IP}_\mu) \leqslant v(\mathrm{IP}), \quad \forall \mu \in \mathbb{R}_+^m.$$

替代对偶问题可表述如下：

$$(\mathrm{D}_S) \qquad \max\ p(\mu),$$
$$\text{s.t. } \mu \in \mathbb{R}_+^m.$$

显然, (D_S) 是 (IP) 的松弛:

$$v(\mathrm{D}_S) \leqslant v(\mathrm{IP}). \tag{10.17}$$

定理 10.9(强替代对偶定理) 设 $\mu^* \in \mathbb{R}_+^m$, 若 x^* 是 (IP_{μ^*}) 的最优解, 并且 x^* 是 (IP) 的可行解, 则 x^* 是 (IP) 的最优解, 且 $v(\mathrm{D}_S) = v(\mathrm{IP})$.

证明 显然, 对任意 $\mu \in \mathbb{R}_+^m$ 有 $S \subseteq S(\mu)$. 由已知条件, 对于 $\mu^* \in \mathbb{R}_+^m$, x^* 是 $f(x)$ 在 $S(\mu^*)$ 上的极小点, 并且 $x^* \in S$, 所以 x^* 必然是 $f(x)$ 在 S 上的极小点. 因此, x^* 是 (IP) 的最优解. 由式 (10.17) 可得, $f(x^*) = v(P_{\mu^*}) \leqslant v(\mathrm{D}_S) \leqslant v(\mathrm{IP}) = f(x^*)$. 因此, $v(\mathrm{D}_S) = v(\mathrm{IP})$. □

显然, 对于任意 $\theta > 0$, $v(\mathrm{IP}_\mu) = v(\mathrm{IP}_{\theta\mu})$ 成立. 因此, 替代对偶问题 (D_S) 等价于如下问题:

$$(\mathrm{D}_S^n) \qquad \max\ p(\mu),$$
$$\text{s.t. } \mu \in \Lambda,$$

其中 $\Lambda = \{\mu \in \mathbb{R}_+^m \mid e^{\mathrm{T}}\mu \leqslant 1\}$, $e = (1, \cdots, 1)^{\mathrm{T}}$.

设 (L_λ) 表示 (IP) 的拉格朗日松弛问题, (D) 为 (IP) 的拉格朗日对偶问题. 下面的定理给出了拉格朗日对偶与替代对偶的关系.

定理 10.10 替代对偶界比拉格朗日对偶界更紧, 即 $v(\mathrm{D}) \leqslant v(\mathrm{D}_S)$. 若 $v(\mathrm{D}) = v(\mathrm{D}_S)$, 则对于 (D) 的任意最优解 $\hat{\lambda} \in \mathbb{R}_+^m$, 存在 $\hat{x}$ 满足 $\hat{\lambda}^{\mathrm{T}}(g(\hat{x}) - b) = 0$.

证明 对任意 $\lambda \in \mathbb{R}_+^m$, 下式成立:

$$\begin{aligned} v(L_\lambda) &= \min\{f(x) + \lambda^{\mathrm{T}}(g(x) - b) \mid x \in X\} \\ &\leqslant \min\{f(x) + \lambda^{\mathrm{T}}(g(x) - b) \mid \lambda^{\mathrm{T}}(g(x) - b) \leqslant 0,\ x \in X\} \\ &\leqslant \min\{f(x) \mid \lambda^{\mathrm{T}}(g(x) - b) \leqslant 0,\ x \in X\} \\ &= v(\mathrm{IP}_\lambda). \end{aligned}$$

由此可得

$$v(\mathrm{D}) = \max_{\lambda \geqslant 0} v(\mathrm{L}_\lambda) \leqslant \max_{\lambda \geqslant 0} v(\mathrm{IP}_\lambda) = v(\mathrm{D}_S). \tag{10.18}$$

令 (D) 的最优解为 $\hat{\lambda}$, 替代对偶松弛问题 $(\text{IP}_{\hat{\lambda}})$ 的最优解为 $\hat{x}$. 因为 $\hat{x}$ 是 $(\text{IP}_{\hat{\lambda}})$ 的可行解, $\hat{\lambda}^{\text{T}}(g(\hat{x})-b)\leqslant 0$. 故

$$v(\text{D})=\min_{x\in X}L(x,\hat{\lambda})\leqslant f(\hat{x})+\hat{\lambda}^{\text{T}}(g(\hat{x})-b)\leqslant f(\hat{x})\leqslant v(\text{D}_S).$$

由假设条件 $v(\text{D})=v(\text{D}_S)$ 推出 $\hat{\lambda}^{\text{T}}(g(\hat{x})-b)=0$. □

替代对偶搜索方法

对于任意 $\alpha\in\mathbb{R}$, 定义 $f(x)$ 的水平集 $X(\alpha)=\{x\in X\mid f(x)\leqslant\alpha\}$. 对于给定的 $\mu\in\Lambda$ 及 $\alpha\in\mathbb{R}$, $v(\text{IP}_\mu)\leqslant\alpha$ 当且仅当

$$S(\mu)\cap X(\alpha)\neq\varnothing, \tag{10.19}$$

其中 $S(\mu)$ 如 (10.16) 定义. 考虑如下问题:

$$(\text{P}(\alpha,\mu))\qquad \begin{aligned}&\min\ \mu^{\text{T}}(g(x)-b),\\ &\text{s.t. } x\in X(\alpha).\end{aligned}$$

易知, (10.19) 成立当且仅当 $v(\text{P}(\alpha,\mu))\leqslant 0$. 由此可知 $v(\text{D}_S^n)=\max\{v(\text{IP}_\mu)\mid\mu\in\Lambda\}\leqslant\alpha$ 当且仅当 $v(\text{P}(\alpha,\mu))\leqslant 0$ 对所有 $\mu\in\Lambda$ 成立. 与拉格朗日对偶类似, 定义如下对偶问题:

$$(\text{D}(\alpha))\qquad \begin{aligned}&\max\ v(\text{P}(\alpha,\mu)),\\ &\text{s.t. } \mu\in\Lambda.\end{aligned}$$

由以上讨论可得:

定理 10.11 对于给定 $\alpha\in\mathbb{R}$, $v(\text{D}_S^n)\leqslant\alpha$ 当且仅当 $v(\text{D}(\alpha))\leqslant 0$.

定理 10.11 表明, 替代对偶最优值 $v(\text{D}_S^n)$ 是使 $v(\text{D}(\alpha))\leqslant 0$ 成立的最小 α. 由于 $(\text{D}(\alpha))$ 等价于以下线性规划问题:

$$\begin{aligned}&\max_{(\beta,\mu)}\ \beta,\\ &\text{s.t. } \beta\leqslant\mu^{\text{T}}(g(x)-b),\quad \forall x\in X(\alpha),\\ &\qquad \mu\in\Lambda,\end{aligned}$$

可以利用割平面方法求解 $(\text{D}(\alpha))$. 与拉格朗日对偶割平面方法类似, 适当选取水平集 $X(\alpha)$ 的子集 $T^k\subset X(\alpha)$, 构造如下线性规划问题逼近 $(\text{D}(\alpha))$:

$$(\text{LP}_k)\qquad \begin{aligned}&\max_{(\beta,\mu)}\ \beta,\\ &\text{s.t. } \beta\leqslant\mu^{\text{T}}(g(x)-b),\quad \forall x\in T^k,\\ &\qquad \mu\in\Lambda.\end{aligned}$$

算法 10.4(求解 (D_S^n) 的割平面方法)

步 0 (初始化). 令 $\alpha^0=-\infty$, $T^0=\varnothing$. 任意选取 $\mu^1\in\Lambda$. 令 $k=1$.

步 1 (替代松弛). 求解替代松弛问题 (IP_{μ^k}), 记其最优解为 x^k. 若 $g(x^k)\leqslant b$, 则算法终止, x^k 即问题 (IP) 的最优解, 并且 $v(\mathrm{D}_S^n)=v(\mathrm{IP})$.

步 2 (更新下界). 若 $f(x^k)>\alpha^{k-1}$, 那么令 $\alpha^k=f(x^k)$. 否则, 令 $\alpha^k=\alpha^{k-1}$.

步 3 (更新对偶乘子). 令 $T^k=T^{k-1}\cup\{x^k\}$. 求解线性规划问题 (LP_k), 记其最优解为 (β^k,μ^k). 若 $\beta^k\leqslant 0$, 则算法终止, 且 $v(\mathrm{D}_S^n)=\alpha^k$. 否则, 令 $\mu^{k+1}=\mu^k$, $k:=k+1$, 转步 1.

定理 10.12 *算法 10.4 在有限步迭代后找到问题 (D_S^n) 的最优解.*

证明 如果算法在步 1 终止, 则由定理 10.9 知, 强对偶成立, x^k 是问题 (IP) 的最优解, μ^k 是 (D_S^n) 的最优解, 并且 $v(\mathrm{IP})=v(\mathrm{D}_S^n)$. 若算法终止于步 3, 对任意 $1\leqslant i\leqslant k$, 若 $f(x^i)>\alpha^{i-1}$, 那么 $\alpha^i=f(x^i)>\alpha^{i-1}$; 若 $f(x^i)\leqslant\alpha^{i-1}$, 那么 $\alpha^i=\alpha^{i-1}\geqslant f(x^i)$. 因此, $f(x^i)\leqslant\alpha^k$, $1\leqslant i\leqslant k$, 表明 $x^i\in X(\alpha^k)$ 对任意 $x^i\in T^k$ 成立. 所以

$$v(\mathrm{D}(\alpha^k))\leqslant v(\mathrm{LP}_k)=\beta^k\leqslant 0. \tag{10.20}$$

由定理 10.11 知 $v(\mathrm{D}_S^n)\leqslant\alpha^k$. 另一方面, 由步 2 和替代对偶的若对偶性质, 存在 $i\leqslant k$ 满足 $\alpha^k=f(x^i)=v(\mathrm{IP}_{\mu^i})\leqslant v(\mathrm{D}_S^n)$. 因此, $v(\mathrm{D}_S^n)=\alpha^k$.

不妨假设在第 k 次迭代中, 算法未在步 1 或步 3 终止. 那么

$$0<\beta^k=\min_{x^i\in T^k}(\mu^k)^{\mathrm{T}}(g(x^i)-b).$$

由此可知, 所有 $x^i\in T^k$ 对 (IP_{μ^k}) 不可行, 也不会再添加到集合 T^k 中. 对于 (IP_μ) 的任意最优解 x, $f(x)\leqslant v(\mathrm{D}_S^n)$, 所以 $T^k=X(v(\mathrm{D}_S^n))$ 始终成立. 因此 (LP_k) 等价于 $(\mathrm{D}(\alpha))$, $\alpha=v(\mathrm{D}_S^n)$, $\beta^k=v(\mathrm{D}(\alpha))$. 由定理 10.11 知, $\beta^k=v(\mathrm{D}(\alpha))\leqslant 0$. 因此, 算法必须在有限步内终止于步 3. □

下面引理说明替代对偶中的对偶函数 $v(\mathrm{P}(\alpha,\cdot))$ 具有凹性.

引理 10.2 *函数 $v(\mathrm{P}(\alpha,\cdot))$ 在 Λ 上是凹函数, 且 $\xi(\mu)=g(x_\mu)-b$ 是 $v(\mathrm{P}(\alpha,\cdot))$ 在 μ 处的次梯度, 其中 x_μ 是 $(\mathrm{P}(\alpha,\mu))$ 的最优解.*

证明 因 x_μ 是 $(\mathrm{P}(\alpha,\mu))$ 的最优解, $v(\mathrm{P}(\alpha,\mu))=\mu^{\mathrm{T}}(g(x_\mu)-b)$ 成立. 对任意 $\gamma\in\Lambda$, 由于 $x_\mu\in X(\alpha)$, 所以下式成立:

$$v(\mathrm{P}(\alpha,\gamma))\leqslant\gamma^{\mathrm{T}}(g(x_\mu)-b). \tag{10.21}$$

所以

$$v(\mathrm{P}(\alpha,\gamma))\leqslant v(\mathrm{P}(\alpha,\mu))+\xi(\mu)^{\mathrm{T}}(\gamma-\mu),\quad\forall\gamma\in\Lambda.$$

这说明 $v(\mathrm{P}(\alpha,\cdot))$ 是凹函数, 且 $\xi(\mu)$ 是 $v(\mathrm{P}(\alpha,\cdot))$ 在 μ 处的次梯度. $\square$

由于 $v(\mathrm{P}(\alpha,\cdot))$ 是凹函数, 次梯度方法可以用来求解替代对偶问题 $(\mathrm{D}(\alpha))$. 并且, $v(\mathrm{D}(\alpha))$ 是关于 α 的单调减函数, 故有下面的求解替代对偶问题的次梯度算法.

算法 10.5(求解 (D_S^n) 的次梯度方法)

步 0 (初始化). 选取 $\varepsilon>0$. 令 $\alpha^0=-\infty$, $T^0=\varnothing$. 任意选取 $\mu^1\in\Lambda$. 令 $k=1$.

步 1 (替代松弛). 求解替代松弛问题 (IP_{μ^k}), 记最优解为 x^k. 若 $g(x^k)\leqslant b$, 算法终止, x^k 是 (IP) 的最优解, 且 $v(\mathrm{D}_S^n)=v(\mathrm{IP})$.

步 2 (更新下界). 若 $f(x^k)>\alpha^{k-1}$, 那么令 $\alpha^k=f(x^k)$. 否则, 令 $\alpha^k=\alpha^{k-1}$.

步 3 (更新乘子). 计算

$$
\begin{aligned}
t^k &= (\varepsilon-(\mu^k)^{\mathrm{T}}\xi^k)/\|\xi^k\|^2,\\
\mu^{k+1} &= \mathrm{Proj}_\Lambda(\mu^k-t^k\xi^k),
\end{aligned}
$$

其中 $\xi^k=g(x^k)-b$ 是 $v(\mathrm{P}(\alpha^k,\cdot))$ 在 $\mu=\mu^k$ 处的次梯度, t^k 是步长, Proj_Λ 是到 Λ 上的投影. 令 $k:=k+1$, 转步 1.

可以证明, 算法 10.5 产生的下界序列 $\{\alpha^k\}$ 收敛于替代对偶问题最优解 $v\ (\mathrm{D}_S^n)$[13].

定理 10.10 表明, 替代对偶界优于拉格朗日对偶界. 然而, 替代松弛问题 (IP_μ) 一般要比拉格朗日松弛 (L_λ) 更难以求解. 因此, 求解替代对偶往往比求解拉格朗日对偶花费更大的计算代价. 与拉格朗日对偶问题类似, 求解替代对偶也不一定能获得原问题的最优解, 甚至不能获得可行解, 但替代对偶方法在某些情况下不失为另一种有效的松弛方法.

第 11 章　0-1 二次规划

0-1 二次规划是非线性整数规划中最简单也是应用最广泛的一类整数规划问题. 近年来半定规划方法的发展更促进了 0-1 二次规划研究. 本章首先介绍无约束 0-1 二次规划的线性化方法和半定规划松弛方法, 特别是 Goemans 和 Williamson 通过随机化途径得到最大割问题半定规划松弛界的近似比结果, 也将介绍 0-1 二次背包问题的算法与半定规划松弛.

11.1　无约束 0-1 二次规划

11.1.1　问题及多项式可解类

一般无约束 0-1 二次规划可表示为

$$(\text{0-1QP}) \qquad \min_{x\in\{0,1\}^n} x^{\mathrm{T}}Qx + c^{\mathrm{T}}x,$$

其中 $Q=(q_{ij})_{n\times n}$ 是对称矩阵, $c\in\mathbb{R}^n$. 这类问题是 NP 难的[4].

无约束 0-1 二次规划还可表示为其他的形式. 注意到 $x_i\in\{0,1\}\Leftrightarrow x_i^2=x_i$, 利用替换 $Q:=Q+\mathrm{diag}(c)$, (0-1QP) 可以化为下列齐次形式:

$$(\text{0-1QP}_h) \qquad \min_{x\in\{0,1\}^n} x^{\mathrm{T}}Qx.$$

另外, 在许多实际应用中, 决策变量的取值是 -1 或 1, 故可引入如下整数规划问题:

$$(\text{BQP}) \qquad \min_{x\in\{-1,1\}^n} f(x)=x^{\mathrm{T}}Qx + c^{\mathrm{T}}x.$$

容易看出, 问题 (0-1QP) 可以通过变换 $x_i=\dfrac{1}{2}(y_i+1)$ 转化为问题 (BQP).

因为当 $x_i=1$ 或 -1 时, $x_i^2=1$, 不失一般性, 可以假设在问题 (BQP) 中的 Q 的主对角元为 0, 故 $f(x)$ 可改写为

$$f(x)=\sum_{1\leqslant i<j\leqslant n} 2q_{ij}x_ix_j+\sum_{i=1}^{n}c_ix_i.$$

引进人工变量 $x_0=1$ 得

$$f(x) = \sum_{0 \leqslant i < j \leqslant n} 2q_{ij}x_ix_j,$$

这里 $q_{00} = 0$, $q_{0i} = \frac{1}{2}c_i$, $i = 1, \cdots, n$. 又因 $f(x) = f(-x)$, $x \in \{-1,1\}^{n+1}$, 所以 (BQP) 等价于如下齐次形式:

$$(\mathrm{BQP}_h) \quad \min_{x \in \{-1,1\}^{n+1}} x^{\mathrm{T}}Qx,$$

这里 $Q := \begin{pmatrix} 0 & \frac{1}{2}c^{\mathrm{T}} \\ \frac{1}{2}c & Q \end{pmatrix}$.

尽管无约束 0-1 二次规划在一般情况下是 NP 难的, 已经发现有许多特殊无约束 0-1 二次规划问题是多项式时间可解的, 本小节中将介绍两类这样的问题.

1. Q 的非主对角元非正的情形

首先考虑在问题 (0-1QP) 中 Q 的所有非主对角元都是非正的情况. 容易看出 x_i, $x_j \in \{0,1\}$ 时 $x_ix_j = \min(x_i, x_j)$. 因为 $x_i^2 = x_i$, 不失一般性, 可以假设 $q_{ii} = 0$, $i = 1, \cdots, n$. 令 $z_{ij} = x_ix_j$. 若 $q_{ij} \leqslant 0$, $1 \leqslant i < j \leqslant n$, 则 (0-1QP) 等价于下列线性整数规划问题:

$$\min \sum_{i=1}^{n} c_ix_i + 2\sum_{1 \leqslant i < j \leqslant n} q_{ij}z_{ij}, \tag{11.1}$$

$$\text{s.t.} \quad z_{ij} \leqslant x_i, \quad 1 \leqslant i < j \leqslant n, \tag{11.2}$$

$$z_{ij} \leqslant x_j, \quad 1 \leqslant i < j \leqslant n, \tag{11.3}$$

$$x_i, \ x_j, \ z_{ij} \in \{0,1\}, \quad 1 \leqslant i < j \leqslant n. \tag{11.4}$$

松弛约束 (11.4) 为

$$x_i, \ x_j, \ z_{ij} \in [0,1], \quad 1 \leqslant i < j \leqslant n, \tag{11.5}$$

则得到原问题的线性规划松弛. 注意到该线性规划的约束矩阵具有形式 $\begin{pmatrix} C \\ I \end{pmatrix}$, 这里 C 由约束 $z_{ij} \leqslant x_i$ 和 $z_{ij} \leqslant x_j$ 形成. 因 C 的每行有一个 1 和一个 -1, 由全单模矩阵的充分条件知, C 是全单模的, 从而线性规划松弛的解是整数解, 故原 0-1 二次规划问题是多项式时间可解的.

这类无约束 0-1 二次规划的多项式时间可解性也可以从最大流问题的多项式时间可解性推出. 考虑有向图 $G = (V, E)$, 其中 $V = (s, 1, 2, \cdots, n, t)$, s 为发点, t 为收点, $E = E_s \cup E_Q \cup E_t$, 其中

$$E_s = \{(s,j) \mid j = 1, \cdots, n\},$$
$$E_Q = \{(i,j) \mid q_{ij} < 0,\ 1 \leqslant i < j \leqslant n\},$$
$$E_t = \{(j,t) \mid j = 1, \cdots, n\}.$$

弧的容量定义为

$$e_{sj} = \max\left\{0, -2\sum_{i=j+1}^{n} q_{ji} - c_j\right\}, \quad (s,j) \in E_s, \tag{11.6}$$

$$e_{ij} = -2q_{ij}, \quad (i,j) \in E_Q, \tag{11.7}$$

$$e_{jt} = \max\left(0, 2\sum_{i=j+1}^{n} q_{ji} + c_j\right), \quad (j,t) \in E_t. \tag{11.8}$$

令 $(U,\overline{U})$ 为 G 的一个剖分, 其中 $s \in U$, $t \in \overline{U}$. 弧的集合 $\delta^+(U) = \{(i,j) \mid i \in U,\ j \in \overline{U}\}$ 称为一个 s-t 分割, 其容量为 $\sum\limits_{(i,j)\in\delta^+(U)} e_{ij}$. 图 G 的最小割问题是寻找最小容量的分割. 记 Ψ 为图 G 的最小容量, 则 $\Psi = \min_U \sum\limits_{(i,j)\in\delta^+(U)} e_{ij}$. 现在给分割 $\delta^+(U)$ 联系一个 0-1 变量 $(1, x_1, \cdots, x_n, 0)$, 其中 $i \in U$ 时 $x_i = 1$, 否则 $x_i = 0$.

定理 11.1 问题 (0-1QP) 可化为图 $G = (V, E)$ 中的最小割问题, 且有

$$\min_{x\in\{0,1\}^n} \{x^{\mathrm{T}}Qx + c^{\mathrm{T}}x\} = \Psi - \sum_{j=1}^{n} e_{sj}.$$

证明 由 (11.6)~(11.8) 得

$$\begin{aligned}
\Psi =& \min_{x\in\{0,1\}^n}\left\{\sum_{j=1}^{n} e_{sj}(1-x_j) + \sum_{1\leqslant i<j\leqslant n} e_{ij}x_i(1-x_j) + \sum_{j=1}^{n} e_{jt}x_j\right\} \\
=& \sum_{j=1}^{n} e_{sj} + \min_{x\in\{0,1\}^n}\left\{\sum_{j=1}^{n} \min\left(0, 2\sum_{i=j+1}^{n} q_{ji} + c_j\right)x_j\right. \\
& -2\sum_{i=1}^{n-1}\sum_{j=i+1}^{n} q_{ij}x_i + 2\sum_{1\leqslant i<j\leqslant n} q_{ij}x_ix_j \\
& \left. + \sum_{j=1}^{n} \max\left(0, 2\sum_{i=j+1}^{n} q_{ji} + c_j\right)x_j\right\} \\
=& \sum_{j=1}^{n} e_{sj} + \min_{x\in\{0,1\}^n}\left\{\sum_{j=1}^{n}\left(2\sum_{i=j+1}^{n} q_{ji} + c_j\right)x_j\right. \\
& \left. -2\sum_{i=1}^{n-1}\sum_{j=i+1}^{n} q_{ij}x_i + 2\sum_{1\leqslant i<j\leqslant n} q_{ij}x_ix_j\right\}
\end{aligned}$$

$$= \sum_{j=1}^{n} e_{sj} + \min_{x\in\{0,1\}^n} \left\{ \sum_{j=1}^{n} c_j x_j + 2 \sum_{1\leqslant i<j\leqslant n} q_{ij} x_i x_j \right\}$$

$$= \sum_{j=1}^{n} e_{sj} + \min_{x\in\{0,1\}^n} \{x^{\mathrm{T}}Qx + c^{\mathrm{T}}x\}. \qquad \square$$

因为最小割问题的线性规划对偶是最大流问题, 而最大流问题是多项式时间可解的, 故问题 (0-1QP) 可以转化为 $n+2$ 个顶点和 $2n+n(n-1)/2$ 条弧的图的最大流问题来求解.

2. Q 具有固定秩的情形

现在考虑问题 (0-1QP$_\mathrm{h}$) 的另一种特殊情况: Q 是半负定的且 $\mathrm{rank}(Q)=d$, 这里 d 是固定值, 与 n 无关. 令 $G=-Q$, 则存在 $d\times n$ 行满秩矩阵 V 使 $G=V^{\mathrm{T}}V$. 问题 (0-1QP$_h$) 可表为

$$(\mathrm{BQP}_{fr}) \qquad \max_{x\in\{0,1\}^n} x^{\mathrm{T}}Gx = x^{\mathrm{T}}V^{\mathrm{T}}Vx = \sum_{i=1}^{d}(v_i x)^2,$$

其中 v_i 是 V 的第 i 行.

如果 $d=1$, 即矩阵 G 的秩为 1, 且 $G=v_1^{\mathrm{T}}v_1$, 问题 (BQP$_{fr}$) 的最优解可以很容易找出: 只要取 x 使 $v_1^{\mathrm{T}}x$ 在 $\{0,1\}^n$ 上的绝对值最大. 当 $\mathrm{rank}(G)=d>1$ 时, 考虑线性映射 Φ: $x\in\mathbb{R}^n \to z=Vx\in\mathbb{R}^d$, 这里 Φ 把 $[0,1]^n$ 映射为一个凸多面体 $Z(V)=\Phi([0,1]^n)=\{z\in\mathbb{R}^d \mid z=Vx,\ x\in[0,1]^n\}$, 称为全对称多胞形. 有

$$\max_{x\in\{0,1\}^n} x^{\mathrm{T}}Gx = \max_{x\in\{0,1\}^n} \sum_{i=1}^{d}(v_i^{\mathrm{T}}x)^2 = \max_{z\in Z(V)} \sum_{i=1}^{d} z_i^2 = \max_{z\in Z(V)} \|z\|^2,$$

这里第二个等式是因为凸函数在凸多面体上的最大值总是在顶点上达到, 而 $\|z\|^2$ 也在凸多面体 $Z(V)$ 的某个顶点 $\tilde{z}$ 上达到其最大值, 从而, 问题 (BQP$_{fr}$) 就化为寻找全对称多胞形的最大模问题.

定理 11.2　对全对称多胞形 $Z(V)$ 的任意一个顶点 $\tilde{z}$, 存在点 $\tilde{x}\in\{0,1\}^n$ 使得 $\tilde{z}=V\tilde{x}$.

证明　因为 V 是行满秩的, 可设 $V=(\hat{V},V_1)$, 其中 $\hat{V}$ 是一个 $d\times d$ 非奇异矩阵. 令 $x=\begin{pmatrix}\hat{x}\\ \bar{x}\end{pmatrix}$, 这里 $\hat{x}$ 是一个对应于 $\hat{V}$ 的列的 d 维向量. 在方程 $\tilde{z}=Vx$ 中令 $\bar{x}=0$, 得到 $\tilde{z}=\hat{V}\hat{x}$. 所以 $\tilde{x}=\begin{pmatrix}\hat{V}^{-1}\tilde{z}\\ 0\end{pmatrix}$ 满足 $\tilde{z}=V\tilde{x}$ 且是 $[0,1]^n$ 的一个顶点. 确实, 若存在 $\tilde{x}_1,\tilde{x}_2$ 满足 $\tilde{x}_1\neq\tilde{x}_2$ 使得 $\tilde{x}=\lambda\tilde{x}_1+(1-\lambda)\tilde{x}_2$, $\lambda\in(0,1)$. 则 $\tilde{x}_1=\begin{pmatrix}\hat{x}_1\\ 0\end{pmatrix}$,

$\tilde{x}_2 = \begin{pmatrix} \hat{x}_2 \\ 0 \end{pmatrix}$, 其中 $\hat{x}_1, \hat{x_2} \in [0,1]^d$, $\hat{x}_1 \neq \hat{x_2}$. 所以 $\tilde{z} = \lambda \hat{V}\hat{x}_1 + (1-\lambda)\hat{V}\hat{x}_2$. 因为 $\hat{V}$ 非奇异且 $\hat{x}_1 \neq \hat{x_2}$, 推出 $\hat{V}\hat{x}_1$, $\hat{V}\hat{x}_2 \in Z(V)$, $\hat{V}\hat{x}_1 \neq \hat{V}\hat{x}_2$, 即 $\tilde{z}$ 不是 $Z(V)$ 的顶点, 矛盾. □

下面的定理是一个离散几何的经典结果[26], 它给出了当 d 固定时全对称多胞形的顶点个数的一个多项式上界.

定理 11.3 记 $N_{ep}(Z)$ 为全对称多胞形 $Z(V)$ 的顶点集合. 则 $N_{ep}(Z)=O(n^{d-1})$.

由定理 11.2 和定理 11.3 立即推出：当 Q 的秩固定时, 问题 (0-1QP$_h$) 是多项式可解的.

下面讨论如何枚举 $Z(V)$ 的所有顶点. 记 v^j 为 V 的第 j 列. 设下列正则性条件满足：V 的每一列非零且 $v^i \neq kv^j$, $i \neq j$, $k \neq 0$. 定义如下 $\mathbb{R}^d$ 中以 v^j $(j=1,\cdots,n)$ 为法向量的超平面：

$$\mathcal{A}(V) = \{h_j \mid j = 1, \cdots, n\},$$

这里 $h_j = \{y \in \mathbb{R}^d \mid (v^j)^{\mathrm{T}} y = 0\}$, $j = 1, \cdots, n$. 集合 $\mathcal{A}(V)$ 称为 V 的超平面中心构形. 记 $h_j^+ = \{y \in \mathbb{R}^d \mid (v^j)^{\mathrm{T}} y > 0\}$, $h_j^- = \{y \in \mathbb{R}^d \mid (v^j)^{\mathrm{T}} y < 0\}$. 对任意 $c \in \mathbb{R}^d$, 定义位置向量 $\gamma(c) \in \{+, 0, -\}^n$ 如下：

$$\gamma(c)_j = \begin{cases} +, & \text{当 } c \in h_j^+, \\ 0, & \text{当 } c \in h_j, \\ -, & \text{当 } c \in h_j^-. \end{cases}$$

设 $c \in \mathbb{R}^d$ 满足 $\gamma(c)_j \neq 0$, $j = 1, \cdots, n$. 构形 $\mathcal{A}(V)$ 的元胞是指如下 d 维子集：

$$C_c = \{y \in \mathbb{R}^d \mid \gamma(y) = \gamma(c)\}. \tag{11.9}$$

显然, C_y 对任何 $y \in C_c$ 是不变的, 故一个元胞可以由其符号向量表示. 记 $C(V)$ 为构形 $\mathcal{A}(V)$ 的元胞集：

$$C(V) = \{C_c \mid c \in \mathbb{R}^d\}.$$

对任意 $C_c \in C(V)$, 记 $\gamma^+(c) = \{j \mid \gamma(c)_j = +\}$, $\gamma^-(c) = \{j \mid \gamma(c)_j = -\}$.

定理 11.4 全对称多胞形 $Z(V)$ 的顶点集和构形 $\mathcal{A}(V)$ 的元胞集 $C(V)$ 之间存在一一对应的映射.

证明 对每一 $C_c \in C(V)$, 定义

$$(x_c)_j = \begin{cases} 1, & \text{当 } j \in \gamma(c)^+, \\ 0, & \text{当 } j \in \gamma(c)^-. \end{cases} \tag{11.10}$$

令 $z_c = Vx_c$. 则 $z_c = \sum_{j=1}^{n}(x_c)_j v^j = \sum_{j\in\gamma^+(c)}(x_c)_j v^j$. 则 $c^{\mathrm{T}}z_c = \sum_{j\in\gamma^+(c)} c^{\mathrm{T}}v^j$. 因为 $c^{\mathrm{T}}v^j > 0, j\in\gamma^+(c)$, 且 $c^{\mathrm{T}}v^j < 0, j\in\gamma^-(c)$, 所以 z_c 是线性规划 $\max_{z\in Z(V)} c^{\mathrm{T}}z$ 的唯一最优解. 故 z_c 是多胞形 $Z(V)$ 的一个顶点. 反过来, 对 $Z(V)$ 的任何顶点 $\tilde{z}$, 存在 $c\in\mathbb{R}^d$ 使得 $\tilde{z}$ 是线性规划 $\max_{z\in Z(V)} c^{\mathrm{T}}z$ 的唯一最优解. 注意到

$$\max_{z\in Z(V)} c^{\mathrm{T}}z = \max_{x\in[0,1]^n}\sum_{j=1}^{n}x_j(c^{\mathrm{T}}v^j).$$

故 $\tilde{z} = Vx_c$, 其中 x_c 由 (11.10) 式定义. 必定不存在 j 使 $c^{\mathrm{T}}v^j = 0$, 即对任意 j 有 $\gamma(c)_j \neq 0$, 否则线性规划 $\max_{z\in Z(V)} c^{\mathrm{T}}z$ 的最优解不唯一. 由 (11.9) 定义的 C_c 是 $C(V)$ 中对应于 $\tilde{z}$ 的元胞. 上述映射的 1-1 对应性质容易从 V 行满秩得到. □

定理 11.4 表明, 枚举全对称多胞形 $Z(V)$ 的所有顶点等价于枚举构形 $\mathcal{A}(V)$ 的所有胞元. 注意到 $\mathcal{A}(V)$ 满足 $\cap_{j=1}^{n}h_j = \{0\}$ 且 $\mathcal{A}(V)$ 的胞元关于零点对称. 故只需产生对应于全部胞元一半的符号向量. 下面讨论如何产生 $\mathcal{A}(V)$ 的一半符号向量. 考虑其中某个超平面的平移, 如 h_n 的平移: $h = \{x\in\mathbb{R}^d \mid (v^n)^{\mathrm{T}}y = b\}$, 这里 $b\neq 0$. 令

$$\mathcal{A}'(V) = \{h_j \mid j = 1,\cdots,n-1\}.$$

又令 $\mathcal{A}''(V) = \mathcal{A}'(V)\cap h$. 则 $\mathcal{A}''(V)$ 是一个由 $n-1$ 个 $\mathbb{R}^{d-1}$ 中的超平面组成的构形. 易见 $\mathcal{A}''(V)$ 的胞元的符号向量与 $\mathcal{A}(V)$ 的一半符号向量对应, 即 $\mathcal{A}''(V)$ 的符号向量由 $\mathcal{A}''(V)$ 的符号向量添加第 n 个分量为 $+$ (当 $b>0$ 时) 或为 $-$ (当 $b<0$ 时) 得到. 又因 $\mathcal{A}(V)$ 的全部胞元关于零点对称, 故 $\mathcal{A}''(V)$ 的另一半符号向量可由已产生的一半符号向量取相反符号得到.

现考虑产生一般非中心对称构形 $\mathcal{A} = \{h_j \mid j = 1,\cdots,m\}$ 的所有胞元, 这里 $h_j = \{y\in\mathbb{R}^d \mid a_j^{\mathrm{T}}y = b_j,\ j = 1,\cdots,m\}$. 一般构形的胞元的符号向量可以类似地定义. 根胞元是指其符合向量都是 $+$ 的胞元. 根胞元可以由任何一个胞元通过适当改变某些超平面的法向量方向得到. 两个胞元定义为相邻的若它们的符号向量只有一个分量不同. 胞元 c 的父胞元是指 c 的唯一相邻胞元其符合向量比 c 的符号向量多一个 $+$. 以 c 为父胞元的胞元都成为 c 的子胞元. 若给除根胞元外的所有胞元都分配其唯一的父胞元, 则所有的胞元形成一个有向树的结构, 从而反向搜索法可以用来枚举所有的胞元.

下面给出一个胞元枚举算法.

算法 11.1(胞元枚举算法)

输入: 一个初始胞元 c (由其符号向量表示) 和超平面组 (由 (A,b) 表示).

输出: 胞元集 $C(A)$, 其中 c 为根胞元.

步 1. 把 c 加入 $C(A)$（初始置为空）.

步 2. 找出 c 的所有相邻胞元.

步 3. 对每个 c 的相邻胞元 e, 若 c 是 e 的唯一父胞元, 则以 e 为初始胞元输入递归调用算法.

在上述反向搜索算法需要调用能枚举所有相邻胞元的程序和搜索一个胞元的唯一父胞元的方法[1,23].

例 11.1 设问题 (0-1QP$_h$) 中 $Q = V^{\mathrm{T}}V$, 其中

$$V = \begin{pmatrix} -1 & -1 & 0 & 1 & 0 \\ -1 & 0 & 1 & -1 & 0 \\ 0 & 0 & 0 & -1 & 1 \end{pmatrix}.$$

利用胞元枚举方法求解 $\max_{x\in\{0,1\}^5} x^{\mathrm{T}}Qx$.

由 $\mathcal{A}(V)$ 的定义有 $\mathcal{A}(V) = \{h_i \mid i = 1,2,3,4,5\}$, 其中

$$\begin{aligned} h_1 &= \{y \in \mathbb{R}^3 \mid -y_1 - y_2 = 0\}, \\ h_2 &= \{y \in \mathbb{R}^3 \mid -y_1 = 0\}, \\ h_3 &= \{y \in \mathbb{R}^3 \mid y_2 = 0\}, \\ h_4 &= \{y \in \mathbb{R}^3 \mid y_1 - y_2 - y_3 = 0\}, \\ h_5 &= \{y \in \mathbb{R}^3 \mid y_3 = 0\}. \end{aligned}$$

把超平面 h_5 向 h_5^- 的方向平移 1 个单位得到：$h = \{y \in \mathbb{R}^3 \mid y_3 = -1\}$. 故 $\mathcal{A}''(V)$ 由 4 个 $\mathbb{R}^2$ 中的超平面组成：$\mathcal{A}''(V) = \{h_i' \mid i = 1,2,3,4\}$, 其中

$$\begin{aligned} h_1' &= \{y \in \mathbb{R}^2 \mid -y_1 - y_2 = 0\}, \\ h_2' &= \{y \in \mathbb{R}^2 \mid -y_1 = 0\}, \\ h_3' &= \{y \in \mathbb{R}^2 \mid y_2 = 0\}, \\ h_4' &= \{y \in \mathbb{R}^2 \mid y_1 - y_2 + 1 = 0\}. \end{aligned}$$

构形 $\mathcal{A}''(V)$ 在 (y_1, y_2) 平面的图形见图 11.1. 图 11.1 还标出了胞元枚举的过程, 其中每个胞元都用其符号向量表示, 图中数字表示算法 11.1 枚举的顺序.

我们看到, 化归后的一般构形 $\mathcal{A}''(V)$ 有 10 个胞元：

$$\begin{array}{lllll} (+,+,+,+), & (-,+,+,+), & (-,-,+,+), & (-,-,-,+), & (+,+,-,+), \\ (+,-,-,+), & (+,+,+,-), & (-,+,+,-), & (-,-,+,-), & (+,+,-,-). \end{array}$$

由这 10 个胞元的符号分量分别添加第 5 个分量为 $-$(因为 h 是由 h_5 向 h_5^- 的方向平移得到的), 就得到原来的中心构形 $\mathcal{A}(V)$ 的 10 个胞元. 另外 10 个胞元的符号向

量与上述 10 个胞元向量的符号相反. 所以全对称多胞形 $Z(V)$ 有 20 个形如 $z_c = Vx_c$ 的顶点, 其中 x_c 是由符号向量通过 (11.10) 决定. 因为 $\max_{x\in\{0,1\}^5} x^{\mathrm{T}}Qx = \max_{z\in Z(V)} \|z\|^2$, 故可以通过列举 $Z(V)$ 的顶点 $z_c = Vx_c$ 来求问题的最优解, 其中 x_c 是 20 个胞元的符号向量对应的 0-1 向量. 通过计算, 我们得到 $\max_{z\in Z(V)} \|z\|^2 = 6$, 最优解为 $z_c = Vx_c$, 其中 $x_c = (1,1,0,0,1)^{\mathrm{T}}$, 对应于图 11.1 中的第 10 个胞元, 从而 $x_c = (1,1,0,0,1)^{\mathrm{T}}$ 是原问题 (0-1QP$_h$) 的最优解.

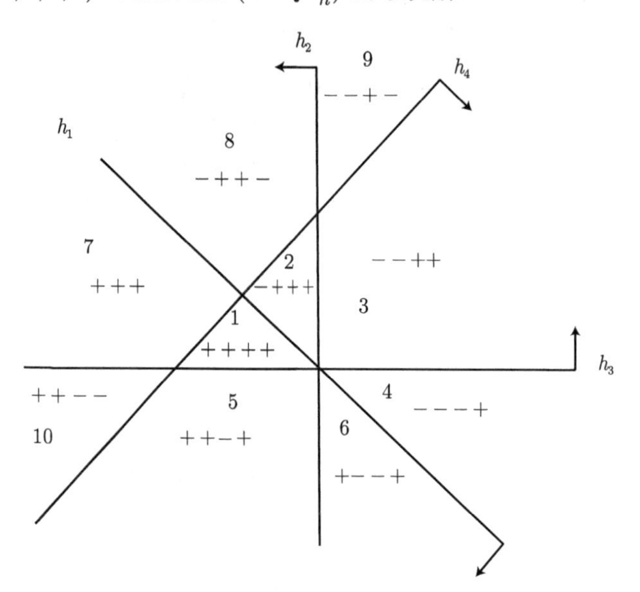

图 11.1　例 11.1 的胞元枚举过程

11.1.2　线性化方法

考虑下列形式的无约束 0-1 二次规划问题:

$$\min_{x\in\{0,1\}^n} f(x) = \sum_{i=1}^{n} c_i x_i + \sum_{1\leqslant i<j\leqslant n} q_{ij} x_i x_j. \tag{11.11}$$

设 $x_i, x_j \in \{0,1\}$. 注意到下列关系式:

$$x_i x_j = \min\{x_i, x_j\} = \max\{0, x_i + x_j - 1\}.$$

令 $I^+ = \{(i,j) \mid q_{ij} > 0\}$, $I^- = \{(i,j) \mid q_{ij} < 0\}$. 引入变量 $y_{ij} = x_i x_j = \min(x_i, x_j)$, $(i,j) \in I^-$, $y_{ij} = x_i x_j = \max(0, x_i + x_j - 1)$, $(i,j) \in I^+$. 则问题 (11.11) 等价于如下 0-1 线性整数规划问题:

$$\min \sum_{i=1}^{n} c_i x_i + \sum_{(i,j)\in I^+} q_{ij} y_{ij} + \sum_{(i,j)\in I^-} q_{ij} y_{ij},$$

$$\text{s.t. } y_{ij} \leqslant x_i, \quad y_{ij} \leqslant x_j, \quad (i,j) \in I^-,$$

$$
\begin{aligned}
& y_{ij} \geqslant x_i + x_j - 1, \quad (i,j) \in I^+, \\
& x_i \in \{0,1\}, \quad i = 1, \cdots, n, \\
& y_{ij} \in \{0,1\}, \quad 1 \leqslant i < j \leqslant n.
\end{aligned}
$$

松弛 $x_i \in \{0,1\}$, $x_j \in \{0,1\}$ 和 $y_{ij} \in \{0,1\}$ 分别为 $x_i \in [0,1]$, $x_j \in [0,1]$ 和 $y_{ij} \in [0,1]$, 得到如下线性规划:

$$
\begin{aligned}
\text{(SLF)} \qquad & \min \sum_{i=1}^{n} c_i x_i + \sum_{(i,j)\in I^+} q_{ij} y_{ij} + \sum_{(i,j)\in I^-} q_{ij} y_{ij}, \\
& \text{s.t. } y_{ij} \leqslant x_i, \quad y_{ij} \leqslant x_j, \quad (i,j) \in I^-, \\
& \quad y_{ij} \geqslant x_i + x_j - 1, \quad (i,j) \in I^+, \\
& \quad 0 \leqslant x_i \leqslant 1, \quad i = 1, \cdots, n, \\
& \quad y_{ij} \geqslant 0, \quad 1 \leqslant i < j \leqslant n.
\end{aligned}
$$

问题 (SLF) 称为原问题 (11.11) 的标准线性规划松弛

现在考虑另一种线性化途径. 令 $x_i = 1 - z_i$, $(i,j) \in I^+$, 则

$$
f(x) = \sum_{i=1}^{n} c_i x_i + \sum_{(i,j)\in I^-} q_{ij} y_{ij} - \sum_{(i,j)\in I^+} q_{ij} z_i x_j + \sum_{(i,j)\in I^+} q_{ij} x_j.
$$

引入变量 $y_{ij} = x_i x_j = \min(x_i, x_j)$, $(i,j) \in I^-$, $y_{ij} = z_i x_j = \min(z_i, x_j) = \min(1 - x_i, x_j)$, $(i,j) \in I^+$. 问题 (11.11) 等价于下列 0-1 线性整数规划问题:

$$
\begin{aligned}
& \min \sum_{i=1}^{n} c_i x_i + \sum_{(i,j)\in I^-} q_{ij} y_{ij} - \sum_{(i,j)\in I^+} q_{ij} y_{ij} + \sum_{(i,j)\in I^+} q_{ij} x_j, \\
& \text{s.t. } y_{ij} \leqslant x_i, \quad y_{ij} \leqslant x_j, \quad (i,j) \in I^-, \\
& \quad y_{ij} \leqslant 1 - x_i, \quad y_{ij} \leqslant x_j, \quad (i,j) \in I^+, \\
& \quad x_i \in \{0,1\}, \quad i = 1, \cdots, n, \\
& \quad y_{ij} \in \{0,1\}, \quad 1 \leqslant i < j \leqslant n.
\end{aligned}
$$

上述问题的线性规划松弛为

$$
\begin{aligned}
\text{(CRF)} \qquad & \max \sum_{i=1}^{n} c_i x_i + \sum_{(i,j)\in I^-} q_{ij} y_{ij} - \sum_{(i,j)\in I^+} q_{ij} y_{ij} + \sum_{(i,j)\in I^+} q_{ij} x_j, \\
& \text{s.t. } y_{ij} \leqslant x_i, \quad y_{ij} \leqslant x_j, \quad (i,j) \in I^-, \\
& \quad y_{ij} \leqslant 1 - x_i, \quad y_{ij} \leqslant x_j, \quad (i,j) \in I^+, \\
& \quad 0 \leqslant x_i \leqslant 1, \quad i = 1, \cdots, n, \\
& \quad y_{ij} \geqslant 0, \quad 1 \leqslant i < j \leqslant n.
\end{aligned}
$$

下面的定理给出了这两种线性规划松弛的等价性.

定理 11.5　$v(\mathrm{SLF}) = v(\mathrm{CRF})$.

证明　对 $(i,j) \in I^+$, 有

$$\begin{aligned}
& q_{ij}x_j + \min\{-q_{ij}y_{ij} \mid y_{ij} \leqslant 1 - x_i,\ y_{ij} \leqslant x_j\} \\
= {} & q_{ij}x_j - q_{ij}\max\{y_{ij} \mid y_{ij} \leqslant 1 - x_i,\ y_{ij} \leqslant x_j\} \\
= {} & q_{ij}x_j - q_{ij}\min\{1 - x_i, x_j\} \\
= {} & q_{ij}\max\{x_i + x_j - 1, 0\} \\
= {} & q_{ij}\min\{y_{ij} \mid y_{ij} \geqslant x_i + x_j - 1,\ y_{ij} \geqslant 0\} \\
= {} & \min\{q_{ij}y_{ij} \mid y_{ij} \geqslant x_i + x_j - 1,\ y_{ij} \geqslant 0\}.
\end{aligned}$$

故 (CRF) 和 (SLF) 等价且 $v(\mathrm{CRF}) = v(\mathrm{SLF})$. □

11.1.3　半定规划松弛方法

本节讨论利用半定规划 (SDP) 方法来松弛无约束 0-1 二次规划, 用 SDP 方法得到的松弛界一般比线性规划方法得到的界更紧.

1. 半定规划介绍

下面对半定规划问题进行简单介绍, 关于半定规划的详细介绍参见文献 [24]. 首先看一个线性规划的例子:

$$\begin{aligned}
& \min 2x_1 + x_2 + x_3, \\
& \text{s.t. } x_1 + x_2 + x_3 = 1, \\
& \qquad (x_1, x_2, x_3) \geqslant 0.
\end{aligned} \tag{11.12}$$

如果将 x 非负约束替换为 x 的分量组成的 2 阶矩阵半正定, 则得如下问题:

$$\begin{aligned}
& \min 2x_1 + x_2 + x_3, \\
& \text{s.t. } x_1 + x_2 + x_3 = 1, \\
& \qquad \begin{pmatrix} x_1 & x_2 \\ x_2 & x_3 \end{pmatrix} \succeq 0.
\end{aligned} \tag{11.13}$$

这即是一个半定规划的例子. 注意到 (11.12) 与 (11.13) 在形式上非常相似, 只是把变量非负改为矩阵半正定而已. 问题 (11.13) 可以改写为

$$\min \begin{pmatrix} 2 & \frac{1}{2} \\ \frac{1}{2} & 1 \end{pmatrix} \bullet \begin{pmatrix} x_1 & x_2 \\ x_2 & x_3 \end{pmatrix},$$

$$
\text{s.t.} \begin{pmatrix} 1 & \frac{1}{2} \\ \frac{1}{2} & 1 \end{pmatrix} \bullet \begin{pmatrix} x_1 & x_2 \\ x_2 & x_3 \end{pmatrix} = 1,
$$
$$
\begin{pmatrix} x_1 & x_2 \\ x_2 & x_3 \end{pmatrix} \succeq 0,
$$

这里 $A \bullet B$ 表示对称矩阵 $A = (a_{ij})_{n\times n}$, $B = (b_{ij})_{n\times n}$ 的内积, 即

$$
A \bullet B = \operatorname{trace}(A^{\mathrm{T}}B) = \sum_{i=1}^{n}\sum_{j=1}^{n} a_{ij}b_{ij},
$$

也记 $A \bullet B = \langle A, B\rangle$.

一般地, 半定规划问题可表为

$$
\begin{aligned}
\text{(SDP)} \qquad & \min\ C \bullet X, \\
& \text{s.t. } A_i \bullet X = b_i, \quad i = 1, \cdots, m, \\
& \qquad X \succeq 0,
\end{aligned}
$$

这里 X 是 $n\times n$ 对称矩阵, C, A_i 是 $n\times n$ 常数对称矩阵, b_i 是常数.

问题 (SDP) 的拉格朗日对偶为

$$
\begin{aligned}
\text{(SDD)} \qquad & \max\ b^{\mathrm{T}}y, \\
& \text{s.t. } \sum_{i=1}^{m} y_i A_i \preceq C,
\end{aligned}
$$

这里 $y \in \mathbb{R}^m$, 或等价地

$$
\begin{aligned}
\text{(SDD)} \qquad & \max\ b^{\mathrm{T}}y, \\
& \text{s.t. } \sum_{i=1}^{m} y_i A_i + S = C, \\
& \qquad S \succeq 0.
\end{aligned}
$$

半定规划在性质上也与线性规划很类似, 例如半定规划具有强对偶性质：若 (SDP) 和 (SDD) 都严格可行, 则 $v(\text{SDP}) = v(\text{SDD})$. 特别地, 线性规划的内点算法可以推广到求解半定规划问题：半定规划内点算法求解问题 (SDP) 的一个 ε 近似最优解的计算复杂性与 $\log(1/\varepsilon)$ 是线性关系, 而与 m 和 n 是多项式关系. 从而, (SDP) 和 (SDD) 都是多项式时间可解的[24]. 常用的求解 SDP 算法软件有`SeDuMi`和`SDPT3`, 这两种算法软件都可以在 Matlab 的环境下用`CVX`建模求解.

2. 无约束 0-1 二次规划的半定规划松弛

考虑下列齐次形式的无约束 0-1 二次规划:

$$\text{(BQP)}\qquad \begin{aligned} &\min\ x^{\mathrm{T}}Qx,\\ &\text{s.t.}\ x\in\{-1,1\}^n, \end{aligned}$$

这里 Q 是 $n\times n$ 对称矩阵.

令 $X=xx^{\mathrm{T}}$, 其中 $x\in\{-1,1\}^n$. 则 $X\succeq 0$, $X_{ii}=1$, 且 $\mathrm{rank}(X)=1$. 反过来, 若任意对称矩阵 X 具有性质 $X\succeq 0$, $X_{ii}=1$, $\mathrm{rank}(X)=1$, 则存在 $x\in\{-1,1\}^n$ 使 $X=xx^{\mathrm{T}}$. 又注意到

$$x^{\mathrm{T}}Qx=\mathrm{trace}(x^{\mathrm{T}}Qx)=\mathrm{trace}(Qxx^{\mathrm{T}})=\mathrm{trace}(QX)=Q\bullet X.$$

故原问题 (BQP) 等价于如下问题:

$$\begin{aligned} &\min\ Q\bullet X,\\ &\text{s.t.}\ X_{ii}=1,\quad i=1,\cdots,n,\\ &\qquad X\succeq 0,\quad \mathrm{rank}(X)=1. \end{aligned}$$

丢掉秩 1 约束 $\mathrm{rank}(X)=1$, 得到 (BQP) 的半定规划松弛:

$$\text{(SDP)}\qquad \begin{aligned} &\min\ Q\bullet X,\\ &\text{s.t.}\ X_{ii}=1,\quad i=1,\cdots,n,\\ &\qquad X\succeq 0. \end{aligned}$$

另一种引入 (BQP) 的 SDP 松弛的方法是利用拉格朗日对偶. 注意到 $x_i^2-1=0\Leftrightarrow x_i\in\{-1,1\}$. 故 (BQP) 等价于如下非凸连续优化问题:

$$\begin{aligned} &\min\ x^{\mathrm{T}}Qx,\\ &\text{s.t.}\ x_i^2=1,\quad i=1,\cdots,n. \end{aligned}\tag{11.14}$$

上述问题的拉格朗日函数是

$$L(x,\lambda)=x^{\mathrm{T}}Qx-\sum_{i=1}\lambda_i(x_i^2-1)=x^{\mathrm{T}}(Q-\Lambda)x+\mathrm{trace}(\Lambda),$$

这里 $\Lambda=\mathrm{diag}(\lambda)$. 问题 (11.14) 的拉格朗日松弛为

$$d(\lambda)=\min_{x\in\mathbb{R}^n}L(x,\lambda).$$

从而, (11.14) 的拉格朗日对偶问题为

$$\begin{aligned} &\max\ d(\lambda),\\ &\text{s.t.}\ \lambda\in\mathbb{R}^n. \end{aligned}\tag{11.15}$$

引理 11.1 $d(\lambda) > -\infty$ 的充分必要条件是

(i) $Q-\Lambda \succeq 0$;

(ii) 存在 $\bar{x} \in \mathbb{R}^n$ 使 $(Q-\Lambda)\bar{x}=0$.

证明 设 $d(\lambda) > -\infty$, 则有 $Q-\Lambda \succeq 0$. 否则, 若有 $x \neq 0$ 使得 $x^{\mathrm{T}}(Q-\Lambda)x < 0$, 则

$$L(tx,\mu) = t^2 x^{\mathrm{T}}(Q-\Lambda)x + \mathrm{trace}(\Lambda) \to -\infty, \quad t \to +\infty.$$

故 $Q-\Lambda \succeq 0$, 且由 KKT 必要条件知存在 $\bar{x}$ 使 $(Q-\Lambda)\bar{x}=0$.

若条件 (i)~(ii) 成立, 则 $L(x,\lambda)$ 是 x 的凸函数且 $\bar{x}$ 满足 KKT 充分条件. 从而, $d(\lambda)=L(\bar{x},\lambda)=\mathrm{trace}(\Lambda)$. □

由引理 11.1, 对偶问题 (11.15) 可以表示成如下 SDP 问题

$$\begin{aligned} (\mathrm{D}) \qquad & \max\ e^{\mathrm{T}}\lambda, \\ & \mathrm{s.t.}\ Q-\mathrm{diag}(\lambda) \succeq 0. \end{aligned}$$

可以验证, 问题 (SDP) 的半定规划对偶就是问题 (D).

3. 最大割问题的 SDP 界与近似比

给定图 $G=(V,E)$, 其中 $V=\{1,\cdots,n\}$, 弧 $(i,j)\in E$ 对应的权为 $w_{ij}\geqslant 0$, 如果 $(i,j)\notin E$, 则 $w_{ij}=0$. 对任意顶点 V 的一个分割 (V_1, V_2), 其中 $V_1\cap V_2=\varnothing$, $V_1\cup V_2=V$, 分割的权定义为连接 V_1 与 V_2 之间的弧的权之和. 最大割问题是寻找 G 中具有最大权的分割.

定义

$$y_i = \begin{cases} -1, & i \in V_1, \\ 1, & i \in V_2. \end{cases}$$

则 $i\in V_1, j\in V_2 \Rightarrow w_{ij}(1-y_iy_j)=2w_{ij}$, $i,j\in V_1$ 或 $V_2 \Rightarrow w_{ij}(1-y_iy_j)=0$. 故 $y\in\{-1,1\}^n$ 定义的分割的权为

$$\frac{1}{4}\sum_{i,j=1}^{n} w_{ij}(1-y_iy_j).$$

所以, 最大割问题可以表示为

$$\begin{aligned} (\mathrm{MC}) \qquad w^* = \max\ & \frac{1}{4}\sum_{i,j=1}^{n} w_{ij}(1-y_iy_j), \\ \mathrm{s.t.}\ & y_i \in \{-1,1\}, \quad i=1,\cdots,n. \end{aligned}$$

显然, (MC) 等价于

$$
\begin{aligned}
(\mathrm{MC}') \quad z^* = \min \ & \sum_{i,j=1}^{n} w_{ij} y_i y_j, \\
\text{s.t. } & y_i \in \{-1, 1\}, \quad i = 1, \cdots, n,
\end{aligned}
$$

且有关系式 $w^* = \dfrac{1}{4}\left(\displaystyle\sum_{i,j=1}^{n} w_{ij} - z^*\right)$.

令 $W = (w_{ij})$. 根据前节 SDP 松弛的方法, 问题 (MC′) 的 SDP 松弛为

$$
\begin{aligned}
(\mathrm{SDP_{MC}}) \quad & \min \ W \bullet X, \\
& \text{s.t. } X_{ii} = 1, \ i = 1, \cdots, n, \\
& \qquad X \succeq 0.
\end{aligned}
$$

容易看出, 若上述 SDP 松弛的最优解 X 的秩为 1, 则必可分解为 $X = xx^{\mathrm{T}}$, 其中 $x \in \{-1, 1\}^n$, 该 x 就是原问题 (MC) 的最优解. 一般情况下, ($\mathrm{SDP_{MC}}$) 的最优解 X 的秩大于 1, 考虑下面两个基本问题:

(i) 近似界: 是否可以得到 SDP 松弛界与原问题的最优值的误差估计?

(ii) 可行解: 是否能够利用 ($\mathrm{SDP_{MC}}$) 的解找到 (MC) 的一个好的可行解?

Goemans 和 Williamson[5] 利用随机化方法对上述问题给出了一个非常漂亮的答案. 设 X 是 ($\mathrm{SDP_{MC}}$) 的最优解, 考虑下面的随机化方法产生 (MC) 的可行解:

(1) 把 X 分解为 $X = V^{\mathrm{T}}V$, 其中 $V = (v_1, \cdots, v_n) \in \mathbb{R}^{r \times n}$, 这里 $r \geqslant 2$ 是矩阵 X 的秩. 从而 $X_{ij} = v_i^{\mathrm{T}} v_j$, 又因为 $X_{ii} = 1$, 故 $\|v_i\| = 1$, $i = 1, \cdots, n$, 即 v_i, $i = 1, \cdots, n$ 在 $\mathbb{R}^r$ 中的单位球面上.

(2) 选择服从 $\mathbb{R}^r$ 中单位球面上的均匀分布的向量 p. 则 $\xi = p^{\mathrm{T}} V$ 是具有均值 0 和协方差矩阵 X 的正态分布随机向量.

(3) 考虑以 p 为法向量的超平面 $\{z \in \mathbb{R}^r \mid p^{\mathrm{T}} z = 0\}$. 对每一 $i = 1, \cdots, n$, 若 $p^{\mathrm{T}} v_i > 0$, 取 $x_i = 1$; 否则, 若 $p^{\mathrm{T}} v_i < 0$, 取 $x_i = -1$, 即以 v_i 落在随机超平面的哪一边来确定 x_i 的取值 (注意到 $p^{\mathrm{T}} v_i = 0$ 的概率为 0).

通过上述的随机化方法, 可以从 ($\mathrm{SDP_{MC}}$) 的最优解 X 得到问题 (MC) 的一个随机可行解 x. 下面的定理表明, 这个随机可行解在平均意义上是原问题 (MC) 的一个很不错的近似最优解.

定理 11.6 设 $c_{\max}$ 表示最大割问题 (MC) 的最优值, $c_{\mathrm{sdp-u}}$ 表示由 ($\mathrm{SDP_{MC}}$) 产生的(MC)的上界, $c_{\mathrm{sdp-e}}$ 表示利用上述随机化方法产生的可行点对应的(MC)的目标函数值 (即对应的割的权) 的期望值. 则有

(i) 可行解近似比:

$$
0.87856 \leqslant \frac{c_{\mathrm{sdp-e}}}{c_{\max}}. \tag{11.16}
$$

(ii) SDP 界近似比：

$$0.87856 \leqslant \frac{c_{\max}}{c_{\mathrm{sdp-u}}}. \tag{11.17}$$

证明 随机化方法产生的可行点是 $x_i = \mathrm{sign}(p^{\mathrm{T}} v_i)$, $i = 1, \cdots, n$. 这个可行点对应 (MC′) 中的目标函数值的期望值为

$$\begin{aligned} E_p[x^{\mathrm{T}} W x] &= \sum_{i,j} w_{ij} E_p[x_i x_j] \\ &= \sum_{i,j} w_{ij} E_p[\mathrm{sign}(p^{\mathrm{T}} v_i) \cdot \mathrm{sign}(p^{\mathrm{T}} v_j)]. \end{aligned}$$

设 θ_{ij} 为 v_i 和 v_j 之间的夹角, 则

$$E_p[\mathrm{sign}(p^{\mathrm{T}} v_i) \cdot \mathrm{sign}(p^{\mathrm{T}} v_j)] = P_1 \times 1 + P_2 \times (-1),$$

其中

$$\begin{aligned} P_1 &= \mathrm{Prob}(v_i \text{ 和 } v_j \text{ 落在超平面 } p^{\mathrm{T}} z = 0 \text{ 的同一侧}) = 1 - \frac{\theta_{ij}}{\pi}, \\ P_2 &= \mathrm{Prob}(v_i \text{ 和 } v_j \text{ 落在超平面 } p^{\mathrm{T}} z = 0 \text{ 的不同侧}) = \frac{\theta_{ij}}{\pi}. \end{aligned}$$

从而

$$E_p[\mathrm{sign}(p^{\mathrm{T}} v_i) \cdot \mathrm{sign}(p^{\mathrm{T}} v_j)] = 1 - \frac{2\theta_{ij}}{\pi}.$$

所以

$$\begin{aligned} E_p[x^{\mathrm{T}} W x] &= \sum_{i,j=1}^{n} w_{ij} \left(1 - \frac{2\theta_{ij}}{\pi}\right) \\ &= \sum_{i,j=1}^{n} w_{ij} \left(1 - \frac{2}{\pi} \arccos(v_j^{\mathrm{T}} v_j)\right) \\ &= \frac{2}{\pi} \sum_{i,j=1}^{n} w_{ij} \arcsin X_{ij} \end{aligned}$$

注意到上述推导过程中用到了性质 $|X_{ij}| \leqslant 1$ (因 $X \succeq 0$ 且主对角元 $X_{ii} = 1$).

因最大割问题 (MC) 的目标函数为 $\frac{1}{4} \sum_{i,j} w_{ij}(1 - y_i y_j)$, 故 x 对应的割的权的期望值为

$$\begin{aligned} c_{\mathrm{sdp-e}} &= \frac{1}{4} \sum_{i,j=1}^{n} w_{ij} \left(1 - \frac{2}{\pi} \arcsin X_{ij}\right) \\ &= \frac{1}{4} \cdot \frac{2}{\pi} \sum_{i,j=1}^{n} w_{ij} \arccos X_{ij}. \end{aligned}$$

另一方面, 注意到 $w_{ij} \geqslant 0$, 故 SDP 松弛 ($\mathrm{SDP_{MC}}$) 的解 X 给出的最大割问题的上界为

$$c_{\text{sdp-u}} = \frac{1}{4}\sum_{i,j=1}^{n} w_{ij}(1 - X_{ij}).$$

如果能找到一个常数 $\alpha > 0$ 使

$$\alpha(1-t) \leqslant \frac{2}{\pi}\arccos(t), \quad \forall t \in [-1,1],$$

则有

$$c_{\text{sdp-u}} \leqslant \frac{1}{\alpha}\cdot\frac{1}{4}\cdot\frac{2}{\pi}\sum_{i,j=1}^{n} w_{ij}\arccos(X_{ij}) = \frac{1}{\alpha}c_{\text{sdp-e}}.$$

从而

$$\alpha \cdot c_{\max} \leqslant \alpha \cdot c_{\text{sdp-u}} \leqslant c_{\text{sdp-e}} \leqslant c_{\max} \leqslant c_{\text{sdp-u}}. \tag{11.18}$$

下面考虑寻找 $\alpha > 0$ 使

$$\alpha(1-t) \leqslant \frac{2}{\pi}\arccos(t), \quad \forall t \in [-1,1],$$

即

$$\alpha = \min_{t\in[-1,1]} \frac{2}{\pi}\frac{\arccos(t)}{1-t} = \min_{\theta\in[0,\pi]} \frac{2}{\pi}\frac{\theta}{1-\cos\theta}.$$

可以证明 (见图 11.2), $0.87856 < \alpha < 0.87857$. 故由 (11.18) 知, (11.16)~(11.17) 成立. □

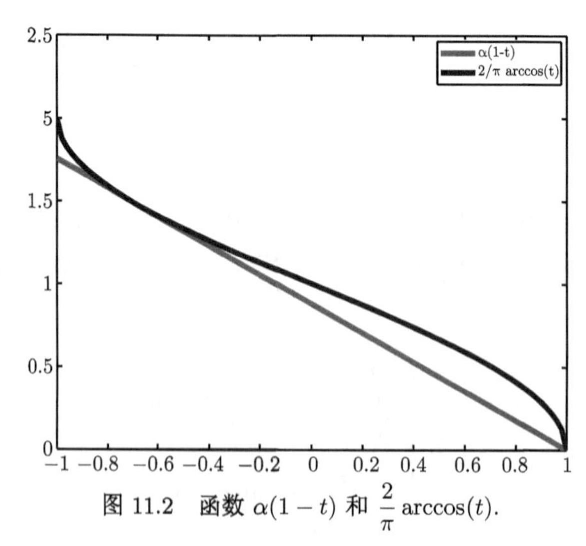

图 11.2 函数 $\alpha(1-t)$ 和 $\frac{2}{\pi}\arccos(t)$.

4. Nesterov 的 SDP 界

注意到在定理 11.6 的证明中, 条件 $w_{ij} \geqslant 0$ 是不可缺少的. 实际上, 最大割问题可以看成是在 $\{-1,1\}^n$ 上最大化下列齐次二次函数 $\left(\text{忽略常系数 } \dfrac{1}{4}\right)$:

$$\sum_{i,j=1}^{n} w_{ij}(1-x_i x_j) = \sum_{i=1}^{n}\left(\sum_{j=1}^{n} w_{ij}\right)x_i^2 - \sum_{i,j=1}^{n} w_{ij}x_i x_j = x^{\mathrm{T}}Ax,$$

这里矩阵 A 的主对角元 $A_{ii} = \sum_{j=1}^{n} w_{ij}$, $i=1,\cdots,n$, 非主对角元 $A_{ij} = -w_{ij}$. 故矩阵 A 具有下列性质:

(i) $A \succeq 0$;

(ii) $A_{ij} \leqslant 0$, $i \neq j$;

(iii) $\sum_{j=1}^{n} A_{ij} = 0$, $i=1,\cdots,n$.

设 $A \succeq 0$, 考虑下列 0-1 二次规划问题:

$$(\mathrm{P}) \qquad \max_{x\in\{-1,1\}^n} x^{\mathrm{T}}Ax.$$

问题 (P) 的 SDP 松弛为

$$\begin{aligned}(\mathrm{SDP}) \qquad & \max\ A \bullet X,\\ & \text{s.t. } X_{ii} = 1, \quad i=1,\cdots,n,\\ & \quad X \succeq 0.\end{aligned}$$

一个自然的问题是: 对一般半正定矩阵 A 对应的 0-1 二次规划问题, 是否能得到其 SDP 松弛界的类似于定理 11.6的常数近似比率估计? Nesterov[17] 对此问题给出了一个 $\dfrac{2}{\pi} \approx 0.6366$ 的界估计定理.

定义 11.1 设 $A=(a_{ij})$, $B=(b_{ij})$. 称矩阵 $A\circ B=(a_{ij}b_{ij})_{n\times n}$ 为矩阵 A 和 B 的 Schur 乘积. 又定义幂 $A^{\circ k} := \overbrace{A\circ A\circ\cdots\circ A}^{k}$.

引理 11.2 设 $A, B \in \mathcal{S}_n^+$, 这里 $\mathcal{S}_n^+$ 记 n 阶半正定矩阵集合. 则有 $A\circ B \in \mathcal{S}_n^+$. 特别地, $A \succeq 0 \Rightarrow A^{\circ k} \succeq 0$.

证明 对任意 n 阶矩阵 Q, 记 $\mathrm{Diag}(Q)$ 为 Q 的主对角元组成的列向量, $\mathrm{diag}(v)$ 为以 v 为主对角元的对角矩阵. 设 $v\in\mathbb{R}^n$, 有 $(A\circ B)v = \mathrm{Diag}(A\cdot \mathrm{diag}(v)B)$. 所以

$$\begin{aligned} v^{\mathrm{T}}(A\circ B)v &= v^{\mathrm{T}}\mathrm{Diag}(A\cdot\mathrm{diag}(v)B)\\ &= \mathrm{trace}(\mathrm{diag}(v)A\cdot\mathrm{diag}(v)B)\end{aligned}$$

$$=\langle \operatorname{diag}(v)A\cdot \operatorname{diag}(v), B\rangle \geqslant 0.$$

注意到在上式中利用了下列性质: $P, Q\in \mathcal{S}_n^+ \Rightarrow \langle P,Q\rangle \geqslant 0$, 这里 $\langle P,Q\rangle$ 记 n 阶矩阵空间的内积, 即 $\langle P,Q\rangle = P\bullet Q = \operatorname{trace}(P^{\mathrm{T}}Q)$. □

定理 11.7　设 $A\succeq 0$, 考虑问题 (P) 及其 SDP 松弛问题. 设 $c_{\max}$ 表示 (P) 的最优值, $c_{\text{sdp-u}}$ 表示由 (SDP) 产生的上界, $c_{\text{sdp-e}}$ 表示利用随机化方法产生的可行点对应的 (P) 的目标函数值的期望值. 则有

(i) 可行解近似比:

$$\frac{2}{\pi}\leqslant \frac{c_{\text{sdp-e}}}{c_{\max}}. \tag{11.19}$$

(ii) SDP 界近似比:

$$\frac{2}{\pi}\leqslant \frac{c_{\max}}{c_{\text{sdp-u}}}. \tag{11.20}$$

证明　设 X 是问题 (SDP) 的最优解. 类似于最大割问题的随机化方法, 设 $X=V^{\mathrm{T}}V$, 这里 $V=(v_1,\cdots,v_n)$, $v_i\in\mathbb{R}^r$. 设 ξ 是服从均值为零协方差矩阵为 X 的正态分布随机向量. 令 $\zeta=\operatorname{sign}(\xi)$, 则 ζ 为 (P) 的一个随机可行解, 对应的目标函数为 $\zeta^{\mathrm{T}}A\zeta$. 类似于定理 11.6 的证明, 有

$$\begin{aligned} c_{\text{sdp-e}} = E(\zeta^{\mathrm{T}}A\zeta) &= \frac{2}{\pi}\sum_{i,j=1}^{n} A_{ij}\arcsin(X_{ij}) \\ &= \frac{2}{\pi}\operatorname{trace}(A\arcsin[X]) \\ &= \frac{2}{\pi}\langle A, \arcsin[X]\rangle, \end{aligned} \tag{11.21}$$

这里 $\arcsin[X]=(\arcsin(X_{ij}))_{n\times n}$. 因为 $X\succeq 0$, $X_{ii}=1$, 所以 $|X_{ij}|\leqslant 1$, 故 $\arcsin(X_{ij})$ 有定义.

设 $t\in[-1,1]$, 由 $\arcsin(t)$ 的幂级数展开式, 有

$$\arcsin(t)=t+\frac{1}{2}\frac{t^3}{3}+\frac{1\cdot 3}{2\cdot 4}\frac{t^5}{5}+\cdots.$$

因为 $|X_{ij}|\leqslant 1$, 所以

$$\arcsin[X]=X+\frac{1}{2}\frac{X^{\circ 3}}{3}+\frac{1\cdot 3}{2\cdot 4}\frac{X^{\circ 5}}{5}+\cdots. \tag{11.22}$$

由引理 11.2 和 $X\succeq 0$ 可知, $X^{\circ k}\succeq 0$, 故

$$\arcsin[X]\succeq X.$$

又因 $A \succeq 0$, 从 (11.22) 推出

$$\langle A, \arcsin[X]\rangle \geqslant \langle A, X\rangle.$$

所以, 由 (11.21) 得

$$c_{\text{sdp-e}} = \frac{2}{\pi}\langle A, \arcsin[X]\rangle \geqslant \frac{2}{\pi}\langle A, X\rangle = \frac{2}{\pi}A \bullet X = \frac{2}{\pi}c_{\text{sdp-u}}.$$

故

$$\frac{2}{\pi}c_{\max} \leqslant \frac{2}{\pi}c_{\text{sdp-u}} \leqslant c_{\text{sdp-e}} \leqslant c_{\max} \leqslant c_{\text{sdp-u}}.$$

故 (11.19)~(11.20) 成立. □

定理 11.7 的结论可以推广到任何 0-1 二次规划问题. 事实上, 假设问题 (P) 中 $A \not\succeq 0$, 则总可以找到 $d \in \mathbb{R}^n_+$ 使 $A' = A + \text{diag}(d) \succeq 0$. 改写目标函数为

$$x^{\text{T}}Ax = x^{\text{T}}(A + \text{diag}(d))x - \sum_{i=1}^{n} d_i x_i^2.$$

注意到对任意 $x_i \in \{-1, 1\}$ 有 $x_i^2 = 1$, 故 $x^{\text{T}}A'x$ 与 $x^{\text{T}}Ax$ 在 $\{-1,1\}^n$ 上只相差一个常数 $e^{\text{T}}d$. 所以, (P) 与 $\max_{x\in\{-1,1\}^n}\ x^{\text{T}}A'x$ 等价.

11.1.4 分枝定界方法

考虑下列形式的无约束 0-1 二次规划问题:

$$\min_{\{0,1\}^n}\ f(x) = \sum_{i=1}^{n} c_i x_i + \sum_{1\leqslant i<j\leqslant n} q_{ij} x_i x_j. \tag{11.23}$$

记 $c = (c_1, \cdots, c_n)$, $Q = (q_{ij})$, 其中 $q_{ij} = q_{ji}$, 从而 $f(x) = c^{\text{T}}x + \frac{1}{2}x^{\text{T}}Qx$.

分枝定界求解问题 (11.23) 的一个关键是如何有效地计算问题的下界. 除了 11.1.2~11.1.3 节中介绍的线性化方法和 SDP 方法外, 也可以采用下面介绍的简单的计算下界的方法.

1. 简单下界

设 $\tilde{Q} = (\tilde{q}_{ij})_{n\times n}$, 这里 $\tilde{q}_{ij} = \tilde{q}_{ji} = q_{ij}$, $i \neq j$, $\tilde{q}_{ii} = 0$, $i = 1, \cdots, n$, $\tilde{c} = (\tilde{c}_1, \cdots, \tilde{c}_n)^{\text{T}}$, 其中 $\tilde{c}_i = c_i + q_{ii}$. 则

$$\begin{aligned} f(x) &= \sum_{i=1}^{n}\left(\sum_{j>i} q_{ij}x_j\right)x_i + \sum_{i=1}^{n}(c_i + q_{ii})x_i \\ &= \frac{1}{2}x^{\text{T}}\tilde{Q}x + \tilde{c}^{\text{T}}x. \end{aligned} \tag{11.24}$$

显然, $f(x)$ 在 $\{0,1\}^n$ 上的一个下界是

$$LB_s^1 = \sum_{i=1}^n \sum_{j>i} \min(q_{ij}, 0) + \sum_{i=1}^n \min(c_i + q_{ii}, 0).$$

然而, 下界 LB_s^1 的质量往往很差, 可以用如下方法提高该下界. 因为 $x \geqslant 0$, $\tilde{Q}x \geqslant a \Rightarrow x^{\mathrm{T}}\tilde{Q}x \geqslant a^{\mathrm{T}}x$. 记 $\tilde{Q}$ 的第 i 行为 $\tilde{Q}_i$. 令

$$a_i = \min_{x\in\{0,1\}^n} \tilde{Q}_i x = \sum_{j\neq i} \min(q_{ij}, 0).$$

则由 (11.24) 得

$$\begin{aligned}
\min_{x\in\{0,1\}^n} f(x) &= \min_{x\in\{0,1\}^n} \frac{1}{2}x^{\mathrm{T}}\tilde{Q}x + \tilde{c}^{\mathrm{T}}x \\
&\geqslant \min_{x\in\{0,1\}^n} \left(\frac{1}{2}a + \tilde{c}\right)^{\mathrm{T}} x \\
&= \sum_{i=1}^n \min\left\{c_i + q_{ii} + \frac{1}{2}\sum_{j\neq i}\min(q_{ij}, 0), 0\right\} \\
&\equiv LB_s^2.
\end{aligned} \tag{11.25}$$

容易看出下界 LB_s^2 比 LB_s^1 紧, 即 $LB_s^2 \geqslant LB_s^1$.

2. 变量固定

变量固定是一种最优性充分条件的应用, 用于判断最优解中某些分量必定取值 0 或 1, 从而可以减少需要分枝的变量, 提高分枝定界算法的效率.

引理 11.3　设 x^* 是问题 (11.23) 的最优解. 令

$$a_i := c_i + \sum_{j>i} \min(0, q_{ij}), \tag{11.26}$$

$$b_i := c_i + \sum_{j>i} \max(0, q_{ij}). \tag{11.27}$$

则 (i) $x_i^* = 0$, 若 $a_i > 0$; (ii) $x_i^* = 1$, 若 $b_i < 0$.

证明　(i) 注意到在 $f(x)$ 中含有 x_i 的项是 $\left(c_i + \sum_{j\neq i} q_{ij}x_j\right) x_i$. 因

$$c_i + \sum_{j>i} q_{ij}x_j \geqslant a_i \geqslant 0, \quad x \in \{0,1\}^n.$$

在 x^* 中 x_i 必取值 0. (ii) 可以类似证明. □

容易看出 a_i 和 b_i 确定了 $f(x)$ 在 $[0,1]^n$ 的梯度的上下界, 即

$$a_i \leqslant \frac{\partial f(x)}{\partial x_i} \leqslant b_i, \quad i=1,\cdots,n.$$

所以, 引理 11.3 可以解释为若 $f(x)$ 在 $[0,1]^n$ 上关于某个分量的偏导数符号不变, 则可以将该分量固定为 0 或 1.

例 11.2 考虑下列问题

$$\min_{x\in\{0,1\}^3} f(x) = -2x_1 - 3x_2 - 6x_3 + 2x_1x_2 + x_1x_3 + 4x_2x_3.$$

由计算可知 $a=(-2,-3,-6)^{\mathrm{T}}, b=(1,3,-1)^{\mathrm{T}}$. 因为 $b_3<0$, 可以固定 $x_3=1$. 把 $x_3=1$ 代入 $f(x)$, 得 $f_1(x_1,x_2) = -6 - x_1 + x_2 + 2x_1x_2$. 又 $(a_1,a_2)=(-1,1)$, $(b_1,b_2)=(1,3)$. 因 $a_2>0$, 可以固定 $x_2=0$. 把 $x_2=0$ 代入 $f_1(x_1,x_2)$ 得 $f_2(x_1) = -6-x_1$. 显然, x_1 可固定为 1. 故所以变量都已固定, 最优解为 $x^*=(1,0,1)^{\mathrm{T}}$, 最优值为 $f(x^*)=7$.

引理 11.3 的条件只是固定变量的充分条件, 并不能保证一定能固定变量. 例如, 若 $f(x)=-2x_1-3x_2+4x_1x_2$. 对这个函数, 因 $a=(-2,-3)^{\mathrm{T}}, b=(2,1)^{\mathrm{T}}$, 故不能利用引理 11.3 固定任何变量.

3. *分枝定界算法*

变量固定方法可以和使用深度优先和二分搜索的分枝定界算法结合起来求解问题 (11.23) 的精确解.

分枝定界搜索树中的每一节点可以用 (lev,a,b,LB) 来表示, 这里 lev 记节点在搜索树中的层数, a 和 b 是 $f(x)$ 的自由变量的导数的上下界, LB 是子问题继承父节点的上界. 又记 p_i 为在算法中第 i 个被固定的变量.

算法 11.2(无约束 0-1 二次规划的分枝定界算法)

步 0 (初始化). 利用启发式方法确定一个初始可行解 $x\in\{0,1\}^n$. 令 $x_{\mathrm{opt}}=x$, $f_{\mathrm{opt}}=f(x)$. 计算初始下界

$$LB=\sum_{i=1}^{n}\min(0,c_i)+\sum_{1\leqslant i<j\leqslant n}\min(0,q_{ij}).$$

令 $lev=0$, $I_{\mathrm{fix}}=\varnothing$, $I_{\mathrm{free}}=\{1,2,\cdots,n\}$, $L=\varnothing$.

步 1 (导数界). 对 $i=1,\cdots,n$, 利用 (11.26) 和 (11.27) 分别计算 a_i 和 b_i.

步 2 (变量固定). 若存在 $i\in I_{\mathrm{free}}$ 使 $a_i\geqslant 0$ 或 $b_i<0$, 则当 $a_i\geqslant 0$ 时, 固定 $x_i=0$, 当 $b_i<0$ 时, 固定 $x_i=1$. 令 $lev:=lev+1$, $p_{lev}=i$, $I_{\mathrm{fix}}:=I_{\mathrm{fix}}\cup\{i\}$, $I_{\mathrm{free}}:=I_{\mathrm{free}}\setminus\{i\}$. 校正下界 LB. 重复步 2 直到对所有自由变量都有 $a_i\leqslant 0$ 及 $b_i\geqslant 0$.

步 3 (分枝). 若在步 2 中没有变量被固定, 则选择 j 使得

$$j = \arg\max_{i\in I_{\text{free}}} \min(-a_i, b_i).$$

设 LB^0 和 LB^1 分别是在固定了 $x_j = 0$ 和 $x_j = 1$ 后校正的下界. 如果 $LB^0 < LB^1$, 令 $x_j = 0$, $LB = LB^0$; 否则, 令 $x_j = 1$, $LB = LB^1$. 如果 $\max(LB^0, LB^1) < f_{\text{opt}}$, 将节点 $(lev + 1, a, b, LB)$ 存入 L. 令 $lev := lev + 1$, $p_{lev} = j$, $I_{\text{fix}} := I_{\text{fix}} \cup \{j\}$, $I_{\text{free}} := I_{\text{free}} \setminus \{j\}$.

步 4. 如果 $\text{LB} < f_{\text{opt}}$ 且 $lev < n$, 转步 5. 否则, 剪掉当前的节点. 如果 $lev = n$, 若 $LB < f_{\text{opt}}$, 校正 x_{opt} 和上界 f_{opt}. 如果 $L = \varnothing$, 则停止, x_{opt} 是问题 (11.23) 的最优解. 否则, 选择 L 中最后一个节点. 令 $x_{p_{lev}} := 1 - x_{p_{lev}}$. 校正所选节点的下界 LB.

步 5. 校正选定节点的自由变量的梯度的上下界 a 和 b. 对 $i \in I_{\text{free}}$:

(i) 若 $x_{p_{lev}} = 1$, 令

$$\begin{aligned} a_i &:= a_i + \max(0, q_{i,p_{lev}}), \\ b_i &:= b_i + \min(0, q_{i,p_{lev}}). \end{aligned}$$

(ii) 若 $x_{\text{p}_{lev}} = 0$, 令

$$\begin{aligned} a_i &:= a_i - \min(0, q_{i,p_{lev}}), \\ b_i &:= b_i - \max(0, q_{i,p_{lev}}). \end{aligned}$$

转步 2.

例 11.3　考虑问题 $\min_{x\in\{0,1\}^6} f(x)$, 其中

$$\begin{aligned} f(x) = & -x_1 - 3x_2 + 2x_3 - 4x_4 - 2x_5 - x_6 + 8x_1x_2 + 3x_1x_4 \\ & -3x_2x_3 + 4x_3x_5 + 2x_4x_6. \end{aligned}$$

算法 11.2 的迭代步骤如下:

步 0. 设初始可行解为 $x_{\text{opt}} = (0,1,0,1,1,0)^{\text{T}}$. 初始上界 $f_{\text{opt}} = f(x_{\text{opt}}) = -9$. 计算出初始下界为 $LB = 14$. 令 $lev = 0$, $I_{\text{fix}} = \varnothing$, $I_{\text{free}} = \{1,2,3,4,5,6\}$, $L = \varnothing$.

步 1. 计算梯度界:

$$a = (-1, -6, -1, -4, -2, -1), \quad b = (10, 5, 6, 1, 2, 1).$$

步 2. 没有变量被固定.

步 3. $b_2 = 5 = \max_{i\in I_{\text{free}}} \min(-a_i, b_i)$. 分别令 $x_2 = 0, 1$, 得到对应节点的下界 $LB^0 = -8$, $LB^1 = -11$. 令 $LB = -11$. 令 $x_2 = 1$, $lev = 1$, $p_1 = 2$, $I_{\text{fix}} = \{2\}$, $I_{\text{free}} = \{1,3,4,5,6\}$.

步 4. $LB < -9 = f_{\text{opt}}$, $lev < 6$.

步 5. 校正梯度界 $a_{1,3,4,5,6} = (7, -1, -4, -2, -1)$, $b_{1,3,4,5,6} = (10, 3, 1, 2, 1)$.

步 2. 因 $a_1 = 7 > 0$, 令 $x_1 = 0$, $lev = 2$, $p_2 = 1$, $I_{\text{fix}} = \{2, 1\}$, $I_{\text{free}} = \{3, 4, 5, 6\}$. 校正下界 $LB = -11$.

步 4. $LB < -9 = f_{\text{opt}}$, $lev < 6$.

步 5. 校正梯度界: $a_{3,4,5,6} = (-1, -4, -2, -1)$, $b_{3,4,5,6} = (3, -2, 2, 1)$.

步 2. 因 $b_4 = -2 < 0$, 固定 $x_4 = 1$. 令 $p_3 = 4$, $lev = 3$, $I_{\text{fix}} = \{2, 1, 4\}$, $I_{\text{free}} = \{3, 5, 6\}$. 校正下界 $LB = -10$.

步 4. $LB < -9 = f_{\text{opt}}$, $lev < 6$.

步 5. 校正梯度界: $a_{3,5,6} = (-1, -2, 1)$, $b_{3,5,6} = (3, 2, 1)$,

步 2. 因 $a_6 = 1 > 0$, 固定 $x_6 = 0$. 令 $p_4 = 6$, $lev = 4$, $I_{\text{fix}} = \{2, 1, 4, 6\}$, $I_{\text{free}} = \{3, 5\}$. 校正下界 $LB = -10$.

步 4. $LB < -9 = f_{\text{opt}}$, $lev < 6$.

步 5. 校正梯度界: $a_{3,5} = (-1, -2)$, $b_{3,5} = (3, 2)$.

步 2 没有变量被固定.

步 3. $b_5 = 2 = \max_{i=3,5} \min(-a_i, b_i)$. 分别令 $x_5 = 0, 1$, 对应节点的下界分别是: $LB^0 = -8$, $LB^1 = -9$. 令 $LB = -9$. 令 $x_5 = 1$, $lev = 5$, $p_5 = 5$, $I_{\text{fix}} = \{2, 1, 4, 6, 5\}$, $I_{\text{free}} = \{3\}$.

步 4. $LB = f_{\text{opt}}$, 故当前的节点可以剪掉, 此时 $L = \varnothing$, 故算法终止于 $x_{\text{opt}} = (0, 1, 0, 1, 1, 0)^{\text{T}}$.

11.2 二次背包问题

二次背包问题可以表示为

$$
\begin{aligned}
\text{(QKP)} \qquad & \max \ f(x) = \sum_{j=1}^{n} q_{jj} x_j + \sum_{1 \leqslant i < j \leqslant n} q_{ij} x_i x_j, \\
& \text{s.t.} \ \sum_{i=1}^{n} a_i x_i \leqslant b, \\
& \qquad x \in \{0, 1\}^n,
\end{aligned}
$$

这里 $q_{ij} \geqslant 0$, $1 \leqslant i \leqslant j \leqslant n$, $a_i \geqslant 0$, $i = 1, \cdots, n$, $0 < b < \sum_{i=1}^{n} a_i$.

11.2.1 线性松弛方法

1. 上平面逼近

设 $S = \{x \in \{0, 1\}^n \mid a^{\text{T}} x \leqslant b\}$. 二次函数 $f(x)$ 的上平面是指满足 $l(x) \geqslant f(x)$,

$x \in S$, 的线性函数 $l(x)$. 设 f^* 是问题 (QKP) 的最优值. 显然, 若 $l(x)$ 是 $f(x)$ 的一个上平面, 则 f^* 的一个上界可以通过解下列问题得到:

$$\max\{l(x) \mid x \in \tilde{S}\}, \tag{11.28}$$

这里 $\tilde{S} \supseteq S$. 集合 $\tilde{S}$ 可以取为 S 或 $\bar{S} = \{x \in [0,1]^n \mid a^{\mathrm{T}}x \leqslant b\}$. 若 $\tilde{S} = S$, 则问题 (11.28) 是一个 0-1 线性背包问题. 若 $\tilde{S} = \bar{S}$, 则 (11.28) 变成一个可以用贪婪法求解的连续背包问题.

下面介绍几种构造上平面的方法. 令 $h_{ii} = q_{ii}$, $h_{ij} = (1/2)q_{ij}$. 定义 $H = (h_{ij})_{n\times n}$. 则 $Q(x) = x^{\mathrm{T}}Hx$, $x \in \{0,1\}^n$ 且 $Q(x)$ 可改写为

$$Q(x) = x^{\mathrm{T}}Hx = \sum_{j=1}^{n}\left(\sum_{i=1}^{n} h_{ij}x_i\right)x_j.$$

令 $p_j(x) = \sum\limits_{i=1}^{n} h_{ij}x_i$. 设 v_j 是 $p_j(x)$ 在 S 上的上界. 则 $l(x) = \sum\limits_{j=1}^{n} v_jx_j$ 是 $Q(x)$ 的上平面.

因为 $h_{ij} \geqslant 0$, $p_j(x)$ 的一个最简单的界是

$$v_j^1 = \sum_{i=1}^{n} h_{ij} = q_{jj} + (1/2)\sum_{i\neq j}^{n} q_{ij}. \tag{11.29}$$

设 m 是 (QKP) 的可行解中 1 分量个数的最大值. 设 I_j 是 m 个最大 h_{ij} 的下标集, $j = 1, \cdots, n$. 则一个改进的下界是

$$v_j^2 = \sum_{i\in I_j} h_{ij}. \tag{11.30}$$

另外两个更紧的界是

$$v_j^3 = \max\left\{q_{jj}x_j + (1/2)\sum_{i\neq j}^{n} q_{ij}x_i \mid x \in \bar{S}\right\}, \tag{11.31}$$

$$v_j^4 = \max\left\{q_{jj}x_j + (1/2)\sum_{i\neq j}^{n} q_{ij}x_i \mid x \in S\right\}. \tag{11.32}$$

显然, v_j^4 是 $l_j(x)$ 最紧的上界且

$$v_j^1 \geqslant v_j^2 \geqslant v_j^4,$$
$$v_j^1 \geqslant v_j^3 \geqslant v_j^4.$$

例 11.4　考虑下面的例子:

$$\begin{aligned}\max\ f(x) = & x_1 + 4x_2 + x_3 + 2x_4 + 6x_1x_2 + 4x_1x_3 + 10x_1x_4 \\ & + x_2x_3 + 5x_2x_4 + 4x_3x_4, \\ \text{s.t. } & 7x_1 + 5x_2 + 4x_3 + 2x_4 \leqslant 13, \\ & x \in \{0,1\}^4.\end{aligned}$$

该问题的最优解是 $x^* = (1,0,1,1)^{\mathrm{T}}$, $Q(x^*) = 22$. 利用 (11.29), 得到 $l^1(x) = 11x_1 + 10x_2 + 5.5x_3 + 11.5x_4$. 对应的线性背包问题是

$$\max\{l^1(x) \mid 7x_1 + 5x_2 + 4x_3 + 2x_4 \leqslant 13,\ x \in \{0,1\}^4\}.$$

该问题的最优解为 $\bar{x} = (1,0,1,1)^{\mathrm{T}}$. 故 $UB_1 = l^1(\bar{x}) = 28$ 是一个上界.

下面考虑由 v_j^2 确定的上平面. 因背包约束容许的最多 1 变量个数为 3, 可以计算出 $v_1^2 = 3+2+5 = 10$, $v_2^2 = 4+3+2.5 = 9.5$, $v_3^2 = 1+2+2 = 5$, $v_4^2 = 2+5+2.5 = 9.5$. 所以, $l^2(x) = 10x_1 + 9.5x_2 + 5x_3 + 9.5x_4$. 对应的线性背包问题是

$$\max\{l^2(x) \mid 7x_1 + 5x_2 + 4x_3 + 2x_4 \leqslant 13,\ x \in \{0,1\}^4\}.$$

该问题的最优解是 $\bar{x} = (1,0,1,1)^{\mathrm{T}}$, 产生的上界是 $UB_2 = l^2(\bar{x}) = 24.5$.

由 v_j^3 确定的上平面是 $l^3(x) = 10.2857x_1 + 9.0714x_2 + 5x_3 + 9x_4$. 对应的背包问题是

$$\max\{l^3(x) \mid 7x_1 + 5x_2 + 4x_3 + 2x_4 \leqslant 13,\ x \in \{0,1\}^4\},$$

其最优解是 $\bar{x} = (1,0,1,1)^{\mathrm{T}}$, 对应的上界是 $UB_3 = l^3(\bar{x}) = 24.2857$. 最后, 由 v_j^4 确定的上平面为 $l^4(x) = 10x_1 + 7x_2 + 5x_3 + 9x_4$. 对应的背包问题为

$$\max\{l^4(x) \mid 7x_1 + 5x_2 + 4x_3 + 2x_4 \leqslant 13,\ x \in \{0,1\}^4\},$$

其最优解是 $\bar{x} = (1,0,1,1)^{\mathrm{T}}$, 对应的上界为 $UB_4 = l^4(\bar{x}) = 24$. 我们看到, 在该例中成立

$$UB_1 > UB_2 > UB_3 > UB_4 > Q(x^*).$$

2. 线性规划松弛

在 (QKP) 中令 $x_{ij} = x_i x_j$, (QKP) 可以化为下面的等价 0-1 线性整数规划问题:

$$\text{(LIP)}\quad \max \sum_{i=1}^{n} q_{ii}x_i + \sum_{1\leqslant i<j\leqslant n} q_{ij}x_{ij},$$

$$\text{s.t.} \ \sum_{i=1}^{n} a_i x_i \leqslant b, \tag{11.33}$$

$$x_{ij} \leqslant x_i, \quad 1 \leqslant i < j \leqslant n, \tag{11.34}$$

$$x_{ij} \leqslant x_j, \quad 1 \leqslant i < j \leqslant n, \tag{11.35}$$

$$x_i + x_j - 1 \leqslant x_{ij}, \quad 1 \leqslant i < j \leqslant n, \tag{11.36}$$

$$x_i \in \{0,1\}, \quad i = 1, \cdots, n, \tag{11.37}$$

$$x_{ij} \in \{0,1\}, \quad 1 \leqslant i < j \leqslant n. \tag{11.38}$$

注意到 $q_{ij} \geqslant 0$, 故 (11.36) 在 (LIP) 是多余的. 问题 (LIP)) 的线性规划松弛也是 (QKP) 的一个松弛问题. 然而, 数值试验表明, 这个线性规划松弛的界可能很差. 可以利用一些有效不等式来提高这个线性规划松弛的界的质量. 在不等式 (11.33) 的两边同乘以 x_j 并利用关系式 $x_j^2 = x_j$, 得

$$\sum_{i<j} a_i x_{ij} + \sum_{i>j} a_i x_{ij} \leqslant (b - a_j) x_j, \quad j = 1, \cdots, n. \tag{11.39}$$

当 x_j 和 x_{ij} 是 0-1 变量时, 上述不等式在 (LIP) 中自然满足, 故是有效不等式. 类似地, 可以得到下列含 6 个变量的有效不等式:

$$x_i + x_j + x_k - x_{ij} - x_{ik} - x_{jk} \leqslant 1, \quad 1 \leqslant i < j < k \leqslant n. \tag{11.40}$$

加入上述有效不等式的线性规划松弛为

$$\text{(LP)} \qquad \max \ \sum_{i=1}^{n} q_{ii} x_i + \sum_{1 \leqslant i < j \leqslant n} q_{ij} x_{ij},$$

$$\text{s.t.} \ \sum_{i=1}^{n} a_i x_i \leqslant b, \tag{11.41}$$

$$x_{ij} \leqslant x_i, \quad 1 \leqslant i < j \leqslant n, \tag{11.42}$$

$$x_{ij} \leqslant x_j, \quad 1 \leqslant i < j \leqslant n, \tag{11.43}$$

$$x_i + x_j - 1 \leqslant x_{ij}, \quad 1 \leqslant i < j \leqslant n, \tag{11.44}$$

$$0 \leqslant x_i \leqslant 1, \quad i = 1, \cdots, n, \tag{11.45}$$

$$x_{ij} \geqslant 0, \quad 1 \leqslant i < j \leqslant n, \tag{11.46}$$

$$\sum_{i<j} a_i x_{ij} + \sum_{i>j} a_i x_j \leqslant (b - a_j) x_j, \quad j = 1, \cdots, n, \tag{11.47}$$

$$x_i + x_j + x_k - x_{ij} - x_{ik} - x_{jk} \leqslant 1, \quad 1 \leqslant i < j < k \leqslant n. \tag{11.48}$$

数值试验表明, 上述改进的线性规划松弛的界比直接对 (LIP) 进行连续松弛要紧. 然而, 问题 (LP) 中的约束个数随着 n 的增加变得非常大, 例如, 当 $n=20$ 时 (LP) 有 1500 个约束. 为克服这个缺点, 我们可以在计算过程 (如分枝–定界或分枝–割方法) 中逐次产生约束 (11.42), (11.43), (11.44) 和 (11.48). 首先解带有约束 (11.41), (11.45), (11.46) 和 (11.47) 的线性规划, 若最优解不满足约束 (11.42), (11.43), (11.44) 和 (11.48), 则对应的约束加入线性规划并用对偶单纯形方法重新求解.

11.2.2 SDP 松弛方法

利用提升技术, 也可以对二次背包问题 (QKP) 进行 SDP 松弛. 设 $X=xx^{\mathrm{T}}$, 则 $x^{\mathrm{T}}Qx=Q\bullet X$. 因为 $x_i^2=x_i$, $x\in\{0,1\}^n$, 所以

$$a^{\mathrm{T}}x\leqslant b\Leftrightarrow a_1x_1^2+\cdots+a_nx_n^2\leqslant b\Leftrightarrow\langle\mathrm{diag}(a),X\rangle\leqslant b.$$

注意到

$$X=xx^{\mathrm{T}},\quad x\in\mathbb{R}^n\Leftrightarrow X\succeq 0,\ \mathrm{rank}(X)=1.$$

故(QKP) 等价于下列问题:

$$\begin{aligned}(\mathrm{QKP}_1)\qquad &\max\ \langle Q,X\rangle,\\ &\text{s.t.}\ \langle\mathrm{diag}(a),X\rangle\leqslant b,\\ &\qquad X\succeq 0,\quad \mathrm{rank}(X)=1,\\ &\qquad X_{ii}\in\{0,1\},\quad i=1,\cdots,n.\end{aligned}$$

丢掉约束条件 $\mathrm{rank}(X)=1$ 并把 $X_{ii}\in\{0,1\}$ 松弛为 $0\leqslant X_{ii}\leqslant 1$, 得到 (QKP) 的一个 SDP 松弛问题:

$$\begin{aligned}(\mathrm{SQK}_0)\qquad &\max\ \langle Q,X\rangle,\\ &\text{s.t.}\ \langle\mathrm{diag}(a),X\rangle\leqslant b,\\ &\qquad X\succeq 0,\\ &\qquad 0\leqslant X_{ii}\leqslant 1,\quad i=1,\cdots,n.\end{aligned}$$

然而, (SQK_0) 产生的界往往很差, 需要对 (QKP_1) 中的最后三个约束条件进行改写.

引理 11.4 若 $X\succeq 0$, $\mathrm{rank}(X)=1$, $X_{ii}\in\{0,1\}$, 则

$$X-\mathrm{Diag}(X)\mathrm{Diag}(X)^{\mathrm{T}}\succeq 0,$$

这里 $\mathrm{Diag}(X)$ 表示由 X 的主对角元组成的列向量.

证明　因为 $X \succeq 0$, $\mathrm{rank}(X)=1$, 存在 $x \in \mathbb{R}^n$ 使 $X = xx^{\mathrm{T}}$. 对任意 $v \in \mathbb{R}^n$, 有 $(x+v)(x+v)^{\mathrm{T}} \succeq 0$, 故

$$xx^{\mathrm{T}} + vx^{\mathrm{T}} + xv^{\mathrm{T}} + vv^{\mathrm{T}} \succeq 0, \quad \forall v \in \mathbb{R}^n.$$

又因 $\mathrm{Diag}(xx^{\mathrm{T}}) = x$, $\forall x \in \{0,1\}^n$, 故条件

$$X + v\mathrm{Diag}(X)^{\mathrm{T}} + \mathrm{Diag}(X)v^{\mathrm{T}} + vv^{\mathrm{T}} \succeq 0, \quad \forall v \in \mathbb{R}^n$$

和条件

$$X + (v + \mathrm{Diag}(X))(v + \mathrm{Diag}(X))^{\mathrm{T}} - \mathrm{Diag}(X)\mathrm{Diag}(X)^{\mathrm{T}} \succeq 0, \quad \forall v \in \mathbb{R}^n$$

是等价的. 在上式中令 $v = -\mathrm{Diag}(X)$, 得 $X - \mathrm{Diag}(X)\mathrm{Diag}(X)^{\mathrm{T}} \succeq 0$. □

引理 11.5(Schur 补引理)　设

$$A = \begin{pmatrix} B & C^{\mathrm{T}} \\ C & D \end{pmatrix}$$

是分块对称矩阵, 其中 B 是 $k \times k$ 矩阵, D 是 $l \times l$ 矩阵. 设 $B \succ 0$, 则

$$A \succ 0\ (\succeq 0) \Leftrightarrow D - CB^{-1}C^{\mathrm{T}} \succ 0\ (\succeq 0).$$

$D - CB^{-1}C^{\mathrm{T}}$ 称为 A 的 Schur 补矩阵.

证明　矩阵 A 的半正定性等价于

$$0 \leqslant (x^{\mathrm{T}}, y^{\mathrm{T}}) \begin{pmatrix} B & C^{\mathrm{T}} \\ C & D \end{pmatrix} \begin{pmatrix} x \\ y \end{pmatrix} = x^{\mathrm{T}}Bx + 2x^{\mathrm{T}}C^{\mathrm{T}}y + y^{\mathrm{T}}Dy, \quad \forall x \in \mathbb{R}^k,\ \forall y \in \mathbb{R}^l,$$

或等价地

$$\inf_{x \in R^k} [x^{\mathrm{T}}Bx + 2x^{\mathrm{T}}C^{\mathrm{T}}y + y^{\mathrm{T}}Dy] \geqslant 0, \quad \forall y \in \mathbb{R}^l.$$

因为 $B \succ 0$, 故对任意固定的 y, 上述极小值可在 $x = -B^{-1}C^{\mathrm{T}}y$ 上达到, 其对应的最小值为

$$y^{\mathrm{T}}Dy - y^{\mathrm{T}}CB^{-1}C^{\mathrm{T}}y = y^{\mathrm{T}}[D - CB^{-1}C^{\mathrm{T}}]y.$$

故 $A \succeq 0$ 等价于 $D - CB^{-1}C^{\mathrm{T}} \succeq 0$. 同理可证 $A \succ 0$ 的情形. □

由引理 11.4 和引理 11.5, 有

$$X - \mathrm{Diag}(X)\mathrm{Diag}(X)^{\mathrm{T}} \succeq 0 \Leftrightarrow \begin{pmatrix} 1 & \mathrm{Diag}(X)^{\mathrm{T}} \\ \mathrm{Diag}(X) & X \end{pmatrix} \succeq 0.$$

所以, (QKP) 等价于

$$
\begin{aligned}
&\max\ \langle Q, X\rangle,\\
&\text{s.t. } \langle \mathrm{diag}(a), X\rangle \leqslant b,\\
&\qquad X - \mathrm{Diag}(X)\mathrm{Diag}(X)^{\mathrm{T}} \succeq 0,\\
&\qquad \mathrm{rank}(X) = 1,\\
&\qquad X_{ii} \in \{0,1\}, \quad i = 1, \cdots, n.
\end{aligned}
$$

丢掉约束条件 $\mathrm{rank}(X) = 1$ 并把 $X_{ii} \in \{0,1\}$ 松弛为 $0 \leqslant X_{ii} \leqslant 1$ 得

$$
\begin{aligned}
&\max\ \langle Q, X\rangle,\\
&\text{s.t. } \langle \mathrm{diag}(a), X\rangle \leqslant b,\\
&\quad \begin{pmatrix} 1 & \mathrm{Diag}(X)^{\mathrm{T}} \\ \mathrm{Diag}(X) & X \end{pmatrix} \succeq 0,\\
&\quad 0 \leqslant X_{ii} \leqslant 1, \quad i = 1, \cdots, n.
\end{aligned}
$$

注意到约束 $0 \leqslant X_{ii} \leqslant 1$ 是多余的, 所以得到如下 SDP 松弛问题:

$$
\begin{aligned}
(\mathrm{SQK}_1) \qquad &\max\ \langle Q, X\rangle,\\
&\text{s.t. } \langle \mathrm{diag}(a), X\rangle \leqslant b,\\
&\quad \begin{pmatrix} 1 & \mathrm{Diag}(X)^{\mathrm{T}} \\ \mathrm{Diag}(X) & X \end{pmatrix} \succeq 0.
\end{aligned}
$$

又注意到 $0 \leqslant a^{\mathrm{T}}x \leqslant b$ 可推出 $a^{\mathrm{T}}xx^{\mathrm{T}}a \leqslant b^2$, 即 $\mathrm{trace}[(aa^{\mathrm{T}})(xx^{\mathrm{T}})] \leqslant b^2$. 把 xx^{T} 松弛为 X 得

$$
\langle aa^{\mathrm{T}}, X\rangle \leqslant b^2.
$$

用 $\langle aa^{\mathrm{T}}, X\rangle \leqslant b^2$ 替换 $a^{\mathrm{T}}x \leqslant b$ 得另一个 SDP 松弛问题:

$$
\begin{aligned}
(\mathrm{SQK}_2) \qquad &\max\ \langle Q, X\rangle,\\
&\text{s.t. } \langle aa^{\mathrm{T}}, X\rangle \leqslant b^2,\\
&\quad \begin{pmatrix} 1 & \mathrm{Diag}(X)^{\mathrm{T}} \\ \mathrm{Diag}(X) & X \end{pmatrix} \succeq 0.
\end{aligned}
$$

定理 11.8 $v(\mathrm{SQK}_2) \leqslant v(\mathrm{SQK}_1)$.

证明 设 X 是 (SQK_2) 的可行解. 设 $Z = X - \mathrm{Diag}(X)\mathrm{Diag}(X)^{\mathrm{T}}$, 有

$$
a^{\mathrm{T}}Za + (\langle \mathrm{diag}(a), X\rangle)^2 \leqslant b^2,
$$

故 $\langle \mathrm{diag}(a), X\rangle \leqslant b$. 所以 (SQK_1) 的可行域包含了 (SQK_2) 的可行域. □

在不等式 $a^{\mathrm{T}}x \leqslant b$ 两边乘以 $a^{\mathrm{T}}x$ 得

$$0 \geqslant a^{\mathrm{T}}x(b - x^{\mathrm{T}}a) = a^{\mathrm{T}}x(1, x^{\mathrm{T}})\begin{pmatrix} b \\ -a \end{pmatrix}$$
$$= (0, a^{\mathrm{T}})\begin{pmatrix} 1 \\ x \end{pmatrix}(1, x^{\mathrm{T}})\begin{pmatrix} b \\ -a \end{pmatrix}.$$

令 $X' = \begin{pmatrix} 1 \\ x \end{pmatrix}(1, x^{\mathrm{T}})$. 则

$$\left\langle \begin{pmatrix} b \\ -a \end{pmatrix}(0, a^{\mathrm{T}}), X' \right\rangle \geqslant 0.$$

故可得下面的 SDP 松弛问题

$$\begin{aligned}
(\mathrm{SQK}_3)\qquad & \max\ \langle Q, X\rangle, \\
& \text{s.t.}\ \left\langle \begin{pmatrix} b \\ -a \end{pmatrix}(0, a^{\mathrm{T}}), X' \right\rangle \geqslant 0, \\
& \begin{pmatrix} 1 & \mathrm{Diag}(X)^{\mathrm{T}} \\ \mathrm{Diag}(X) & X \end{pmatrix} \succeq 0.
\end{aligned}$$

最后一个 (QKP) 的松弛问题可以由不等式 $a^{\mathrm{T}}x \leqslant b$ 两边乘以 x_i 得到

$$\sum_{j=1}^{n} a_j x_i x_j \leqslant b x_i, \quad i = 1, \cdots, n.$$

令 $X_{ij} = x_i x_j$. 注意到对 $x_i \in \{0, 1\}$ 有 $X_{ii} = x_i^2 = x_i$. 有

$$\sum_{j=1}^{n} a_j X_{ij} \leqslant b X_{ii}, \quad i = 1, \cdots, n.$$

故得到下面的 SDP 松弛问题:

$$\begin{aligned}
(\mathrm{SQK}_4)\qquad & \max\ \langle Q, X\rangle, \\
& \text{s.t.}\ \sum_{j=1}^{n} a_j X_{ij} \leqslant b X_{ii}, \quad i = 1, \cdots, n, \\
& \begin{pmatrix} 1 & \mathrm{Diag}(X)^{\mathrm{T}} \\ \mathrm{Diag}(X) & X \end{pmatrix} \succeq 0.
\end{aligned}$$

可以证明, 上述四个 SDP 松弛问题产生的上界有下列关系:

$$v(\mathrm{SQK}_4) \leqslant v(\mathrm{SQK}_3) \leqslant v(\mathrm{SQK}_2) \leqslant v(\mathrm{SQK}_1).$$

11.2.3 拉格朗日对偶方法

由于二次背包问题的特殊结构, 其对偶问题有许多特殊性质, 这些性质可以用于设计二次背包问题的更有效的松弛方法或精确算法.

1. 一般背包问题的对偶函数

首先讨论下列一般 0-1 背包问题 (单约束):

$$\begin{aligned}(\text{GNKP}) \qquad & \max\ f(x),\\ & \text{s.t. } g(x) \leqslant b,\\ & \quad x \in \{0,1\}^n,\end{aligned}$$

这里 $g(x)$ 是每个变量 x_i 的严格增函数且 $0 < b < g(e)$, $e = (1, \cdots, 1)^{\mathrm{T}}$. 又假设 $f(0) = 0$, $g(0) = 0$ 且 $f(e)$ 是 $f(x)$ 在 $\{0,1\}^n$ 上的唯一最大值.

问题 (GNKP) 的拉格朗日函数是

$$L(x, \lambda) = f(x) - \lambda(g(x) - b), \tag{11.49}$$

这里 $\lambda \geqslant 0$. 拉格朗日松弛问题为

$$(\mathrm{L}_\lambda) \quad d(\lambda) = \max\{L(x, \lambda) \mid x \in \{0,1\}^n\}. \tag{11.50}$$

从而问题 (GNKP) 的对偶问题为

$$(\mathrm{D}) \quad \min_{\lambda \geqslant 0} d(\lambda). \tag{11.51}$$

因为 $d(\lambda)$ 是 $\mathbb{R}_+$ 上的分段线性凸函数, 它可以由其断点完全刻画. 设 $x^0 = (0, \cdots, 0)^{\mathrm{T}}$. 递归地定义

$$\begin{aligned}\lambda_k &= \max\left\{ \frac{f(x) - f(x^{k-1})}{g(x) - g(x^{k-1})} \,\middle|\, x \in \{0,1\}^n,\ g(x) > g(x^{k-1}) \right\}\\ &= \frac{f(x^k) - f(x^{k-1})}{g(x^k) - g(x^{k-1})}.\end{aligned} \tag{11.52}$$

当存在多个最大点时, 取 x^k 为具有最大 $g(x)$ 值的解.

定义

$$w(y) = \max\{f(x) \mid g(x) \leqslant y,\ x \in \{0,1\}^n\}.$$

称 $w(y)$ 是问题 (GNKP) 的摄动函数.

因 $\{g(x^k)\}$ 严格递增, 存在 $p > 0$ 使 $x^p = e$. 容易看出 λ_k $(k = 1, \cdots, p)$ 对应于问题 (GNKP) 的摄动函数的凹包络的斜率. 事实上, 摄动函数 $w(y)$ 的包络函数

可表为

$$\phi(y)=\begin{cases} f_1+\xi_1(y-c_1), & c_1\leqslant y<c_2,\\ f_2+\xi_2(y-c_2), & c_2\leqslant y<c_3,\\ \quad\vdots & \quad\vdots\\ f_{K-1}+\xi_{K-1}(y-c_{K-1}), & c_{K-1}\leqslant y<c_K,\\ f_K, & c_K\leqslant y<\infty. \end{cases} \tag{11.53}$$

这里 $(c_i,f_i),\ i=1,\cdots,K$ 是 $w(y)$ 的角点,

$$\xi_i=\frac{f_{i+1}-f_i}{c_{i+1}-c_i}>0,\quad 1\leqslant i<K. \tag{11.54}$$

因为 $f(0)=0,\ f(e)\geqslant f(x),\ x\in\{0,1\}^n$, 所以推出 $c_1=0,\ c_K=g(e)$.

设 ψ 是摄动函数 w 的凹包络函数. 则 ψ 是分段线性函数且分段斜率为 η_i, $i=1,\cdots,q(\leqslant K)$. 斜率 η_i 可以由下式计算:

$$\eta_i=\max\left\{\frac{f_j-f_{k_{i-1}}}{c_j-c_{k_{i-1}}}\middle|j>k_{i-1}\right\}=\frac{f_{k_i}-f_{k_{i-1}}}{c_{k_i}-c_{k_{i-1}}}, \tag{11.55}$$

$1\leqslant i\leqslant q$, 这里 $k_0=1$, k_i 是满足 $k_i>k_{i-1}$ 且达到 (11.55) 中最大值的最大下标. 由 c_i 和 f_i 的定义可知

$$p=q,\quad \lambda_i=\eta_i,\quad g(x^i)=c_{k_i},\quad f(x^i)=f_{k_i},\quad i=1,\cdots,p.$$

所以, 由 ψ 的凹性知

$$\lambda_1>\lambda_2>\cdots>\lambda_p>0. \tag{11.56}$$

另外, $f(x)\leqslant f(e),\ x\in\{0,1\}^n$, 且当 $g(x)>0$ 时, $g(x)\geqslant\min_{j=1,\cdots,n}g(e_j)$, 这里 e_j 是 $\mathbb{R}^n$ 中第 j 个单位向量, 有

$$\max_{j=1,\cdots,n}f(e)/g(e_j)\geqslant\max\{f(x)/g(x)\mid x\in\{0,1\}^n,\ g(x)>0\}=\lambda_1.$$

由 x^k 的定义 (11.52), 有下列性质:

性质 11.1 对 $k=1,\cdots,p$, x^k 是松弛问题 (L_{λ_k}) 的最优解.

定理 11.9 (i) $\lambda_1,\cdots,\lambda_p$ 是对偶函数 $d(\lambda)$ 在 $\mathbb{R}_+$ 上的断点且 $d(\lambda)$ 在区间 $[\lambda_{k+1},\lambda_k]$ 上的斜率是 $b-g(x^k)$, $k=1,\cdots,p-1$.

(ii) 设 r 是使 $g(x^k)\leqslant b$ 成立的最大 k. 则 λ_{r+1} 是对偶问题 (D) 的最优解且 $d(\lambda_{r+1})=f(x^{r+1})-\lambda_{r+1}(g(x^{r+1})-b)$.

证明 (i) 先证 $d(\lambda)$ 是区间 $[\lambda_{k+1},\lambda_k]$ 上的线性函数. 设 $\lambda=\mu\lambda_{k+1}+(1-\mu)\lambda_k$, $\mu\in[0,1]$. 对 $x\in\{0,1\}^n$, 由性质 11.1, 有

$$f(x)-\lambda_k(g(x)-b)\leqslant f(x^k)-\lambda_k(g(x^k)-b), \tag{11.57}$$

$$f(x)-\lambda_{k+1}(g(x)-b)\leqslant f(x^{k+1})-\lambda_{k+1}(g(x^{k+1})-b). \tag{11.58}$$

利用关系 $\lambda_{k+1}=(f(x^{k+1})-f(x^k))/(g(x^{k+1})-g(x^k))$, 从 (11.58) 得到

$$f(x)-\lambda_{k+1}(g(x)-b)\leqslant f(x^k)-\lambda_{k+1}(g(x^k)-b). \tag{11.59}$$

在 (11.57) 两边乘以 $(1-\mu)$, 在 (11.59) 两边乘以 μ 得到

$$f(x)-\lambda(g(x)-b)\leqslant f(x^k)-\lambda(g(x^k)-b),$$

故 $d(\lambda)=f(x^k)-\lambda(g(x^k)-b)$, 且 $d(\lambda)$ 在 $[\lambda_{k+1},\lambda_k]$ 是线性的, 斜率为 $b-g(x^k)$.

(ii) 由 λ_k 的定义和性质 11.1, 有

$$\begin{aligned}
d(\lambda_{k+1})&=f(x^{k+1})-\lambda_{k+1}(g(x^{k+1})-b)\\
&=f(x^{k+1})-\frac{f(x^{k+1})-f(x^k)}{g(x^{k+1})-g(x^k)}[(g(x^{k+1})-g(x^k))+(g(x^k)-b)]\\
&=f(x^k)-\lambda_k(g(x^k)-b)+(\lambda_k-\lambda_{k+1})(g(x^k)-b)\\
&=d(\lambda_k)+(\lambda_k-\lambda_{k+1})(g(x^k)-b).
\end{aligned}$$

因 r 是使 $g(x^k)\leqslant b$ 成立的最大 k, 所以, 当 $k\leqslant r$ 时, $d(\lambda_{k+1})\leqslant d(\lambda_k)$, 当 $k>r$ 时, $d(\lambda_{k+1})\geqslant d(\lambda_k)$. 故 λ_{r+1} 是对偶问题 (D) 的最优解. □

2. 超模背包问题的对偶函数

定义 11.2 满足下列性质(i)~(iii)的函数 $f(x)$ 称为超模函数:

(i) $f(0)=0$;

(ii) $e=(1,\cdots,1)^{\mathrm{T}}$ 是 $f(x)$ 在 $\{0,1\}^n$ 上的唯一最大点;

(iii) $f(x\wedge y)+f(x\vee y)\geqslant f(x)+f(y)$, $\forall x,y\in\{0,1\}^n$, 这里

$$x\wedge y=(\min(x_1,y_1),\cdots,\min(x_n,y_n))^{\mathrm{T}},$$

$$x\vee y=(\max(x_1,y_1),\cdots,\max(x_n,y_n))^{\mathrm{T}}.$$

性质 11.2 设

$$f(x)=\sum_{i=1}^n c_ix_i+\sum_{k\in N}d_k\prod_{j\in S_k}x_j, \tag{11.60}$$

其中 $c_i\geqslant 0$, $i=1,\cdots,n$, $d_k\geqslant 0$, $S_k\subseteq\{1,\cdots,n\}$, $k\in N$. 则 $f(x)$ 是超模函数.

证明　由超模函数的定义, 只需证明 $p(x)=\prod_{j\in S}x_j$ 对任意 $S\subseteq\{1,\cdots,n\}$ 是超模的. 显然结论对 $|S|=1$ 成立. 假设当 $|S|=k-1$ 时 $p(x)$ 是超模的. 设 $|S|=k$. 对 $i\in S$, 设 $x_i\leqslant y_i$, 则

$$
\begin{aligned}
&p(x\wedge y)+p(x\vee y)-p(x)-p(y)\\
&=x_i\left(\prod_{j\in S\setminus i}x_j\wedge y_j-\prod_{j\in S\setminus\{i\}}x_j\right)+y_i\left(\prod_{j\in S\setminus\{i\}}x_j\vee y_j-\prod_{j\in S\setminus\{i\}}y_j\right)\\
&\geqslant x_i\left(\prod_{j\in S\setminus\{i\}}x_j\wedge y_j+\prod_{j\in S\setminus\{i\}}x_j\vee y_j-\prod_{j\in S\setminus\{i\}}x_j-\prod_{j\in S\setminus\{i\}}y_j\right)\\
&\geqslant 0.
\end{aligned}
$$

当 $x_i\geqslant y_i$ 时, 上述不等式可以类似证明. □

超模背包问题可以表示为

$$
\begin{aligned}
\text{(SKP)}\qquad &\max\ f(x),\\
&\text{s.t. } g(x)=\sum_{i=1}^{n}a_ix_i\leqslant b,\\
&\quad x\in\{0,1\}^n,
\end{aligned}
$$

这里 $f(x)$ 是 $\{0,1\}^n$ 上的超模函数, $a_i>0$ 且 $\sum_{i=1}^{n}a_i>b$.

下面的结果表明, 对超模背包问题, λ_k 的计算可以简化.

定理 11.10　对问题 (SKP), 设 λ_k 和 x^k 由 (11.52) 定义. 则对任意 $k=1,\cdots,p$,

$$
\lambda_k=\max\left\{\frac{f(x)-f(x^{k-1})}{a^{\mathrm T}(x-x^{k-1})}\,\middle|\,x\in\{0,1\}^n,\ x>x^{k-1}\right\},\tag{11.61}
$$

这里 $x^0=(0,\cdots,0)^{\mathrm T}$.

证明　设 w_k 是 (11.61) 式的右端项. 由 $a_i>0, x>x^{k-1}$ 可推出 $a^{\mathrm T}x>a^{\mathrm T}x^{k-1}$, 即 $g(x)>g(x^{k-1})$. 所以, 由 (11.52) 定义的 λ_k 大于或等于 w_k. 下面证明 $w_k\geqslant\lambda_k$. 因为 $a^{\mathrm T}(x^k-x^{k-1})>0$, 存在 $x_i^k=1, x_i^{k-1}=0$. 故 $x^k\vee x^{k-1}>x^{k-1}$, $x^k\wedge x^{k-1}<x^k$. 所以

$$
w_k\geqslant\frac{f(x^k\vee x^{k-1})-f(x^{k-1})}{a^{\mathrm T}(x^k\vee x^{k-1}-x^{k-1})}.\tag{11.62}
$$

注意到 $x^k\vee x^{k-1}+x^k\wedge x^{k-1}=x^k+x^{k-1}$. 故由 (11.62) 和 f 的超模性可得

$$
w_k\geqslant\frac{f(x^k)-f(x^k\wedge x^{k-1})}{a^{\mathrm T}(x^k-x^k\wedge x^{k-1})}.\tag{11.63}
$$

又由性质 11.1, 有

$$f(x^k) - \lambda_k(a^{\mathrm{T}}x^k - b) \geqslant f(x^k \wedge x^{k-1}) - \lambda_k[a^{\mathrm{T}}(x^k \wedge x^{k-1}) - b].$$

所以

$$\frac{f(x^k) - f(x^k \wedge x^{k-1})}{a^{\mathrm{T}}(x^k - x^k \wedge x^{k-1})} \geqslant \lambda_k,$$

结合 (11.63), 就可推出 $w_k \geqslant \lambda_k$. □

由定理 11.10 可推出 $x^p > x^{p-1} > \cdots > x^1 > 0$, 从而 $p \leqslant n$.

推论 11.1 对于问题 (SKP), 下列结论成立:

(i) 对偶函数 $d(\lambda)$ 的断点最多只有 n 个;

(ii) 至少存在 $p+1$ 个点 $0 = x^0 < x^1 < \cdots < x^p$, 使得对任何 $\lambda \geqslant 0$, 至少有一个 x^k $(k = 0, \cdots, p)$ 是 (L_λ) 的最优解.

利用上述性质和单约束问题的对偶搜索方法可知, 对偶问题 (D) 是多项式时间可解的.

由性质 11.2 可知线性函数 $f(x) = \sum\limits_{i=1}^{n} c_i x_i$ (其中 $c_i \geqslant 0$) 和二次背包问题 (QKP) 中的目标函数都是超模的. 所以, 推论 11.1 可以应用于 (QKP).

3. 拉格朗日松弛与最小割问题

二次背包问题 (QKP) 的拉格朗日松弛问题 (L_λ) 可以表为

$$\begin{aligned} d(\lambda) &= \max_{x \in \{0,1\}^n} Q(x) - \lambda(a^{\mathrm{T}}x - b) \\ &= \lambda b + \max_{x \in \{0,1\}^n} \left\{ Q(x) - \lambda \sum_{j=1}^{n} a_j x_j \right\}. \end{aligned} \tag{11.64}$$

考虑有向图 $G = (V, E)$, 其中 $V = (s, 1, 2, \cdots, n, t)$, 这里 s 记起点, t 记终点, 弧集合为 $E = E_s \cup E_Q \cup E_t$, 这里

$$\begin{aligned} E_s &= \{(s, j) \mid j = 1, \cdots, n\}, \\ E_Q &= \{(i, j) \mid q_{ij} > 0,\ 1 \leqslant i < j \leqslant n\}, \\ E_t &= \{(j, t) \mid j = 1, \cdots, n\}. \end{aligned}$$

E 中弧的容量定义为

$$\begin{aligned} c_{sj}(\lambda) &= \max\left(0, \sum_{i=j}^{n} q_{ji} - \lambda a_j\right), \quad (s, j) \in E_s, \\ c_{ij}(\lambda) &= q_{ij}, \quad (i, j) \in E_Q, \end{aligned}$$

$$c_{jt}(\lambda)=\max\left(0,\lambda a_j-\sum_{i=j}^{n}q_{ji}\right),\quad (j,t)\in E_t.$$

设 $(U,\overline{U})$ 是 G 的一个分割, 这里 $s\in U$, $t\in\overline{U}$. 弧集合 $\delta^+(U)=\{(i,j)\mid i\in U,\ j\in\overline{U}\}$ 称为一个 s-t 割. 这个割的容量 $\delta^+(U)$ 为 $\sum_{(i,j)\in\delta^+(U)}c_{ij}(\lambda)$. 最小割问题是寻找图 G 具有最小容量的割.

设 $\Psi(\lambda)$ 是图 G 的最小割容量. 则 $\Psi(\lambda)=\min_U\sum_{(i,j)\in\delta^+(U)}c_{ij}(\lambda)$. 给每个割 $\delta^+(U)$ 赋予 0-1 变量 $(1,x_1,\cdots,x_n,0)$, 其中 $x_i=1$, $i\in U$, 否则 $x_i=0$.

类似于定理 11.1, 可以证明拉格朗日松弛问题 (11.64) 等价于图 G 的最小割问题.

定理 11.11　$d(\lambda)=\sum_{j=1}^{n}c_{sj}(\lambda)+\lambda b-\Psi(\lambda)$.

由于最小割问题等价于最大流问题, 故对偶函数 $d(\lambda)$ 可以利用求解具有 $n+2$ 个顶点和 $2n+n(n-1)/2$ 条弧的图的最大流问题来计算, 从而是多项式时间可解的.

第 12 章　多项式 0-1 整数规划

0-1 多项式规划问题是一类特殊而且非常重要的整数规划问题, 为简单起见, 本章只考虑无约束 0-1 多项式优化, 其形式为

$$\text{(0-1PP)} \qquad \max_{x\in\{0,1\}^n} f(x) = \sum_{i=1}^{n} c_i x_i + \sum_{k\in N} q_k \prod_{i\in S_k} x_i,$$

这里 N 是一指标集, 表示 $f(x)$ 的非线性项的个数, $S_k \subseteq I = \{1,2,\cdots,n\}$, $s_k = |S_k| \geqslant 2$. 这类问题与一般多项式全局优化问题是紧密相关的. 显然, 0-1 二次规划是 0-1 多项式规划的一种特殊情况, 故问题 (0-1PP) 一般是 NP 难的. 求解 0-1 多项式规划精确解的方法主要是隐枚举法或分枝定界方法, 或有效地把 0-1 多项式规划问题化为等价的 0-1 线性规划问题来求解. 如何构造多项式优化问题的有效松弛问题是 0-1 多项式优化中的主要问题.

近年来, 锥优化方法特别是半定规划的多项式时间算法的发展给为求解 NP 难 0-1 规划问题提供了新的思路和方法. 约束多项式优化 (包括 0-1 多项式规划) 的 SOS 松弛和 SDP 方法方面取得了许多进展, 本章将介绍这方面的一些重要结果.

12.1　线性化方法

无约束 0-1 优化问题的最简单和自然的松弛或定界方法是线性化和线性规划松弛. 首先引入如下概念.

定义 12.1　若线性函数 $p(x) \geqslant f(x)$ 对所有 $x \in \{0,1\}^n$ 成立, 则 $p(x)$ 称为多项式 $f(x)$ 的一个上平面. 非线性项 $f_k(x) = q_k \prod_{i\in S_k} x_i$ 的一个局部上平面是形如 $p_k(x) = \lambda_k^0 + \sum_{i\in S_k} \lambda_k^i x_i$ 的线性函数, 其中 $p_k(x) \geqslant f_k(x)$ 对所有 $x \in \{0,1\}^{s_k}$ 成立.

容易看出, $p_k(x)$ 为 $f_k(x)$ 的局部上平面当且仅当

$$\lambda_k^0 \geqslant 0, \tag{12.1}$$

$$\lambda_k^0 + \sum_{j\in S_k^i} \lambda_k^j \geqslant 0, \quad i = 2,\cdots,2^{s_k}-1, \tag{12.2}$$

$$\lambda_k^0 + \sum_{j\in S_k} \lambda_k^j \geqslant q_k, \tag{12.3}$$

这里 $S_k^i\ (i=2,\cdots,2^{s_k}-1)$ 是 S_k 的所有非空真子集.

显然, 多项式 $f(x)$ 各非线性项的局部上平面之和构成了其在 $\{0,1\}^n$ 上的一个上平面:

$$\begin{aligned} p(x) &= \sum_{i=1}^{n} c_i x_i + \sum_{k\in N} p_k(x) \\ &= \sum_{i=1}^{n} c_i x_i + \sum_{k\in N}\left(\lambda_k^0 + \sum_{i\in S_k}\lambda_k^i x_i\right) \\ &= \sum_{k\in N}\lambda_k^0 + \sum_{i=1}^{n}\left(c_i + \sum_{k\in S^{-1}(i)}\lambda_k^i\right)x_i, \end{aligned} \tag{12.4}$$

这里 $S^{-1}(i)=\{k\in N \mid i\in S_k\}$ 且 λ_k^i 满足 (12.1)~(12.3), $k\in N$.

因为 $p(x)\geqslant f(x)$, $x\in\{0,1\}^n$, 故 $\max_{x\in\{0,1\}^n} p(x)$ 是多项式 $f(x)$ 在 $\{0,1\}^n$ 上的最大值的一个上界. 记 $\mathcal{P}$ 为 $f(x)$ 的所有形如 (12.4) 的上平面, 则由这类上平面产生的最紧的上界为

$$W(\mathcal{P}) = \min_{p(x)\in\mathcal{P}}\ \max_{x\in\{0,1\}^n} p(x),$$

$p(x)$ 是形如 (12.4) 的上平面, λ_k^j 满足 (12.1)~(12.3). 设 $f^*=\max_{x\in\{0,1\}^n} f(x)$. 则有 $W(\mathcal{P})\geqslant f^*$. 令

$$u_i = \max\left\{0, c_i + \sum_{k\in S^{-1}(i)}\lambda_k^i\right\},\quad i=1,\cdots,n.$$

则 $W(\mathcal{P})$ 可表示为如下线性规划问题:

$$\begin{aligned} \text{(LPF)}\qquad & \min\ \sum_{k\in N}\lambda_k^0 + \sum_{i=1}^{n} u_i, \\ & \text{s.t.}\ \ u_i - \sum_{k\in S^{-1}(i)}\lambda_k^i \geqslant c_i,\quad i=1,\cdots,n, \\ & \qquad \lambda_k^0 + \sum_{j\in S_k}\lambda_k^j \geqslant q_k,\quad k\in N, \\ & \qquad \lambda_k^0 + \sum_{j\in S_k^i}\lambda_k^j \geqslant 0,\quad i=2,\cdots,2^{s_k}-1, k\in N, \\ & \qquad \lambda_k^0 \geqslant 0,\quad k\in N, \\ & \qquad u_i \geqslant 0,\quad i=1,\cdots,n. \end{aligned}$$

下面考虑一类由 (12.4) 定义的上平面, 这类上平面在某种意义上与所逼近的非线性项 $f_k(x)$ 的误差 “最小”.

定义 12.2 设 $p_k(x)$ 是非线性项 $f_k(x)$ 的一个上平面, 若 $p_k(x)$ 是使 $p_k(x)-f_k(x)$ 对所有 $x\in\{0,1\}^{s_k}$ 之和最小的上平面, 则称其为 $f_k(x)$ 的一个瓦. 若形如 (12.4) 的上平面 $p(x)$ 的各个局部上平面 $p_k(x)$ 都是瓦, 则称 $p(x)$ 为 $f(x)$ 的一个顶上平面.

下面讨论如何刻画顶上平面, 为此, 需要引进补充变量 $\bar{x}_i=1-x_i$. 设 $q_k<0$ 且 $S_k=\{j_1,\cdots,j_m\}$. 则有

$$\begin{aligned}f_k(x)&=q_kx_{j_1}x_{j_2}\cdots x_{j_m}\\&=q_k(1-\bar{x}_{j_1})x_{j_2}\cdots x_{j_m}\\&=-q_k\bar{x}_{j_1}x_{j_2}\cdots x_{j_m}+q_k(1-\bar{x}_{j_2})x_{j_3}\cdots x_{j_m}\\&=-q_k\sum_{i=1}^{m-1}\bar{x}_{j_i}\prod_{t=i+1}^{m}x_{j_t}+q_kx_{j_m}.\end{aligned}$$

记

$$N^+=\{k\in N\mid q_k>0\},\quad N^-=\{k\in N\mid q_k<0\}.$$

则 $f(x)$ 可表为

$$f(x)=\sum_{i=1}^{n}\gamma_ix_i+\sum_{k\in N^+}d_k\prod_{j\in Q_k}x_j+\sum_{k\in N^-}e_k\bar{x}_{t_k}\prod_{j\in R_k}x_j,\tag{12.5}$$

这里 (i) $d_k,e_k>0$, (ii) $Q_k\subseteq I$, $k\in N^+$, (iii) $R_k\subseteq I$, $t_k\in I\setminus R_k$, $k\in N^-$.

定理 12.1[15] 设 $p_k(x)$ 是由 (12.5) 定义的多项式 $f(x)$ 的一个瓦. 则

$$p_k(x)=\begin{cases}\displaystyle\sum_{j\in Q_k}\lambda_k^jx_j, & k\in N^+,\\ \displaystyle v_k\bar{x}_{t_k}+\sum_{j\in R_k}\mu_k^jx_j, & k\in N^-,\end{cases}\tag{12.6}$$

这里

$$\sum_{j\in Q_k}\lambda_k^j=d_k,\tag{12.7}$$

$$v_k+\sum_{j\in R_k}\mu_k^j=e_k,\tag{12.8}$$

$$(\lambda,\mu,v)\geqslant 0.\tag{12.9}$$

所以, $f(x)$ 的顶上平面有如下形式:

$$p(x)=\sum_{i=1}^{n}\gamma_ix_i+\sum_{k\in N^+}\sum_{i\in Q_k}\lambda_k^ix_i+\sum_{k\in N^-}\left(v_k(1-x_{t_k})+\sum_{i\in R_k}\mu_k^ix_i\right)$$

$$= \sum_{k \in N^-} v_k + \sum_{i=1}^{n} \left(\gamma_i + \sum_{k \in Q^{-1}(i)} \lambda_k^i - \sum_{k \in T^{-1}(i)} v_k + \sum_{k \in R^{-1}(i)} \mu_k^i \right) x_i, \tag{12.10}$$

这里 $T^{-1}(i) = \{k \in N^- \mid t_k = i\}$, $Q^{-1}(i) = \{k \in N^+ \mid i \in Q_k\}$, $R^{-1}(i) = \{k \in N^- \mid i \in R_k\}$, 且 (λ, μ, v) 满足 (12.7)～(12.9).

记 $\mathcal{R}$ 为 $f(x)$ 的所有顶的上平面的集合. 则有 $\mathcal{R} \subseteq \mathcal{P}$. 定义问题 (0-1PP) 的顶对偶问题如下：

$$W(\mathcal{R}) = \min_{p(x) \in \mathcal{R}} \max_{x \in \{0,1\}^n} p(x), \tag{12.11}$$

这里 $p(x)$ 由 (12.10) 定义. 令

$$u_i = \max \left\{ 0, \gamma_i + \sum_{k \in Q^{-1}(i)} \lambda_k^i - \sum_{k \in T^{-1}(i)} v_k + \sum_{k \in R^{-1}(i)} \mu_k^i \right\}.$$

可以把顶对偶问题表为如下线性规划：

$$\begin{aligned}
\text{(LRF)} \qquad & \min \sum_{k \in N^-} v_k + \sum_{i=1}^{n} u_i, \\
& \text{s.t. } u_i - \sum_{k \in Q^{-1}(i)} \lambda_k^i + \sum_{k \in T^{-1}(i)} v_k - \sum_{k \in R^{-1}(i)} \mu_k^i \geqslant \gamma_i, \quad i = 1, \cdots, n, \\
& \quad \sum_{i \in Q_k} \lambda_k^i = d_k, \quad k \in N^+, \\
& \quad v_k + \sum_{i \in R_k} \mu_k^i = e_k, \quad k \in N^-, \\
& \quad (u, \lambda, \mu, v) \geqslant 0.
\end{aligned}$$

显然, 有 $f^* \leqslant W(\mathcal{P}) \leqslant W(\mathcal{R})$, 这里 f^* 是问题 (0-1PP) 的最优值. 可以证明, 当 $f(x)$ 为二次函数时 $W(\mathcal{R}) = W(\mathcal{P})$, 而 $f(x)$ 是非二次多项式时, 有例子表明 $W(\mathcal{P}) < W(\mathcal{R})$[14].

下面讨论 (LRF) 与其他线性规划松弛问题的关系. 令

$$y_k = \prod_{j \in Q_k} x_j, \quad k \in N^+,$$

$$w_k = \bar{x}_{t_k} \prod_{j \in R_k} x_j, \quad k \in N^-.$$

因为 $d_k > 0$, $e_k > 0$, 所以可把 (0-1PP) 写成如下等价的 0-1 线性规划问题：

$$\text{(DRF)} \qquad \max \sum_{i=1}^{n} \gamma_i x_i + \sum_{k \in N^+} d_k y_k + \sum_{k \in N^-} e_k w_k,$$

$$\text{s.t.}\ \ y_k \leqslant x_i, \quad i \in Q_k,\ k \in N^+, \tag{12.12}$$

$$w_k \leqslant 1 - x_{t_k}, \quad k \in N^-, \tag{12.13}$$

$$w_k \leqslant x_i, \quad i \in R_k,\ k \in N^-, \tag{12.14}$$

$$x_i, y_k, \quad w_k \in \{0,1\}. \tag{12.15}$$

上述问题称为 (0-1PP) 的离散 Rhys 形式. 把约束条件 (12.15) 松弛为 $0 \leqslant x_i \leqslant 1$, $y_k \geqslant 0$ 和 $w_k \geqslant 0$, 则 (DRF) 松弛为一个线性规划问题, 记为 (CRF). 令 λ_k^i 为约束 (12.12) 的乘子变量, v_k 为 (12.13) 的乘子变量, μ_k^i 为 (12.14) 的乘子变量, u_i 为 $x_i \leqslant 1$ 的乘子, 则 (CRF) 的线性规划对偶即为问题 (LRF). 故有

定理 12.2 $v(\text{CRF}) = v(\text{LRF}) = W(\mathcal{R})$.

下面讨论另一种线性规划松弛. 在问题 (0-1PP) 中令 $y_k = \prod\limits_{i\in S_k} x_i$. 则有

$$y_k = \min_{i\in S_k} x_i = \max\left\{0, \sum_{i\in S_k} x_i - s_k + 1\right\},$$

这里 $s_k = |S_k|$. 改写目标函数 $f(x)$ 为如下形式:

$$f(x) = \sum_{i=1}^n c_i x_i + \sum_{k\in N^+} q_k \prod_{i\in S_k} x_i + \sum_{k\in N^-} q_k \prod_{i\in S_k} x_i.$$

注意到

$$\prod_{i\in S_k} x_i = \min_{i\in S_k} x_i, \quad k \in N^+,$$

$$\prod_{i\in S_k} x_i = \max\left\{0, \sum_{i\in S_k} x_i - s_k + 1\right\}, \quad k \in N^-.$$

松弛整数变量 x_j, 得到下列分片线性凹函数最大化问题:

$$\max_{x\in[0,1]^n} \sum_{i=1}^n c_i x_i + \sum_{k\in N^+} q_k \min_{i\in S_k} x_i + \sum_{k\in N^-} q_k \max\left\{0, \sum_{i\in S_k} x_i - s_k + 1\right\}. \tag{12.16}$$

容易看出, 若 $x_i \in \{0,1\}$, 则上述问题等价于 (0-1PP). 所以问题 (12.16) 的最优值是问题 (0-1PP) 的一个上界. 引入新变量 y_k, 则 (12.16) 等价于下列线性规划问题:

$$\text{(SLF)} \qquad \max \sum_{i=1}^n c_i x_i + \sum_{k\in N} q_k y_k,$$

$$\text{s.t.}\ y_k \leqslant x_i, \quad i \in S_k,\ k \in N^+,$$

$$\sum_{i \in S_k} x_i - y_k \leqslant s_k - 1, \quad k \in N^-,$$
$$0 \leqslant x_i \leqslant 1, \quad i = 1, \cdots, n,$$
$$0 \leqslant y_k, \quad k \in N.$$

问题 (SLF) 称为 (0-1PP) 的标准线性规划形式. 因 (SLF) 是 (0-1PP) 的松弛问题, 故 v(SLF) 是问题 (0-1PP) 的一个上界, 且有

定理 12.3[8] $v(\mathrm{SLF}) = W(\mathcal{P})$.

定理 12.2 和定理 12.3 推出

$$v(\mathrm{SLF}) = W(\mathcal{P}) \leqslant W(\mathcal{R}) = v(\mathrm{CRF}). \tag{12.17}$$

12.2 代数算法

设 $f(x)$ 是 (0-1PP) 中的多项式函数. 记

$$\begin{aligned} \Delta_i(x) &= \frac{\partial f}{\partial x_i} \\ &= f(x_1, \cdots, x_{i-1}, 1, x_{i+1}, \cdots, x_n) - f(x_1, \cdots, x_{i-1}, 0, x_{i+1}, \cdots, x_n), \\ \Theta_i(x) &= f(x_1, \cdots, x_{i-1}, 0, x_{i+1}, \cdots, x_n) \\ &= f(x) - x_i \Delta_i(x). \end{aligned}$$

函数 $\Delta_i(x)$ 和 $\Theta_i(x)$ 都是关于变量 $x_1, \cdots, x_{i-1}, x_{i+1}, \cdots, x_n$ 的函数, 且 f 可表为

$$f(x) = x_i \Delta_i(x) + \Theta_i(x). \tag{12.18}$$

定义 12.3 设

$$N_m(x) = \{y \mid \rho_H(x, y) \leqslant m\}, \tag{12.19}$$

这里 $\rho_H(x, y)$ 表示 x 与 y 不同分量的个数, $N_m(x)$ 称为 $x \in \{0,1\}^n$ 的 m 邻域. 点 $x \in \{0,1\}^n$ 称为 f 的一个 N_m 局部最大点, 若成立

$$f(y) \leqslant f(x), \quad \forall y \in N_m(x).$$

显然, 一个 N_n 局部最大点即为 (0-1PP) 的最优点.

定理 12.4 点 $x \in \{0,1\}^n$ 是 f 的 N_1 局部最大点当且仅当对 $i = 1, \cdots, n$ 有

$$x_i = \begin{cases} 1, & 若\ \Delta_i(x) > 0, \\ 0, & 否则. \end{cases} \tag{12.20}$$

证明 注意到 $N_1(x)=\{y^1,\cdots,y^n\}$, 这里 y^i 仅与 x 在第 i 个分量不同. 由定义知

$$\begin{aligned}f(y^i)&=y_i^i\Delta_i(y^i)+\Theta_i(y^i)\\&=(1-x_i)\Delta_i(x)+\Theta_i(x)\\&=f(x)+(1-2x_i)\Delta_i(x).\end{aligned}$$

所以, $f(y^i)\leqslant f(x)$, $i=1,\cdots,n$ 当且仅当 (12.20) 成立. □

容易看出, 邻域 N_m 中的点的个数随 m 增加呈指数增长, 故通过枚举法计算 N_m 局部最大点只有在 m 比较小时才可行.

程序 12.1(局部搜索)

步 0. 选择 $x^0\in\{0,1\}^n$.

步 1. 若存在 $y\in N_m(x)$ 使 $f(y)>f(x)$, 令 $x:=y$, 重复步 1. 否则, x 是 f 在 $\{0,1\}^n$ 上的一个 N_m 局部最大点.

由 (12.18), 有 $f(x)=x_n\Delta_n(x)+\Theta_n(x)$. 因 $\Delta_n(x)$ 和 $\Theta_n(x)$ 与 x_n 无关, 它们可以分别表示为 $x_1,\cdots,x_{n-1}$ 的函数. 所以

$$f(x)=x_ng_n(x_1,\cdots,x_{n-1})+h_n(x_1,\cdots,x_{n-1}). \tag{12.21}$$

由最优性条件 (12.20), f 在 $\{0,1\}^n$ 上的全局最大点满足

$$x_n=\begin{cases}1, & \text{若 } g_n(x_1,\cdots,x_{n-1})>0,\\ 0, & \text{否则}.\end{cases} \tag{12.22}$$

所以, 若可以把由 (12.22) 定义的 x_n 表示为 $x_1,\cdots,x_{n-1}$ 的的多项式函数 $\phi_n(x_1,\cdots,x_{n-1})$, 则 x_n 可以从表达式 (12.21) 中消去, 从而 $f(x)$ 等价于

$$f_{n-1}(x_1,\cdots,x_{n-1})=\phi_n(x_1,\cdots,x_{n-1})g_n(x_1,\cdots,x_{n-1})+h_n(x_1,\cdots,x_{n-1}).$$

对 f_{n-1} 进行同样的消去过程, 得到 $f(x)$ 关于 $x_1,\cdots,x_{n-2}$ 的函数 f_{n-2}, 一直这样下去, 直到得到 $f_1(x_1)$. 记 x^* 为问题 (0-1PP) 的最优解. 注意到当 $f_1(1)>f_1(0)$ 时, $x_1^*=1$; 否则, $x_1^*=0$. 所以 $x_2^*,\cdots,x_n^*$ 可以利用递归地利用 $x_{i+1}^*=\phi_{i+1}(x_1^*,\cdots,x_i^*)$, $i=1,\cdots,n-1$, 得到.

求解 (0-1PP) 的基本代数算法可以叙述如下.

算法 12.1(求解 (0-1PP) 的代数算法)

步 0. 令 $f_n(x)=f(x)$, $k=n$.

步 1. 计算

$$\begin{aligned}g_k(x_1,\cdots,x_{k-1})&=\frac{\partial f_k}{\partial x_k},\\ h_k(x_1,\cdots,x_{k-1})&=f_k(x_1,\cdots,x_{k-1},0).\end{aligned}$$

令

$$\phi_k(x_1,\cdots,x_{k-1}) = \begin{cases} 1, & 若\ g_k(x_1,\cdots,x_{k-1}) > 0, \\ 0, & 否则. \end{cases} \tag{12.23}$$

确定 ϕ_k 关于 $x_1,\cdots,x_{k-1}$ 的多项式表达式.

步 2. 计算

$$f_{k-1}(x_1,\cdots,x_{k-1}) = \phi_k(x_1,\cdots,x_{k-1})g_k(x_1,\cdots,x_{k-1}) + h_k(x_1,\cdots,x_{k-1}).$$

步 3. 若 $k > 1$, 则令 $k := k-1$, 转步 1. 否则, 若 $f_1(1) > f_1(0)$, 令 $x_1^* = 1$; 若 $f_1(1) \leqslant f_1(0)$, 令 $x_1^* = 0$. 利用 $x_k^* = g_k(x_1^*,\cdots,x_{k-1}^*)$, $k = 2,\cdots,n$, 计算 x_k^*.

可以证明算法 12.1 有限步收敛于问题 (0-1PP) 的最优解[6]. 下面给出一个例子说明算法过程.

例 12.1 $\max_{x\in\{0,1\}^3}\ f(x) = 4x_1x_2x_3 - x_1x_2 - x_1x_3 - x_2x_3$.

由算法 12.1, 有 $g_3(x_1,x_2) = 4x_1x_2 - x_1 - x_2$, 故

$$\phi_3(x_1,x_2) = \left\{ \begin{array}{ll} 1, & 若\ g_3(x_1,x_2) > 0 \\ 0, & 否则 \end{array} \right\} = x_1x_2.$$

所以

$$\begin{aligned} f_2(x_1,x_2) &= \phi_3(x_1,x_2)g_3(x_1,x_2) + h_3(x_1,x_2) \\ &= x_1x_2(4x_1x_2 - x_1 - x_2) - x_1x_2 \\ &= x_1x_2. \end{aligned}$$

因为 $g_2(x_1) = x_1$, 所以得

$$\phi_2(x_1) = \left\{ \begin{array}{ll} 1, & 若\ g_2(x_1) > 0 \\ 0, & 否则 \end{array} \right\} = x_1.$$

所以

$$f_1(x_1) = \phi_2(x_1)g_2(x_1) + h_2(x_1) = x_1.$$

故 $x_1^* = 1$, $x_2^* = \phi_2(x_1^*) = x_1^* = 1$, $x_3^* = \phi_3(x_1^*,x_2^*) = x_1^*x_2^* = 1$. 从而最优解为 $x^* = (1,1,1)^{\mathrm{T}}$, 最优值为 $f(x^*) = 1$.

基本代数算法的关键在于如何有效地确定由 (12.23) 定义的多项式 ϕ_k. 考虑多项式 $g_4(x_1,x_2,x_3) = 4x_1x_2 - x_1 - x_2 + 3x_2x_3$. 首先找出 x_1, x_2 和 x_3 的所有可能的组合映射到 g_4 的值, 见表 12.1.

利用布尔代数, 得到

表 12.1 多项式 g_4 的值映射

x_1	x_2	x_3	$g_4(x_1,x_2,x_3)$
0	0	0	0
1	0	0	-1
0	1	0	-1
0	0	1	0
1	1	0	2
1	0	1	-1
0	1	1	2
1	1	1	5

$$\begin{aligned}\phi_4(x_1,x_2,x_3)&=x_1x_2(1-x_3)+(1-x_1)x_2x_3+x_1x_2x_3\\&=x_1x_2+x_2x_3-x_1x_2x_3.\end{aligned}$$

注意到若 g_k 有 s 个变量, 则需要检查 2^s 个组合. 在最坏的情况下, 若 g_n 有 $n-1$ 个 0-1 变量, 则表示 ϕ_n 需要检查 2^{n-1} 种可能的组合. 然而, 若多项式中每个变量与其他变量相乘的个数比较少, 则上述基本代数方法是很有效的. 讨论确定 ϕ_k 的表达式的方法参见文献 [3,7].

12.3 连续化方法

考虑 (0-1PP) 的连续松弛问题:

$$\text{(CPP)}\qquad \max_{x\in[0,1]^n} f(x)=\sum_{i=1}^n c_ix_i+\sum_{k\in N}q_k\prod_{i\in S_k}x_i.$$

显然, $v(\text{0-1PP})\leqslant v(\text{CPP})$. 事实上至少有一个 (CPP) 的全局最优解在 $[0,1]^n$ 的顶点上达到.

定理 12.5 设 $U=[0,1]^n$, $f(x)$ 为多线性多项式. 设 $x^*\in U$ 为 (CPP) 的一个全局最优解, 定义 $U(x^*)=\{x\in U\mid x_i=x_i^*,\ i\in J\}$, 这里 $J=\{i\mid x_i^*=0 \text{ or } x_i^*=1\}$. 则有 $f(x)=f(x^*)$, $x\in U(x^*)$.

证明 不失一般性, 设 $J=\{1,2,\cdots,n-k\}$, $k\geqslant 1$. 由 (12.21), 有

$$f(x^*)=x_n^*g_n(x_1^*,\cdots,x_{n-1}^*)+h_n(x_1^*,\cdots,x_{n-1}^*).$$

因为 $0<x_n^*<1$, 必有 $g_n(x_1^*,\cdots,x_{n-1}^*)=0$, 否则可以通过适当改变 x_n^* 的值使 $f(x^*)$ 的值增加, 矛盾. 故

$$\begin{aligned}f(x^*)&=h_n(x_1^*,\cdots,x_{n-1}^*)\\&=x_{n-1}^*g_{n-1}(x_1^*,\cdots,x_{n-2}^*)+h_{n-1}(x_1^*,\cdots,x_{n-2}^*),\end{aligned}$$

这说明 $g_{n-1}(x_1^*,\cdots,x_{n-2}^*)=0$. 重复上述步骤可得

$$f(x^*)=h_{n-k+1}(x_1^*,\cdots,x_{n-k}^*).$$

所以 $f(x)$ 在集合 $U(x^*)$ 上是常数. □

上述定理表明 (CPP) 至少有一个最优解落在 $[0,1]^n$ 的顶点上, 故同时也是 (0-1PP) 的最优解且

$$v(\text{CPP})=v(\text{0-1PP}).$$

因此 0-1 多项式优化问题可以转化为 $[0,1]^n$ 上的多项式优化问题来求解. 然而, (CPP) 还是一个困难的全局最优化问题, 这是因为 $f(x)$ 在 $[0,1]^n$ 上是非凸非凹的.

12.4 SOS 与 SDP 松弛方法

本节将讨论如何利用 SOS 方法和提升方法构造 0-1 多项式问题的 SDP 松弛. 注意到可以把条件 $x\in\{0,1\}^n$ 写成 $x_i^2-x_i\leqslant 0$ 和 $x_i^2-x_i\geqslant 0$. 我们将先讨论一般多项式优化的 SDP 松弛, 然后将结果应用到 0-1 多项式问题上去.

先介绍多项式的一些基本概念. 记 $\mathbb{R}[x_1,\cdots,x_n]$ 为 n 元实多项式环. 单项 $x_1^{\alpha_1}\cdots x_n^{\alpha_n}$ 的次数定义为 $(\alpha_1+\cdots+\alpha_n)$. 多项式 $p(x)$ 的阶数是 $p(x)$ 中单项的最高次数. 设 $p(x)$ 是阶数为 r 的 n 元多项式, $p(x)$ 的基定义为

$$[x]_r=(1,x_1,\cdots,x_n,x_1^2,x_1x_2,\cdots,x_1x_n,x_2^2,x_2x_3,\cdots,x_n^2,\cdots,x_1^r,\cdots,x_n^r)^{\mathrm{T}}. \quad (12.24)$$

记 $s(r)$ 为基 $[x]_r$ 的维数. 易知 $[x]_r$ 的维数等于从 $\{1,x_1,\cdots,x_n\}$ 中可重复取 r 个元素的组合数, 故 $s(r)=\binom{n+1+r-1}{r}=\binom{n+r}{r}$. 记

$$\mathbb{N}=\{0,1,2,\cdots\},$$
$$S_k=\left\{\alpha\in\mathbb{N}^n\mid |\alpha|=\sum_{i=1}^n\alpha_i\leqslant k\right\}.$$

可以把阶数为 r 的 n 元多项式 $p(x)$ 写成

$$p(x)=\sum_{\alpha\in S_r}p_\alpha x^\alpha,$$

其中 $\alpha=(\alpha_1,\cdots,\alpha_n)$, $x^\alpha=x_1^{\alpha_1}x_2^{\alpha_2}\cdots x_n^{\alpha_n}$, $\{p_\alpha\}\in\mathbb{R}^{s(r)}$ 是 $p(x)$ 的系数向量.

定义 12.4 对多项式 $p\in\mathbb{R}[x_1,\cdots,x_n]$, 如果存在多项式 $q_1,\cdots,q_m\in\mathbb{R}[x_1,\cdots,x_n]$, 满足

$$p(x)=\sum_{k=1}^m q_k^2(x),$$

则称 $p(x)$ 是平方和 (SOS).

显然, 如果多项式 $p(x)$ 是 SOS, 则 $p(x) \geqslant 0, \forall x \in \mathbb{R}^n$. 反过来, 多项式非负一般不一定能推出 SOS.

12.4.1 一元多项式优化

首先证明一元多项式的非负性和 SOS 是等价的.

定理 12.6 一元多项式 $p \in \mathbb{R}[x]$ 非负等价于 SOS.

证明 只需证明 $p(x) \in \mathbb{R}[x]$ 非负可以推出 $p(x)$ 是 SOS. 一元多项式 $p(x)$ 可以因式分解为

$$p(x) = p_n \prod_j (x - r_j)^{n_j} \prod_k (x - a_k + ib_k)^{m_k} (x - a_k - ib_k)^{m_k},$$

这里 r_j 和 $a_k \pm ib_k$ 分别是 $p(x)$ 的实根和复根. 若 $p(x)$ 非负, 则 $p_n \geqslant 0$ 且实根的重数是偶数, 即 $n_j = 2s_j$.

注意到 $(x - a_k + ib_k)(x - a_k - ib_k) = (x - a_k)^2 + b_k^2$. 故

$$p(x) = p_n \prod_j (x - r_j)^{2s_j} \prod_k \left((x - a_k)^2 + b_k^2\right)^{m_k}.$$

上述右端是 SOS 的乘积, 展开后也是 SOS 形式, 故 $p(x)$ 是 SOS. □

设 $p(x)$ 是 SOS, 且阶为 $2d$, 即存在 q_k $(k = 1, \cdots, m)$ 使 $p(x) = \sum_{k=1}^{m} q_k^2(x)$, 其中 q_k 的最高阶数为 d. 故有

$$\begin{pmatrix} q_1(x) \\ q_2(x) \\ \vdots \\ q_m(x) \end{pmatrix} = V \begin{pmatrix} 1 \\ x \\ \vdots \\ x^d \end{pmatrix},$$

这里 V 的第 k 行是多项式 q_k 的系数向量.

设 $[x]_d = (1, x, \cdots, x^d)^{\mathrm{T}}$. 考虑矩阵 $Q = V^{\mathrm{T}} V$, 有

$$p(x) = \sum_{k=1}^{m} q_k^2(x) = (V[x]_d)^{\mathrm{T}} V[x]_d = [x]_d^{\mathrm{T}} V^{\mathrm{T}} V[x]_d = [x]_d^{\mathrm{T}} Q[x]_d.$$

相反地, 设存在 $Q \succeq 0$ 使得 $p(x) = [x]_d^{\mathrm{T}} Q[x]_d$. 令 $Q = V^{\mathrm{T}} V$, 则

$$p(x) = (V[x]_d)^{\mathrm{T}} \cdot (V[x]_d),$$

即 $p(x)$ 是 SOS. 这说明 $p(x)$ 非负 (或 SOS) 当且仅当存在 $Q \succeq 0$ 使得

$$p(x) = [x]_d^{\mathrm{T}} Q[x]_d. \tag{12.25}$$

用 $0,1,\cdots,d$ 记 Q 的行和列指标, 则有

$$[x]_d^{\mathrm{T}}Q[x]_d=\sum_{j=0}^{d}\sum_{k=0}^{d}Q_{jk}x^{j+k}=\sum_{i=0}^{2d}\left(\sum_{j+k=i}Q_{jk}\right)x^i.$$

故等式 (12.25) 成立当且仅当 $p(x)$ 的系数满足

$$p_i=\sum_{j+k=i}Q_{jk},\quad i=0,1,\cdots,2d.$$

从而有下列定理:

定理 12.7　一元多项式 $p(x)=\sum_{i=0}^{2d}p_ix^i$ 是 SOS 当且仅当存在 Q 使得

$$p_i=\sum_{j+k=i}Q_{jk},\quad i=0,\cdots,2d, \tag{12.26}$$

$$Q\succeq 0, \tag{12.27}$$

这里 Q 是 $(d+1)\times(d+1)$ 维对称矩阵.

上述定理说明一元多项式的非负性可以用线性矩阵不等式 (LMI) 刻画, 故可以通过求解半定规划来判定和求解, 从而是多项式时间可解的.

设 $p\in\mathbb{R}[x]$. 考虑下列无约束多项式问题:

$$\min_{x\in\mathbb{R}}p(x):=\sum_{i=0}^{2d}p_ix^i. \tag{12.28}$$

上述问题可改写为

$$\max\{\gamma\mid p(x)\geqslant\gamma,\ \forall x\in\mathbb{R}\}. \tag{12.29}$$

利用定理 12.6, 有

$$p(x)\geqslant\gamma,\ \forall x\in\mathbb{R}\Leftrightarrow p(x)-\gamma\geqslant 0,\ \forall x\in\mathbb{R}\Leftrightarrow p(x)-\gamma \text{ 是 SOS}.$$

从而 (12.29) 等价于

$$\begin{aligned}&\max\ \gamma,\\&\text{s.t. } p(x)-\gamma\ \text{ 是 SOS}.\end{aligned}$$

再应用定理 12.7, 上述问题等价于下列 SDP 问题:

$$\begin{aligned}\max\ &\gamma,\\ \text{s.t. } &p_0-\gamma=X_{00},\\ &p_i=\sum_{j+k=i}X_{jk},\quad i=1,\cdots,2d,\\ &X\succeq 0.\end{aligned} \tag{12.30}$$

容易验证, 该问题的对偶为

$$
\begin{aligned}
&\min \sum_{i=0}^{2d} p_i y_i, \\
&\text{s.t. } y_0 = 1, \\
&\quad M(y) = \begin{pmatrix} y_0 & y_1 & \cdots & y_d \\ y_1 & y_2 & \cdots & y_{d+1} \\ \vdots & \vdots & & \vdots \\ y_d & y_{d+1} & \cdots & y_{2d} \end{pmatrix} \succeq 0.
\end{aligned} \tag{12.31}
$$

所以, 无约束一元多项式问题 (12.28) 可以通过半定规划问题 (12.30) 或 (12.31) 来求解. 注意到一元多项式 $p(x)$ 一般是非凸函数, 可能有多个局部最优点. 上述讨论表明, $p(x)$ 的全局最优值可在多项式时间内求得.

例 12.2 考虑如下一元多项式优化问题:

$$
\min_{x\in\mathbb{R}} p(x) = 2 + \frac{3}{2}x^2 - \frac{4}{3}x^3 + \frac{1}{4}x^4.
$$

多项式 $p(x)$ 的图像见图 12.1. 该问题有 2 个局部最优点 $x_1 = 0$ 和 $x_2 = 3$, 其中 $x_2 = 3$ 是全局最优点, 最优值为 $-\frac{1}{4}$. 通过 SOS 方法得到的 SDP 等价问题为

$$
\begin{aligned}
&\max \ \gamma, \\
&\text{s.t. } 2 - \gamma = X_{00}, \\
&\quad 0 = 2X_{01}, \\
&\quad \frac{3}{2} = 2X_{02} + X_{11}, \\
&\quad -\frac{4}{3} = 2X_{12}, \\
&\quad \frac{1}{4} = X_{22}, \\
&\quad \begin{pmatrix} X_{00} & X_{01} & X_{02} \\ X_{01} & X_{11} & X_{12} \\ X_{02} & X_{12} & X_{22} \end{pmatrix} \succeq 0.
\end{aligned}
$$

该 SDP 问题的最优解为

$$
X = \begin{pmatrix} \frac{9}{4} & 0 & -\frac{1}{4} \\ 0 & 2 & -\frac{2}{3} \\ -\frac{1}{4} & -\frac{2}{3} & \frac{1}{4} \end{pmatrix}.
$$

注意到 $X = VV^{\mathrm{T}}$, 其中

$$V = \begin{pmatrix} \frac{3}{2} & 0 & -\frac{1}{6} \\ 0 & \sqrt{2} & -\frac{\sqrt{2}}{3} \end{pmatrix}.$$

故原问题的全局最优解 x 由下列方程得到:

$$\begin{cases} \frac{3}{2} - \frac{1}{6}x^2 = 0, \\ \sqrt{2}x - \frac{\sqrt{2}}{3}x^2 = 0. \end{cases}$$

解上述方程可得 $x = 3$, 即为原问题的全局最优解.

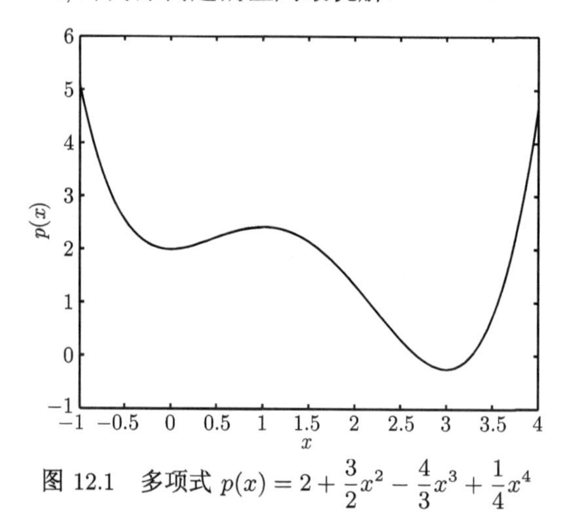

图 12.1　多项式 $p(x) = 2 + \frac{3}{2}x^2 - \frac{4}{3}x^3 + \frac{1}{4}x^4$

12.4.2　无约束多元多项式优化与 SOS 松弛

设 $p(x)$ 是阶数为 $2d$ 的 n 元多项式. 首先讨论多元多项式的非负性与 SOS 的关系. 一个自然的问题是: 非负多元多项式是否一定是 SOS 的? 下面的例子给出了一个反例.

例 12.3(Motzkin 多项式)　考虑下面的 2 元 6 次多项式:

$$M(x,y) = x^4y^2 + x^2y^4 + 1 - 3x^2y^2.$$

由算术和几何平均不等式可知 $M(x,y) \geqslant 0, \forall x, y \in \mathbb{R}$. 然而, 可以证明 $M(x,y)$ 不是 SOS 的[19]. 多项式 $M(x,y)$ 的图像见图 12.2.

事实上, 对大于或等于 4 次的一般多元多项式, 判定其非负性是 NP 难的. Hilbert 在 19 世纪已经证明只有在以下三种情况下多项式非负与 SOS 是等价的:

- 一元多项式 $(n=1)$;
- 二次多项式 $(2d=2)$;
- 二元四次多项式 $(n=2,\ 2d=4)$.

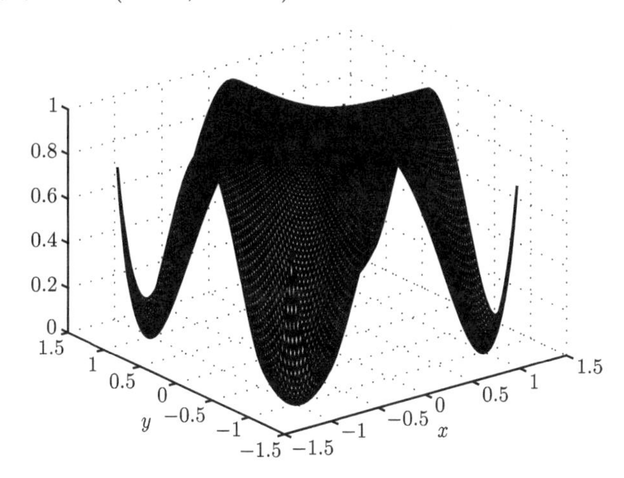

图 12.2 Motzkin 多项式 $M(x,y)=x^4y^2+x^2y^4+1-3x^2y^2$

下面的性质表明, 多元多项式是否为 SOS 等价于判断一个半定规划是否可行.

定理 12.8 多项式 $p(x)=\sum\limits_{\alpha\in S_{2d}} p_\alpha x^\alpha$ 是 SOS 当且仅当存在矩阵 X 使

$$p_\alpha=\sum_{\beta+\gamma=\alpha} X_{\beta,\gamma},\qquad \alpha\in S_{2d}, \tag{12.32}$$

$$X\succeq 0, \tag{12.33}$$

其中 X 是 $s(d)$ 阶对称矩阵, 该系统含有 $s(2d)$ 个方程.

证明 设 $[x]_d=(x^\alpha)^{\mathrm{T}}_{\alpha\in S_d}$ 是 n 元 d 阶多项式的基 (见 (12.24)). 易知, $p(x)$ 是 SOS 当且仅当存在 $s(d)\times s(d)$ 阶矩阵 $X\succeq 0$, 使得 $p(x)=[x]_d^{\mathrm{T}}X[x]_d$. 因为

$$[x]_d^{\mathrm{T}}X[x]_d=\sum_{\alpha\in S_{2d}}\left(\sum_{\beta+\gamma=\alpha}X_{\beta,\gamma}\right)x^\alpha.$$

故由 $p(x)=\sum\limits_{\alpha\in S_{2d}} p_\alpha x^\alpha$ 推知 $p(x)$ 是 SOS 当且仅当 (12.32)~(12.33) 可行. □

设 $p(x)\in\mathbb{R}[x_1,\cdots,x_n]$. 考虑无约束多项式优化问题:

$$p^*=\min\{p(x)\mid x\in\mathbb{R}^n\}, \tag{12.34}$$

其中 $p(x)=\sum\limits_{\alpha\in S_{2d}} p_\alpha x^\alpha$. 问题 (12.34) 等价于

$$p^*=\max\{\lambda\mid p(x)-\lambda\geqslant 0,\ \forall x\in\mathbb{R}^n\}. \tag{12.35}$$

由于多项式是 SOS 是多项式非负的充分条件, 故下列 SOS 松弛问题能产生 (12.34) 的一个下界:

$$p^* \geqslant \max\{\lambda \mid p(x) - \lambda \text{ 是 SOS}\}. \tag{12.36}$$

应用定理 12.8, 立即得问题 (12.34) 的半定规划松弛:

$$\begin{aligned} & \max\ \lambda, \\ & \text{s.t. } p_0 - \lambda = X_{0,0}, \\ & \qquad p_\alpha = \sum_{\beta+\gamma=\alpha} X_{\beta,\gamma}, \quad \alpha \in S_{2d} \setminus \{0\}, \\ & \qquad X \succeq 0, \end{aligned} \tag{12.37}$$

其中 X 是 $s(d)$ 阶对称矩阵. 为方便起见, 可以把基 $[x]_d$ 的分量 x^α 和其对应的 α 按顺序编号为 $0,1,2,\cdots,s(d)$. 设 β 和 γ 的编号分别为 i 和 j. 故在实际计算时可以把 $X_{\beta,\gamma}$ 简记为 X_{ij}.

例如, 设 $p(x,y) = 1 + x - y + xy + 2x^2y + 3xy^2 - 4x^2y^2 + 5xy^3 + 6y^4$. 可以把基 $(1,x,y,x^2,xy,y^2)$ 的分量和对应的编号为 $0,1,2,3,4,5$, 则矩阵 X 是下列表格的 4-9 行与 4-9 列的交叉位置的元素组成的矩阵 $(X_{ij} = X_{ji})$:

$i \setminus j$			0	1	2	3	4	5
	$x^\beta \setminus x^\gamma$		1	x	y	x^2	xy	y^2
		$\beta \setminus \gamma$	(0,0)	(1,0)	(0,1)	(2,0)	(1,1)	(0,2)
0	1	(0,0)	X_{00}	X_{01}	X_{02}	X_{03}	X_{04}	X_{05}
1	x	(1,0)	X_{10}	X_{11}	X_{12}	X_{13}	X_{14}	X_{15}
2	y	(0,1)	X_{20}	X_{21}	X_{22}	X_{23}	X_{24}	X_{25}
3	x^2	(2,0)	X_{30}	X_{31}	X_{32}	X_{33}	X_{34}	X_{35}
4	xy	(1,1)	X_{40}	X_{41}	X_{42}	X_{34}	X_{44}	X_{45}
5	y^2	(0,2)	X_{50}	X_{51}	X_{52}	X_{35}	X_{54}	X_{55}

SDP 问题 (12.37) 中共有 15 个等式约束:

$$\begin{cases} 1-\lambda = X_{00},\ 1 = 2X_{01},\ -1 = 2X_{02}, \\ 0 = 2X_{03} + X_{11},\ 1 = 2X_{04} + 2X_{12},\ 0 = 2X_{05} + X_{22}, \\ 0 = 2X_{13},\ 2 = 2X_{23} + 2X_{14},\ 3 = 2X_{24} + 2X_{15}, \\ 0 = 2X_{25},\ 0 = X_{33},\ 0 = 2X_{34}, \\ -4 = 2X_{35} + X_{44},\ 5 = 2X_{45},\ 6 = X_{55}. \end{cases}$$

下面用线性化和提升的方法来构造问题 (12.34) 的 SDP 松弛. 对多项式 $p(x) = \sum_{\alpha\in S_{2d}} p_\alpha x^\alpha$ 作变量代换:

$$y_\alpha = x^\alpha, \quad \alpha \in S_{2d}.$$

则 $p(x)$ 化为关于 y_α 的线性函数 $\sum\limits_{\alpha\in S_{2d}} p_\alpha y_\alpha$. 问题 (12.34) 等价于

$$\begin{aligned}\min\ &\sum_{\alpha\in S_{2d}} p_\alpha y_\alpha,\\ \text{s.t. } &y_\alpha = x^\alpha, \quad \alpha\in S_{2d},\\ &x\in\mathbb{R}^n.\end{aligned}\tag{12.38}$$

设 $y_\beta = x^\beta$, $y_\gamma = x^\gamma$, $\beta,\ \gamma\in S_d$, 则

$$y_\beta y_\gamma = x^\beta x^\gamma = x^{\beta+\gamma} = y_{\beta+\gamma}, \quad \beta,\gamma\in S_d.\tag{12.39}$$

令 $[y]_d = (y_\alpha)^{\mathrm{T}}_{\alpha\in S_d}$, 则 $[y]_d$ 是维数为 $s(d)$ 的列向量. 条件 (12.39) 中关于 y_α 的关系式 $y_\beta y_\gamma = y_{\beta+\gamma}$ 可以写为

$$M_d(y) := (y_{\beta+\gamma})_{(\beta,\gamma)\in S_d\times S_d} = [y]_d[y]_d^{\mathrm{T}}.\tag{12.40}$$

上式等价于 $M_d(y)\succeq 0$ 且 $\mathrm{rank}(M_d(y)) = 1$. 丢掉秩 1 条件, 则问题 (12.38) 中的约束条件可以松弛为 $M_d(y)\succeq 0$. 从而得到无约束多项式优化问题 (12.34) 的一个 SDP 松弛

$$\begin{aligned}\min\ &\sum_{\alpha\in S_{2d}} p_\alpha y_\alpha,\\ \text{s.t. } &M_d(y) := (y_{\beta+\gamma})_{(\beta,\gamma)\in S_d\times S_d}\succeq 0,\end{aligned}\tag{12.41}$$

其中 $M_d(y)$ 称为矩量矩阵, 向量 $[y]_d = (y_\alpha)_{\alpha\in S_d}$ 称为矩量向量. $M_d(y)$ 是一个 $s(d)\times s(d)$ 对称矩阵, 其行和列的指标由 (12.40) 确定, 即 $M_d(y)$ 的第一行为 $[y]_d^{\mathrm{T}}$, 第一列为 $[y]_d$, 第一行的元素 y_β 所在列与第一列的元素 y_γ 所在行交叉位置的元素为 $y_{\beta+\gamma}$. 有趣的是, (12.41) 正好是通过 SOS 松弛得到的 SDP 问题 (12.37) 的对偶问题.

例如, $n=2$, $d=2$ 时, $s(d) = \binom{2+2}{2} = 6$. 矩量向量为

$$[y]_2 = (1, y_{10}, y_{01}, y_{20}, y_{11}, y_{02})^{\mathrm{T}}.$$

对应的矩量矩阵是下列 6×6 矩阵:

$$M_2(y) = \begin{pmatrix} 1 & y_{10} & y_{01} & y_{20} & y_{11} & y_{02}\\ y_{10} & y_{20} & y_{11} & y_{30} & y_{21} & y_{12}\\ y_{01} & y_{11} & y_{02} & y_{21} & y_{12} & y_{03}\\ y_{20} & y_{30} & y_{21} & y_{40} & y_{31} & y_{22}\\ y_{11} & y_{21} & y_{12} & y_{31} & y_{22} & y_{13}\\ y_{02} & y_{12} & y_{03} & y_{22} & y_{13} & y_{04} \end{pmatrix}.$$

当 $n=3, d=2$ 时, $s(d)=\binom{3+2}{2}=10$. 矩量向量为

$$[y]_2=(1,y_{100},y_{010},y_{001},y_{200},y_{110},y_{101},y_{020},y_{011},y_{002})^{\mathrm{T}}.$$

对应的矩量矩阵是下列 10×10 矩阵:

$$M_2(y)=\begin{pmatrix}
1 & y_{100} & y_{010} & y_{001} & y_{200} & y_{110} & y_{101} & y_{020} & y_{011} & y_{002}\\
y_{100} & y_{200} & y_{110} & y_{101} & y_{300} & y_{210} & y_{201} & y_{120} & y_{111} & y_{102}\\
y_{010} & y_{110} & y_{020} & y_{011} & y_{210} & y_{120} & y_{111} & y_{030} & y_{021} & y_{012}\\
y_{001} & y_{101} & y_{011} & y_{002} & y_{201} & y_{111} & y_{102} & y_{021} & y_{012} & y_{003}\\
y_{200} & y_{300} & y_{210} & y_{201} & y_{400} & y_{310} & y_{301} & y_{220} & y_{211} & y_{202}\\
y_{110} & y_{210} & y_{120} & y_{111} & y_{310} & y_{220} & y_{211} & y_{130} & y_{121} & y_{112}\\
y_{101} & y_{201} & y_{111} & y_{102} & y_{301} & y_{211} & y_{202} & y_{121} & y_{112} & y_{103}\\
y_{020} & y_{120} & y_{030} & y_{021} & y_{220} & y_{130} & y_{121} & y_{040} & y_{031} & y_{022}\\
y_{011} & y_{111} & y_{021} & y_{012} & y_{211} & y_{121} & y_{112} & y_{031} & y_{022} & y_{013}\\
y_{002} & y_{102} & y_{012} & y_{003} & y_{202} & y_{112} & y_{103} & y_{022} & y_{013} & y_{004}
\end{pmatrix}.$$

例 12.4 考虑下列无约束多项式优化问题:

$$\min_{(x,y)\in\mathbb{R}^2} f(x,y)=4x^2-\frac{21}{10}x^4+\frac{1}{3}x^6+xy-4y^2+4y^4.$$

该多项式是非凸函数且有多个局部极小点 (见图 12.3). 利用 `CVX` 中的 `SeDuMi` SDP 问题 (12.37) 或 (12.41) 可得到问题的一个下界为 -1.0316, 这也是问题的全局最优值.

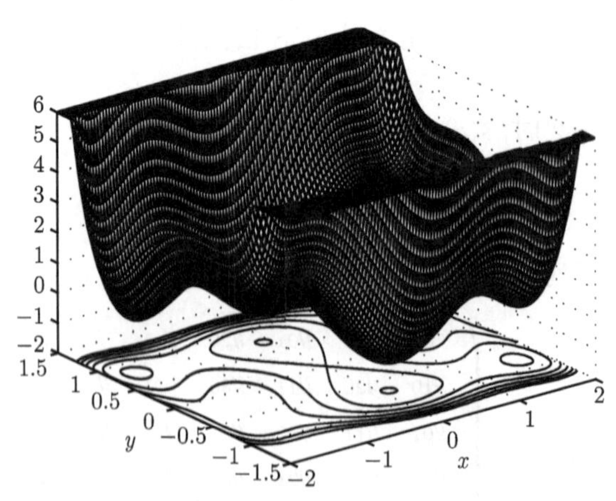

图 12.3 $f(x,y)=4x^2-\dfrac{21}{10}x^4+\dfrac{1}{3}x^6+xy-4y^2+4y^4$

12.4.3 约束多项式优化问题的 SOS 松弛

考虑约束多项式规划问题:

$$
\text{(POP)} \qquad \begin{aligned} p^* = \min\ & p(x), \\ \text{s.t. } & q_i(x) \geqslant 0, \quad i = 1, \cdots, m, \end{aligned}
$$

其中 $p,\ q_i \in \mathbb{R}[x_1, \cdots, x_n]$. 不妨设 $p(0) = 0$. 设 $p(x)$ 的最高阶为 d, $q_i(x)$ 的最高阶为 w_i, $i = 1, \cdots, m$. 记 (POP) 的可行域为

$$
F = \{x \in \mathbb{R}^n \mid q_1(x) \geqslant 0, \cdots, q_m(x) \geqslant 0\}.
$$

称 F 为半代数集.

首先讨论利用 SOS 松弛来得到 (POP) 的 SDP 松弛. 定义下列关于 F 的多项式集合:

$$
\Omega(F) = \left\{ g_0 + \sum_{i=1}^m g_i q_i \mid g_i \in \mathbb{R}[x_1, \cdots, x_n] \text{ 是 SOS},\ i = 0, 1, \cdots, m \right\}.
$$

称 $\Omega(F)$ 是由多项式 $q_1, \cdots, q_m$ 生成的二次模.

定理 12.9[18] *假设 F 是紧的, 如果存在多项式 $u(x) \in \Omega(F)$ 且满足集合 $\{x \in \mathbb{R}^n \mid u(x) \geqslant 0\}$ 是紧的, 则对定义在 F 上的每一个严格正多项式 $q(x)$ 都有 $q \in \Omega(F)$.*

反过来, 若 $q \in \Omega(F)$, 则显然有 $q(x) \geqslant 0,\ \forall x \in F$. 又注意到

$$
p^* = \max\{\lambda \mid p(x) - \lambda \geqslant 0,\ x \in F\} = \sup\{\lambda \mid p(x) - \lambda > 0,\ x \in F\}.
$$

所以, 如果定理 12.9 的条件满足, 问题 (POP) 等价于下列问题:

$$
\begin{aligned}
p^* &= \sup\{\lambda \mid p(x) - \lambda > 0,\ \forall x \in F\} \\
&= \max\{\lambda \mid p(x) - \lambda \in \Omega(F)\} \\
&= \max\left\{\lambda \mid p(x) - \lambda = g_0(x) + \sum_{i=1}^m g_i(x) q_i(x),\ g_i \text{ 是 SOS} \right\}.
\end{aligned} \tag{12.42}
$$

在 (12.42) 中 $g_i(x)$ 的最高阶数未知, 故很难刻画 (12.42) 中的约束条件. 可以考虑用最高阶数固定的 g_i 来替代 (12.42) 中 g_i, 即构造 $\Omega(F)$ 的一个子集来近似 $\Omega(F)$, 从而可以得到 p^* 的一个下界.

令 $\bar{w}_i = \lceil w_i/2 \rceil$, $i = 1, \cdots, m$. 取

$$
w \geqslant \bar{w} = \max\{\lceil d/2 \rceil, \bar{w}_1, \cdots, \bar{w}_m\}, \tag{12.43}
$$

其中 d 为目标函数 $p(x)$ 的阶数, w_i 为 $q_i(x)$ 的阶数. 记 $\deg(q)$ 为多项式 $q \in \mathbb{R}[x_1, \cdots, x_n]$ 的阶数. 定义

$$\Omega_w(F) = \left\{ \sigma_0 + \sum_{i=1}^{m} \sigma_i q_i \mid \sigma_i \text{ 是 SOS},\ i = 0, 1, \cdots, m, \text{且} \deg(\sigma_i q_i) \leqslant 2w \right\}.$$

则 $\Omega_w(F)$ 是 $\Omega(F)$ 的子集, 从而下列问题是 (POP) 的松弛问题:

$$p^* \geqslant \max\{\lambda \mid p(x) - \lambda \in \Omega_w(F)\}. \tag{12.44}$$

下面讨论如何给出集合 $\Omega_w(F)$ 的 SDP 表示. 需要引进关于多项式的矩量矩阵. 设 $q(x) = \sum\limits_{\alpha \in S_r} q_\alpha x^\alpha$. 定义

$$M_d(qy) = \left(\sum_{\gamma \in S_r} q_\gamma y_{\alpha+\beta+\gamma} \right)_{(\alpha,\beta) \in S_d \times S_d}. \tag{12.45}$$

称 $M_d(qy)$ 是关于 q 的 $s(d)$ 阶矩量矩阵.

例如, 考虑 $n = 2$, $d = 1$ 的情形. 设 $q(x) = a - x_1^2 - x_2^2$. 则 $s(1) = 3$ 阶矩量矩阵为

$$M_1(y) = \begin{pmatrix} 1 & y_{10} & y_{01} \\ y_{10} & y_{20} & y_{11} \\ y_{01} & y_{11} & y_{02} \end{pmatrix}.$$

由定义 (12.45), 关于 q 的 3 阶矩量矩阵为

$$M_1(qy) = \begin{pmatrix} a - y_{20} - y_{02} & ay_{10} - y_{30} - y_{12} & ay_{01} - y_{21} - y_{03} \\ ay_{10} - y_{30} - y_{12} & ay_{20} - y_{40} - y_{22} & ay_{11} - y_{31} - y_{13} \\ ay_{01} - y_{21} - y_{03} & ay_{11} - y_{31} - y_{13} & ay_{02} - y_{22} - y_{04} \end{pmatrix}.$$

记 $G_r(x)$ 和 $G_r(qx)$ 分别是在矩量矩阵 $M_r(y)$ 和关于 q 的矩量矩阵 $M_r(qy)$ 中令 $y_\alpha = x^\alpha$ 得到关于变量 x 的矩阵. 注意到 $G_r(x)$ 和 $G_r(qx)$ 中的元素都是关于 x 的多项式.

定理 12.10[21] 设 $r_i = w - \bar{w}_i > 0$, $i = 1, \cdots, m$. 则对 $\Omega(F)$ 的子集 $\Omega_w(F)$, 有如下表达式:

$$\Omega_w(F) = \left\{ \langle G_w(x), X_0 \rangle + \sum_{i=1}^{m} \langle G_{r_i}(q_i x), X_i \rangle \mid X_0, \cdots, X_m \succeq 0 \right\},$$

这里 X_0 是 $s(w)$ 阶对称矩阵, X_i 是 $s(r_i)$ 阶对称矩阵.

由 $\bar{w}_i$ 的定义, 矩阵 $G_w(x)$ 和 $G_{r_i}(q_i x)$ 中的元素都是阶数不超过 $2w$ 的关于 x 的多项式. 设

$$G_w(x) = \sum_{\alpha \in S_{2w}} B_\alpha x^\alpha,$$
$$G_{r_i}(q_i x) = \sum_{\alpha \in S_{2w}} C_\alpha^i x^\alpha, \quad i = 1, \cdots, m,$$

这里 B_α 和 C_α^i 都是常值对称矩阵. 由 w 的定义知, $p(x)$ 和 $q_i(x)$ $(i = 1, \cdots, m)$ 都是阶数不超过 $2w$ 的多项式. 设 $p(x) = \sum_{\alpha \in S_{2w} \setminus \{0\}} p_\alpha x^\alpha$. 则由定理 12.10, 条件 $p(x) - \lambda \in \Omega_w(F)$ 可以表示为

$$\sum_{\alpha \in S_{2w}} \Big(\langle B_\alpha, X_0 \rangle + \sum_{i=1}^m \langle C_\alpha^i, X_i \rangle \Big) x^\alpha = \sum_{\alpha \in S_{2w} \setminus \{0\}} p_\alpha x^\alpha - \lambda.$$

比较上式两端 x^α 的系数可得下面的线性矩阵系统:

$$\lambda = -X_0(0,0) - \sum_{i=1}^m \langle C_0^i, X_i \rangle, \tag{12.46}$$

$$\langle B_\alpha, X_0 \rangle + \sum_{i=1}^m \langle C_\alpha^i, X_i \rangle = p_\alpha, \quad \alpha \in S_{2w} \setminus \{0\}, \tag{12.47}$$

这里 $X_0(0,0)$ 是矩阵 X_0 第 1 行第 1 列的元素. 故 $p(x) - \lambda \in \Omega_w(F)$ 当且仅当存在 $X_i \succeq 0$ $(i = 0, 1, \cdots, m)$ 使得 (12.46) 和 (12.47) 成立. 所以 (12.44) 可以表示为如下 SDP 问题:

$$
\begin{aligned}
(\mathrm{D}_w) \qquad & \max \ -X_0(0,0) - \sum_{i=1}^m \langle C_0^i, X_i \rangle, \\
& \text{s.t. } \langle B_\alpha, X_0 \rangle + \sum_{i=1}^m \langle C_\alpha^i, X_i \rangle = p_\alpha, \quad \alpha \in S_{2w} \setminus \{0\}, \\
& \quad X_i \succeq 0, \quad i = 0, 1, \cdots, m,
\end{aligned}
$$

这里 X_0 是 $s(w)$ 阶对称矩阵, X_i 是 $s(r_i)$ 阶对称矩阵.

下面讨论利用线性化和提升的方法来得到 (POP) 的 SDP 松弛. 采用的松弛技术类似于上一小节无约束的情况. 设整数 $w \geqslant \bar{w}$, 其中 $\bar{w}$ 由 (12.43) 定义. 令

$$y_\alpha = x^\alpha, \quad \alpha \in S_{2w}. \tag{12.48}$$

则目标函数 $p(x) = \sum_{\alpha \in S_{2w} \setminus \{0\}} p_\alpha x^\alpha$ 化为 y_α 的线性函数: $\sum_{\alpha \in S_{2w} \setminus \{0\}} p_\alpha y_\alpha$. 注意到关系式 (12.48) 隐含了 $y_\alpha y_\beta = y_{\alpha+\beta}$, 即 $M_w(y) = [y]_w [y]_w^{\mathrm{T}}$, 这里 $[y]_w = (y_\alpha)_{\alpha \in S_w}^{\mathrm{T}}$ 是矩

量向量, $M_w(y)$ 是矩量矩阵. 故从关系式 (12.48) 可以推出

$$M_w(y) \succeq 0. \tag{12.49}$$

下面考虑如何利用约束条件 $q_i(x) \geqslant 0\ (i=1,\cdots,m)$ 构造由关系式 (12.48) 隐含的 SDP 条件. 设 $q(x) = \sum_{\gamma \in S_r} q_\gamma x^\gamma$, 这里 $\left\lceil \frac{r}{2} \right\rceil < w$. 取正整数 $t \leqslant w - \left\lceil \frac{r}{2} \right\rceil$, 则 $2t + r \leqslant 2w$. 设 $\alpha, \beta \in S_t$, 由 (12.48) 得

$$q(x)(y_\alpha y_\beta) = \sum_{\gamma \in S_r} q_\gamma x^\gamma x^\alpha x^\beta = \sum_{\gamma \in S_r} q_\gamma x^{\alpha+\beta+\gamma} = \sum_{\gamma \in S_r} q_\gamma y_{\alpha+\beta+\gamma}, \tag{12.50}$$

上式右端即是关于 q 的矩量矩阵 $M_t(qy)$ 的 $(\alpha+\beta)$ 位置的元素. 令 $[y]_t = (y_\alpha)^{\mathrm{T}}_{\alpha \in S_t}$, 则由 (12.50) 得

$$q(x)[y]_t[y]_t^{\mathrm{T}} = M_t(qy).$$

故当 $q(x) \geqslant 0$ 时, 从关系式 (12.48) 推出: $M_t(qy) \succeq 0$.

上述讨论表明, 对 (POP) 的任何可行解 $x \in F$, 由 $q_i(x) \geqslant 0$ 和 (12.48) 可推出

$$M_{r_i}(q_i y) \succeq 0, \quad i = 1, \cdots, m, \tag{12.51}$$

这里 $r_i = w - \bar{w}_i = w - \left\lceil \frac{w_i}{2} \right\rceil$, w_i 是 $q_i(x)$ 的阶数.

注意到问题 (POP) 中的原约束条件 $q_i(x) = \sum_{\alpha \in S_{w_i}} q^i_\alpha x^\alpha \geqslant 0$ 在线性化替换 $y_\alpha = x^\alpha$ 后化为

$$\sum_{\alpha \in S_{w_i}} q^i_\alpha y_\alpha \geqslant 0. \tag{12.52}$$

因为 $M_{r_i}(y)$ 的左上角元素为 1, 所以 $M_{r_i}(q_i y)$ 左上角的元素就是 $\sum_{\alpha \in S_{w_i}} q^i_\alpha y_\alpha$, 故 (12.51) 已经隐含了条件 (12.52).

结合条件 (12.49) 和 (12.51), (POP) 可以松弛为下列半定规划问题:

$$\begin{aligned}
(\mathrm{P}_w) \quad p^*_w = \min & \sum_{\alpha \in S_{2w} \setminus \{0\}} p_\alpha y_\alpha, \\
\text{s.t. } & M_w(y) \succeq 0, \\
& M_{r_i}(q_i y) \succeq 0, \quad i = 1, \cdots, m.
\end{aligned}$$

可以验证 (P_w) 与 (D_w) 是互为对偶的. 容易看出, w 的值越大, 下界 p^*_w 就越紧. 事实上, 当 $w \to +\infty$ 时, $p^*_w \uparrow p^*$[11]. 然而, 矩量矩阵 $M_w(y)$ 的阶数 $s(w) = \binom{n+w}{w}$ 随着 n 和 w 的增大成指数增长. 表 12.2 列出了当 $3 \leqslant n \leqslant 15$ 和 $w = 1, \cdots, 5$ 时 $s(w)$ 的值. 这说明 (P_w) 只能用来计算维数和阶数较小的多项式优化问题的下界.

表 12.2 矩量矩阵 $M_w(y)$ 的阶数 $s(w) = \binom{n+w}{w}$

$w \setminus n$	3	5	7	9	11	13	15
1	4	6	8	10	12	14	16
2	10	21	36	55	78	105	136
3	20	56	120	220	364	560	816
4	35	126	330	715	1365	2380	3876
5	56	252	792	2002	4368	8568	15504

12.4.4 0-1 多项式问题的 SDP 松弛

现在应用前一节关于约束多项式问题的结果给出 0-1 多项式优化问题 (0-1PP) 的半定规划松弛. 注意到 $x \in \{0,1\}^n$ 可以等价的写为 $2n$ 个不等式 $q_i(x) = x_i^2 - x_i \geqslant 0$, $q_{i+n}(x) = x_i - x_i^2 \geqslant 0$, $i = 1, \cdots, n$. 故 (0-1PP) 可以写成

$$\min\{p(x) \mid q_i(x) \geqslant 0,\ i = 1, \cdots, 2n\}, \tag{12.53}$$

这里 $p(x) = \sum_{i=1}^{n} c_i x_i + \sum_{k \in N} p_k \prod_{i \in S_k} x_i$. 设 $p(x)$ 的阶数为 d, 则 $p(x)$ 可以表为

$$p(x) = \sum_{\alpha \in K_d} p_\alpha x^\alpha,$$

其中 $p_0 = 0$, $K_d = \{(\alpha_1, \cdots, \alpha_n) \in \{0,1\}^n \mid (\alpha_1 + \cdots + \alpha_n) \leqslant d\}$. 记 $k(d) = |K_d|$. 故 $p(x)$ 基向量为

$$[x]_d = \left(1, x_1, \cdots, x_n, x_1x_2, \cdots, x_1x_n, x_1x_2x_3, \cdots, \prod_{i=1}^{n} x_i\right)^{\mathrm{T}}.$$

从而, 相应的矩量矩阵 $M_d(y)$ 可以简化为 $k_d \times k_d$ 对称矩阵:

$$\overline{M}_d(y) = (y_{\beta+\gamma})_{(\beta,\gamma) \in K_d \times K_d},$$

其中 $\alpha := \beta + \gamma = (\alpha_1, \cdots, \alpha_n)$ 满足 $0 \leqslant \alpha_i \leqslant 2$, $i = 1, \cdots, n$. 又对任意 $x \in \{0,1\}^n$ 和 $\alpha = \beta + \gamma$, $(\beta, \gamma) \in K_d \times K_d$, 利用性质 $x_i^2 = x_i$, 有 $x^\alpha = x^{\bar{\alpha}}$, 其中当 $\alpha_i \geqslant 1$ 时, $\bar{\alpha}_i = 1$, 当 $\alpha_i = 0$ 时, $\bar{\alpha}_i = 0$. 故可以在 $\overline{M}_d(y)$ 中用 $y_{\bar{\alpha}}$ 替代 y_α, 得到进一步简化的矩量矩阵 $\widehat{M}_d(y)$.

例如, 当 $n = 2$, $d = 2$ 时, 简化的矩量向量为 $[y]_2 = (1, y_{10}, y_{01}, y_{11})^{\mathrm{T}}$. 对应的矩量矩阵为

$$\overline{M}_2(y) = \begin{pmatrix} 1 & y_{10} & y_{01} & y_{11} \\ y_{10} & y_{20} & y_{11} & y_{21} \\ y_{01} & y_{11} & y_{02} & y_{12} \\ y_{11} & y_{21} & y_{12} & y_{22} \end{pmatrix}.$$

简化的矩量矩阵为

$$\widehat{M}_2(y) = \begin{pmatrix} 1 & y_{10} & y_{01} & y_{11} \\ y_{10} & y_{10} & y_{11} & y_{11} \\ y_{01} & y_{11} & y_{01} & y_{11} \\ y_{11} & y_{11} & y_{11} & y_{11} \end{pmatrix}.$$

当 $n=3, d=2$ 时, 简化的矩量向量为

$$[y]_2 = (1, y_{100}, y_{010}, y_{001}, y_{110}, y_{101}, y_{011})^{\mathrm{T}}.$$

对应的矩量矩阵为

$$\overline{M}_2(y) = \begin{pmatrix} 1 & y_{100} & y_{010} & y_{001} & y_{110} & y_{101} & y_{011} \\ y_{100} & y_{200} & y_{110} & y_{101} & y_{210} & y_{201} & y_{111} \\ y_{010} & y_{110} & y_{020} & y_{011} & y_{120} & y_{111} & y_{021} \\ y_{001} & y_{101} & y_{011} & y_{002} & y_{111} & y_{102} & y_{012} \\ y_{110} & y_{210} & y_{120} & y_{111} & y_{220} & y_{211} & y_{121} \\ y_{101} & y_{201} & y_{111} & y_{102} & y_{211} & y_{202} & y_{112} \\ y_{011} & y_{111} & y_{021} & y_{012} & y_{121} & y_{112} & y_{022} \end{pmatrix}.$$

简化的矩量矩阵为

$$\widehat{M}_2(y) = \begin{pmatrix} 1 & y_{100} & y_{010} & y_{001} & y_{110} & y_{101} & y_{011} \\ y_{100} & y_{100} & y_{110} & y_{101} & y_{110} & y_{101} & y_{111} \\ y_{010} & y_{110} & y_{010} & y_{011} & y_{110} & y_{111} & y_{011} \\ y_{001} & y_{101} & y_{011} & y_{001} & y_{111} & y_{101} & y_{011} \\ y_{110} & y_{110} & y_{110} & y_{111} & y_{110} & y_{111} & y_{111} \\ y_{101} & y_{101} & y_{111} & y_{101} & y_{111} & y_{101} & y_{111} \\ y_{011} & y_{111} & y_{011} & y_{011} & y_{111} & y_{111} & y_{011} \end{pmatrix}.$$

下面给出 (12.53) 的 SDP 松弛问题. 对 (12.53) 中每个约束多项式 $q_i(x)$ $(i = 1, \cdots, 2n)$, 也可以类似于 $\widehat{M}(y)$ 简化关于多项式 $q(x)$ 的矩量矩阵 $M_d(qy)$, 记简化后的关于 q_i 的矩量矩阵为 $\widehat{M}_d(q_i y)$. 因为 $q_i = x_i^2 - x_i = -q_{i+n}, i = 1, \cdots, n$, 故由 $\widehat{M}_d(q_i y) \succeq 0$ 和 $\widehat{M}_d(-q_i y) = \widehat{M}_d(q_{i+n} y) \succeq 0$ 可推出 $\widehat{M}_d(q_i y) = 0$, $i = 1, \cdots, n$. 所以, (P_w) 中的约束条件 $M_{r_i}(q_i y) \succeq 0$, $i = 1, \cdots, m$, 在问题 (12.53) 的 SDP 松弛中是多余的.

显然, $F = \{0,1\}^n$ 是紧的, 又取 $g_0 = 0$, $g_i = 1$, $g_{i+n} = 2$, $i = 1, \cdots, n$. 令

$$u(x) = g_0 + \sum_{i=1}^{2n} g_i q_i = \sum_{i=1}^{n} (x_i - x_i^2).$$

则集合 $\{x \mid u(x) \geqslant 0\} = \left\{x \left| \sum_{i=1}^{n}\left(x_i - \frac{1}{2}\right)^2 \leqslant \frac{n}{4}\right.\right\}$ 显然是紧集. 所以定理 12.10 中的条件满足.

因为 (12.53) 中的约束都是二次的, $\bar{w}_i = \frac{w_i}{2} = 1$. 取 $w \geqslant \bar{w} = \max\left\{\left\lceil\frac{d}{2}\right\rceil, 1\right\}$. 类似于一般约束多项式的 SDP 松弛问题 (P_w), 得到问题 (12.53) 的下列 SDP 松弛:

$$
(0\text{-}1\mathrm{P}_w) \qquad \begin{aligned} &\min \sum_{\alpha\in K_d} p_\alpha y_\alpha, \\ &\text{s.t. } \widehat{M}_w(y) \succeq 0. \end{aligned}
$$

$(0\text{-}1\mathrm{P}_w)$ 称为 0-1 多项式规划问题 (12.53) 的 w 阶 SDP 松弛.

作为一个特例, 考虑 $p(x)$ 为二次函数的情况:

$$
p(x) = c^{\mathrm{T}}x + x^{\mathrm{T}}Qx.
$$

取 $w = \bar{w} = 1$. 因 $\widehat{M}_1(y)$ 中的 y_α 满足 $(\alpha_1 + \cdots + \alpha_n) \leqslant 2$, 故最多只有 2 个 α_i 取 1. 可以简化 y_α 的记号: 若只有 $\alpha_i = 1$, 记 $y_i := y_\alpha$; 若 $\alpha_i = \alpha_j = 1$, 记 $y_{ij} := y_\alpha$. 故矩量向量可记为 $[y]_1 = (1, y_1, \cdots, y_n)^{\mathrm{T}}$. 简化的矩量矩阵为

$$
\widehat{M}_1(y) = \begin{pmatrix} 1 & y_1 & y_2 & \cdots & y_n \\ y_1 & y_1 & y_{12} & \cdots & y_{1n} \\ y_2 & y_{12} & y_2 & \cdots & y_{2n} \\ \vdots & \vdots & \vdots & & \vdots \\ y_n & y_{1n} & y_{2n} & \cdots & y_n \end{pmatrix} = \begin{pmatrix} 1 & y^{\mathrm{T}} \\ y & Y \end{pmatrix},
$$

其中 y 和 Y 满足 $Y_{ii} = y_i \ (i = 1, \cdots, n)$. 故 $(0\text{-}1\mathrm{P}_w)$ 就退化为 11.1.3 节中的 0-1 二次规划的 SDP 松弛:

$$
\begin{aligned} &\min\ c^{\mathrm{T}}y + Q \bullet Y, \\ &\text{s.t. } Y_{ii} = y_i, \quad i = 1, \cdots, n, \\ &\qquad \begin{pmatrix} 1 & y \\ y^{\mathrm{T}} & Y \end{pmatrix} \succeq 0. \end{aligned}
$$

例 12.5 考虑 0-1 多项式问题 $(n = 3,\ d = 3)$:

$$
\begin{aligned} &\min\ q(x) = 4x_1x_2x_3 - x_1x_2 - x_1x_3 - x_2x_3, \\ &\text{s.t. } x \in \{0, 1\}^3. \end{aligned}
$$

此问题的最优值是为 -1. 由 (0-1P$_w$). 该问题的 SDP 松弛为

$$
\begin{aligned}
&\min\ 4y_{111} - y_{110} - y_{101} - y_{011}, \\
&\text{s.t. } \widehat{M}_2(y) = \begin{pmatrix}
1 & y_{100} & y_{010} & y_{001} & y_{110} & y_{101} & y_{011} \\
y_{100} & y_{100} & y_{110} & y_{101} & y_{110} & y_{101} & y_{111} \\
y_{010} & y_{110} & y_{010} & y_{011} & y_{110} & y_{111} & y_{011} \\
y_{001} & y_{101} & y_{011} & y_{001} & y_{111} & y_{101} & y_{011} \\
y_{110} & y_{110} & y_{110} & y_{111} & y_{110} & y_{111} & y_{111} \\
y_{101} & y_{101} & y_{111} & y_{101} & y_{111} & y_{101} & y_{111} \\
y_{011} & y_{111} & y_{011} & y_{011} & y_{111} & y_{111} & y_{011}
\end{pmatrix} \succeq 0.
\end{aligned}
$$

利用 `CVX` 中的 `SeDuMi` 求解这个 SDP 问题得最优值是 -1, 这也正是原问题的最优值.

参考文献

[1] Avis D and Fukuda K. Reverse search for enumeration. *Discrete Applied Mathematics*, 1996, 65: 21–46.

[2] Cook S A. The complexity of theorem-proving procedures// *Proceedings of the Third Annual ACM Symposium on Theory of Computing, ACM*, 1971: 151–158.

[3] Crama Y, Hansen P and Jaumard B. The basic algorithm for pseudo-Boolean programming revisited. *Discrete Applied Mathematics*, 1990, 29: 171–185.

[4] Garey M R and Johnson D S. *Computers and Intractability: A Guide to the Theory of NP-Completeness.* New York: WH Freeman & Co., 1979.

[5] Goemans M X and Williamson D P. Improved approximation algorithms for maximum cut and satisfiability problems using semidefinite programming. *J. Assoc. Comput. Mach.*, 1995, 42: 1115–1145.

[6] Hammer P L and Rudeanu S. *Boolean Methods in Operations Research and Related Areas.* Berlin, Heidelberg, New York: Springer-Verlag, 1968.

[7] Hansen P, Jaumard B and Mathon V. Constrained nonlinear 0-1 programming. *ORSA Journal on Computing*, 1993: 5: 97–119.

[8] Hansen P, Lu S H and Simeone B. On the equivalence of paved-duality and standard linearization in nonlinear 0-1 optimization. *Discrete Applied Mathematics*, 1990, 29: 187–193.

[9] Hiriart-Urruty J B and Lemaréchal C. *Convex Analysis and Minimization Algorithms, Volumes 1 and 2.* Berlin: Springer-Verlag, 1993.

[10] Innami N, Kim B H, Mashiko Y and Shiohama K. The Steiner ratio conjecture of Gilbert-Pollak may still be open. *Algorithmica*, 2010, 57: 869–872.

[11] Lasserre J B. Global optimization with polynomials and the problem of moments. *SIAM Journal on Optimization*, 2001, 11: 796–817.

[12] Lemaréchal C. Nondifferentiable optimization// Nemhauser G L, Rinnooy Kan A H G and Todd M J editors. *Optimization.* Amsterdam: North-Holland, 1989: 529–572.

[13] Li D and Sun X L. *Nonlinear Integer Programming.* New York: Springer, 2006.

[14] Lu S H and Williams A C. Roof duality and linear relaxation for quadratic and polynomial 0-1 optimization. Technical report, Rutgers University, New Brunswick, NJ, 1987. RUTCOR Research Report #8-87.

[15] Lu S H and Williams A C. Roof duality for polynomial 0-1 optimization. *Mathematical Programming*, 1987, 37: 357–360.

[16] Nemhauser G L and Wolsey L A. *Integer and Combinatorial Optimization.* New York: John Wiley & Sons, 1988.

[17] Nesterov Y. Semidefinite relaxation and nonconvex quadratic optimization. *Optimization Methods and Software*, 1998, 9: 141–160.

[18] Putinar M. Positive polynomials on compact semi-algebraic sets. *Indiana University Mathematics Journal*, 1993, 42: 969–984.

[19] Reznick B. Some concrete aspects of Hilbert's 17th problem// *Contemporary Mathematics,* volume 253. *Amer. Math. Society*, 2000.

[20] Schrijver A. *Theory of Linear and Integer Programming.* Chichester: John Wiley & Sons, 1986.

[21] Schweighofer M. Optimization of polynomials on compact semialgebraic sets. *SIAM Journal on Optimization*, 2005, 15: 805–825.

[22] Shor N Z. *Minimization Methods for Non-differentiable Functions.* Berlin: Springer, 1985.

[23] Sleumer N. Output-sensitive cell enumeration in hyperplane arrangements. *Nordic Journal of Computing*, 1999, 6: 137–161.

[24] Vandenberghe L and Boyd S. Semidefinite programming. *SIAM Review*, 1996, 38: 49–95.

[25] Wolsey L A. *Integer Programming.* New York: John Wiley & Sons, 1998.

[26] Zaslavsky T. Facing up to arrangements: face-count formulas for partitions of space by hyperplanes. *Memoirs of the American Mathematical Society*, 1975, 1: 1–101.

[27] Gilbert E N, Pollak H O. Steiner minimal trees. *SIAM Journal on Applied mathematics*, 1968, 16: 1–29

[28] Dantzig G B. Discrete-variable extremum problems. *Operation Research*, 1957, 2: 266–277.

《运筹与管理科学丛书》已出版书目

1. 非线性优化计算方法　袁亚湘　著　2008年2月
2. 博弈论与非线性分析　俞　建　著　2008年2月
3. 蚁群优化算法　马良等　著　2008年2月
4. 组合预测方法有效性理论及其应用　陈华友　著　2008年2月
5. 非光滑优化　高　岩　著　2008年4月
6. 离散时间排队论　田乃硕　徐秀丽　马占友　著　2008年6月
7. 动态合作博弈　高红伟〔俄〕彼得罗相　著　2009年3月
8. 锥约束优化——最优性理论与增广Lagrange方法　张立卫　著　2010年1月
9. Kernel Function-based Interior-point Algorithms for Conic Optimization　Yanqin Bai　著　2010年7月
10. 整数规划　孙小玲　李　端　著　2010年11月